Hubert Job, Maike Fließbach-Schendzielorz,
Sarah Bittlingmaier, Anne Herling, Manuel Woltering

Akzeptanz der
bayerischen Nationalparks

WÜRZBURGER GEOGRAPHISCHE ARBEITEN

Herausgegeben vom Institut für Geographie und Geologie der Universität Würzburg in Verbindung mit der Geographischen Gesellschaft Würzburg

Herausgeber
R. Baumhauer, B. Hahn, H. Job, H. Paeth, J. Rauh, B. Terhorst

Schriftleitung
R. Klein

Band 122

Die Schriftenreihe Würzburger Geographische Arbeiten wird vom Institut für Geographie und Geologie zusammen mit der Geographischen Gesellschaft herausgegeben. Die Beiträge umfassen mit wirtschafts-, sozial- und naturwissenschaftlichen Forschungsperspektiven die gesamte thematische Bandbreite der Geographie. Der erste Band der Reihe erschien 1953.

Hubert Job, Maike Fließbach-Schendzielorz,
Sarah Bittlingmaier, Anne Herling, Manuel Woltering

Akzeptanz der bayerischen Nationalparks

Ein Beitrag zum sozioökonomischen Monitoring in den
Nationalparks Bayerischer Wald und Berchtesgaden

Würzburg
University Press

Impressum

Julius-Maximilians-Universität Würzburg
Würzburg University Press
Universitätsbibliothek Würzburg
Am Hubland
D-97074 Würzburg
www.wup.uni-wuerzburg.de

© 2019 Würzburg University Press
Print on Demand

ISSN 0510-9833 (print)
ISSN 2194-3656 (online)
ISBN 978-3-95826-102-0 (print)
ISBN 978-3-95826-103-7 (online)
urn:nbn:de:bvb:20-opus-171246

Danksagung

Ein aufrichtiges „Vergelt's Gott" für die Bereitschaft bei den Interviews mitzuwirken gilt allen Befragten der bayerischen Nationalparklandkreise, ob Bürger oder Funktionsträger. Dank zu sagen ist auch dem StMUV in München für die finanzielle Unterstützung des Forschungsvorhabens. Nicht zuletzt sei den Studierenden im Masterstudiengang Geographie an der JMU Würzburg, Nicolaj Egerer, Heike Helmschrott, Andreas Huppmann, Gertraud Kokula, Simon Pätzold, Jonathan Rudingsdorfer, Jana Rühl, Frank Spanowsky, Melanie Widmann, Simon Wisser und Johannes Wolf, die teilweise an den Befragungen sowie an einem Teil der statistischen Auswertungen mitgearbeitet haben, ein herzliches Dankeschön gesagt.

Würzburg, Dezember 2018

Inhaltsverzeichnis

Abbildungsverzeichnis

Tabellenverzeichnis

Zusammenfassung

Zwar ist die entscheidende Rolle, die Nationalparks für den Erhalt einer nachhaltigen Lebensgrundlage spielen, bereits umfassend begründet, jedoch ist die Einstellung zwischen Nationalparks und deren unmittelbaren Anwohnern oft problematisch. Entsprechend zeigt die vorliegende Studie neue Erkenntnisse bezüglich der Akzeptanz der bayerischen Nationalparks Bayerischer Wald und Berchtesgaden. Primäre Grundlage für Erstere bilden, neben einer bayernweiten Online-Befragung und qualitativen Experteninterviews, aufwändige repräsentative schriftliche Befragungen in den jeweiligen Nationalparklandkreisen von Januar 2018. Auch die zeitliche Entwicklung der Akzeptanz wird auf Basis der Ergebnisse von Vorgängerstudien berücksichtigt. Untersucht werden ökonomische, interpersonelle, soziokulturelle und raumzeitliche Prädiktoren der Akzeptanz von Nationalparks. Interpersonelle Prädiktoren haben den stärksten statistischen Effekt, die regionalökonomischen Prädiktoren einen nur wenig geringeren Zusammenhang mit der Gesamtakzeptanz. Raumzeitliche Prädiktoren, besonders die Anrainergemeinden der Nationalparke betreffend variieren weniger stark als dies in den ersten Jahren nach der jeweiligen Nationalparkgründung der Fall war. Der state of the art der Forschungen zur Akzeptanz von Nationalparken in Deutschland stellt sich äußerst unvollständig dar was Vorhandensein, Aktualität und vor allem Untersuchungsdesign angeht; eine Vergleichbarkeit unter einzelnen Schutzgebieten ist, ganz unabhängig von der jeweiligen regionalen Problemlage, insofern kaum möglich. Nach einer einheitlichen standardisierten Methode dauerhafte und auf einen schutzgebietsübergreifenden (Zeit-)Vergleich angelegte Akzeptanzanalysen von Nationalparken sind ein Desiderat.

Abstract

Although it is a generally agreed upon fact, that National Parks (NPs) play a significant role in establishing a sustainable basis for human existence, those who are directly affected by NPs oftentimes have a more conflictual view on the subject. Primarily based on two representative surveys carried out in the two Bavarian NPs Bayerischer Wald and Berchtesgaden in 2018, this study presents new insights into the current state of Bavarian parks-people-relationships that have formed throughout roughly the last half of a century. This is achieved by an analysis of economic, emotional, interpersonal, sociocultural and spatiotemporal predictors for the acceptance of these NPs by the inhabitants of the surrounding areas. While interpersonal predictors have the strongest statistical effect, economic predictors show to be of almost equally high significance. Spatio-temporal predictors of acceptance vary less than they used to, compared to the first years following the foundation of the NPs. All the regarded factors proof to be influential to the acceptance of the NPs, a fact that may be taken as further evidence for their general importance in the analysis of parks-people-relationships.

1 Forschungsanlass

1.1 Lokale und globale Funktionen von Nationalparks

„Nationalparks sind mehr als Naturschutzgebiete. Sie sind Heiligtümer unserer Heimat, sie sind Seelenschutzgebiete, sind Erinnerungen an das Paradies, sind Landschaften, aus denen unsere Hoffnungen und Träume erwachsen"
(H. Weinzierl 2012[1]).

Der ehemalige Vorsitzende des Bundes für Umwelt und Naturschutz Deutschland, H. Weinzierl, schreibt Nationalparks offenkundig einen hohen emotionalen, beinahe spirituellen Wert zu. Die hier angesprochenen Werte sind es, die Nationalparks oft einen identitätsstiftenden Charakter für die namensgebenden Nationen verleihen (vgl. Job 2010: 77). Jedoch gibt es nicht nur Befürworter von Nationalparks wie etwa den Verfasser des angeführten Zitats, sondern stets auch Gegner. Politische und ökologische Visionen, wirtschaftliche Interessen sowie Motive und Anliegen der Bevölkerung treffen in teils leidenschaftlich geführten Kontroversen aufeinander, wenn es um die Gründung oder Erweiterung von Nationalparks geht.

Dabei ist die Bedeutung von Nationalparks sowohl in der Wissenschaft als auch in der Politik bereits umfassend begründet. So bringen Nationalparks Implikationen mit sich, die auf globaler Ebene bedeutsam sind und Nationalparks zu einem zunehmend relevanten Forschungsgegenstand machen. Im Maßnahmenbündel zur Gestaltung einer dauerhaften Lebensgrundlage für künftige Generationen kommt Nationalparks eine Schlüsselrolle zu, insbesondere bezüglich des Erhalts von Ökosystemleistungen (vgl. WBGU 2011: 42; Dudley 2008: 2; Job 1996: 159). Auch kommt Nationalparks, als Modellräume für nachhaltige Landnutzung mit klarem Vorrang des Naturschutzes, eine entscheidende Funktion für den Erhalt der Biodiversität zu (vgl. Meyer 2016). Das Erreichen eines nachhaltigen Umgangs mit Ressourcen im Sinne einer inter- und intragenerationellen Gerechtigkeit mit einer dauerhaft durchhaltbaren Lebens- und Wirtschaftsweise auf globaler Ebene ist eine der größten Herausforderungen der Menschheit im 21. Jahrhundert (vgl. Ekhardt 2016: 5, 68). Mit Blick auf Klimawandel, drohende Ressourcenknappheit, Bevölkerungswachstum und Nutzungsdruck gewinnt die Aufgabe, Land- und Wasseroberflächen unter Schutz zu stellen weltweit an Bedeutung (vgl. Job et al. 2017: 1698).

Ein gut funktionierendes globales Netz an Schutzgebieten, das bis zu 20% der terrestrischen und marinen Ökosysteme unter Schutz stellt, wird sowohl von der CBD (Convention on Biological Diversity) als auch vom WBGU (Wissenschaftlicher Beirat der Bundesregierung Globale Umweltveränderungen) als entscheidende Zielvorgabe für Ressourcenschutz angesehen[2] (vgl. WBGU 2011: 42; Job et al. 2013: 205). Auch

---

1 (In Pöhnl 2012: 8)
2 2006: WBGU formuliert die planetarische Leitplanke von einer Unter-Schutz-Stellung von 10-20% der terrestrischen und 20-30% der marinen Ökosysteme; 2010: Beschluss der CBD auf der Nagoya Konferenz, terrestrische Schutzgebiete bis 2020 auf 17% zu vergrößern und die Meeresfläche zu 10% unter Schutz zu stellen.

in Deutschland wurde dieser Ansicht Rechnung getragen und 2007 mit der „Nationalen Strategie zur biologischen Vielfalt" eine klare Zielsetzung formuliert. Diese sieht unter anderem vor, bis zum Jahr 2020 großflächigen Prozessschutz auf zwei Prozent der Fläche Deutschlands umzusetzen. Auf diesen Flächen soll der Natur ermöglicht werden, sich weitestgehend ungestört, frei von menschlichen Nutzungen, zu entwickeln. Entsprechend wird auch vom „Wildnis-Ziel" der Bundesregierung gesprochen (vgl. BMUB 2007: 40f.; Schumacher/Job 2013: 312). Zur Erreichung dieser Ziele mit dem Zweck, mehr Naturdynamik in unseren Landschaften zuzulassen, stellen Nationalparks einen notwendigen und unverzichtbaren Baustein dar.

Bislang gibt es in Deutschland 16 Nationalparks. Der erste wurde im Jahr 1970 im Bayerischen Wald ausgewiesen, etwa sechzig Jahre nach der Ausweisung des ersten europäischen Nationalparks 1909 in Schweden. Bis zur Wende folgten 1978 der Nationalpark Berchtesgaden und 1985 sowie 1986 die Nationalparks Schleswig-Holsteinisches und Niedersächsisches Wattenmeer. Nach dem Mauerfall wurden im Jahr 1990 mit dem Hamburgischen Wattenmeer, Jasmund, Harz, Sächsische Schweiz-, Vorpommersche Boddenlandschaft und Müritz-Nationalpark sechs weitere Nationalparks ausgewiesen, alle außer dem Hamburgischen Wattenmeer noch unter der letzten DDR-Regierung. Das Jahr 1990 kann also auch für die Nationalpark-Geschichte Deutschlands als Wendejahr angesehen werden. In den Jahren von 1991 bis 2004 wurden mit den Nationalparks Hainich, Kellerwald-Edersee, Eifel, Harz sowie Unteres Odertal die Entwicklung der Nationalparks weiter vorangetrieben. Zuletzt wurden 2014 der Nationalpark Schwarzwald und 2015 der Nationalpark Hunsrück-Hochwald gegründet (vgl. Schumacher/Job 2013: 312).

Die Flächengröße der bestehenden Nationalparks in Deutschland variiert von 3.070 ha (Jasmund) bis 441.500 ha (Schleswig-Holsteinisches Wattenmeer, davon ca. 97,7% Wasserfläche). Zusammen haben alle deutschen Nationalparks eine Gesamtfläche von 1.047.859 ha mit einem Anteil von 214.588 ha Landfläche. Letzteres entspricht etwa 0,6% des Bundesgebiets. Klar ist also, dass für die Zielerreichung von 2% Wildnis-Fläche bis 2020 Handlungsbedarf bezüglich der Ausweisung weiterer Nationalparks in Deutschland besteht[3] (vgl. BfN 2018; Mayer 2013: 39f.).

Allerdings gerät der Anspruch eines großflächigen Prozessschutzes, in industrialisierten und dicht besiedelten Ländern wie Deutschland immer wieder in Konflikt mit anderen Landnutzungsinteressen (vgl. Job et al. 2013: 204). Auch in Deutschland sind bereits etliche potentielle Nationalparks gescheitert, wie beispielsweise die Nationalpark-Initiativen Siebengebirge, Peenetal oder Grenzheide (vgl. Schumacher/Job 2013: 312). Das flächengrößte Bundesland Bayern stellt hier beileibe keine Ausnahme dar: Bestrebungen, einen dritten Nationalpark auf bayerischem Boden zu errichten, sind nach zwei Jahren des zähen Ringens vorerst gescheitert. Aufgrund bestehender Verknüpfungen zwischen der Causa eines dritten Nationalparks und der Personalie Horst Seehofer, war es durchaus nicht überraschend, dass der vorangegangene Personalwechsel im bayerischen Ministerpräsidentenamt diese Entschei-

---

3 Die Kernzonenfläche von Biosphärenreservaten beträgt mit 345.967 ha ca. 9,6% der Fläche Deutschlands und kann ebenfalls als Wildnis-Fläche angesehen werden. Für die Wattenmeer-Nationalparks und den Nationalpark Berchtesgaden gibt es jedoch Überschneidungen zwischen den jeweiligen Kernzonen des Biosphärenreservats und des Nationalparks (vgl. BfN 2018).

dung mit sich brachte (vgl. SZ 2017). Nicht zuletzt bewegten jedoch auch Bedenken bezüglich potenzieller Eingriffe in Eigentum und Nutzungsrechte die betroffenen Bürger immer wieder zu Protesten. Ein Nationalpark dürfe den Menschen nicht *„aufgestülpt"* werden, sondern müsse eine *„gewachsene Entscheidung"* sein, waren schließlich die Schlussfolgerungen des amtierenden Ministerpräsidenten Markus Söder, die seiner Entscheidung gegen einen dritten Nationalpark zugrunde lagen (vgl. Welt 2018: 3). In der Argumentation für einen potentiellen dritten bayerischen Nationalpark wurden ökonomische Anreize immer wieder in den Fokus gestellt (vgl. Augsburger Allgemeine 2016; Mainpost 2017). Jedoch bedarf die Annahme eines jederzeit wirtschaftlich rational denkenden und handelnden „homo oeconomicus" im Kontext der Nationalparkdebatte noch eingehender Überprüfung (vgl. Stern 2008: 860).

Der augenscheinliche Mangel an Akzeptanz für zukünftige Nationalparks wirft dabei unweigerlich die Frage auf, wie es um die Wahrnehmung der seit 1970 und 1978 bestehenden bayerischen Nationalparks bestellt ist. Denn gerade die Akzeptanz seitens der lokalen Bevölkerung ist nicht nur für die Ausweisung und Erweiterung von Nationalparks, sondern auch für das gut funktionierende Management bestehender Nationalparks eine unverzichtbare Ausgangsbasis (vgl. Borrini-Feyerabend et al. 2013: 12).

1.2 Akzeptanz als Schlüssel für erfolgreiche Nationalparks

In demokratischen Entscheidungsprozessen besteht stets die Möglichkeit, dass Bürger Ablehnung äußern und somit potentiell allen Zielen, Vorhaben und Einrichtungen die demokratische Legitimation entziehen (vgl. Lucke 1995: 12). Als grundlegende Voraussetzung einer demokratischen Gesellschaft sind Partizipation und Akzeptanz auch für das Erreichen einer klimaverträglichen Lebens- und Wirtschaftsweise unverzichtbar (vgl. WBGU 2011: 8). Nur durch ein ausreichendes Maß an Zustimmung und Teilhabe, können Maßnahmen zum Naturschutz und Ziele wie die Nationale Strategie zur biologischen Vielfalt der Bundesregierung erreicht werden (vgl. Mues et al. 2017: 20; Frohn 2017: 150). Ein erhöhtes Forschungsinteresse für die Akzeptanz von Nationalparks ergibt sich, wie es für die Akzeptanzforschung üblich ist, aus der Abwesenheit derselben (vgl. Lucke 1995: 11). Für den bei weitem überwiegenden Anteil von Nationalparks, nicht nur in Deutschland, sondern weltweit, sind Akzeptanzprobleme von Beginn an Teil der Planung und des Managements, da diese zumeist auf Widerstände aus der lokalen Bevölkerung treffen (vgl. Ruschkowski 2010: 1; Stoll 1999: 15; Job 2013: 204f.; Schumacher/Job 2013: 312).

Besonders Nationalparks bedürfen aufgrund ihrer schwerwiegenden Auswirkungen auf Raum und Gesellschaft im besonderen Maße der Unterstützung seitens der Betroffenen (vgl. Ruschkowski/Mayer 2011: 147; Ruschkowski/Nienhaber 2016: 526). Dieser Anspruch scheint so alt wie die Nationalparkgeschichte in Deutschland: So benannte 1969, als durch den Bayerischen Landtag die Errichtung des

Nationalparks Bayerischer Wald beschlossen wurde, noch im selben Jahr Willy Brandt das gestiegene Bedürfnis nach Transparenz und Teilhabe mit den bis heute häufig zitierten Worten *„mehr Demokratie wagen"* (vgl. Frohn 2016: 9).

Auch hat das Thema der Akzeptanz und Teilhabe innerhalb des Schutzgebietsmanagements an Bedeutung gewonnen. Noch Mitte des 20. Jahrhunderts dominierte die Ansicht, dass der Mensch, inklusive der Einheimischen, aus Naturschutzgebieten verbannt werden müsse (vgl. Mose/Weixlbaumer 2007: 11; Stoll 1999: 59). Erst im Verlauf der 1990er Jahre wurde klar, dass Denkmuster, die den Menschen als Feind der Natur betrachten, die Akzeptanz von Naturschutzmaßnahmen wesentlich beeinträchtigen (vgl. Piechocki 2010: 233). Spätestens seit diesen Jahren herrscht Konsens, dass kein Schutzgebiet langfristig ohne die Unterstützung und Involvierung der umliegenden Gemeinden und deren Bevölkerung erfolgreich sein kann (vgl. Stoll 1999: 15; IUCN 1994: 140; Becken/Job 2014). Dies ist Ausdruck eines grundlegenden Wandels der Ziele des Schutzgebietsmanagements (vgl. Abb. 1).

Der Anspruch einer Beteiligung der lokalen Bevölkerung an den wirtschaftlichen Vorteilen eines Schutzgebietes und der Integration der Anwohner in das Nationalparkmanagement durch bottom-up-Strukturen, wird auch als Paradigmenwechsel im Schutzgebietsmanagement, von der „fences and fines" zur „use it or lose it" Politik, angesehen (vgl. Stoll-Kleemann/Job 2008: 87; Mose/Weixlbaumer 2007: 13; Hammer 2007: 236).

Abbildung 1: Phasen des Schutzgebietsmanagements

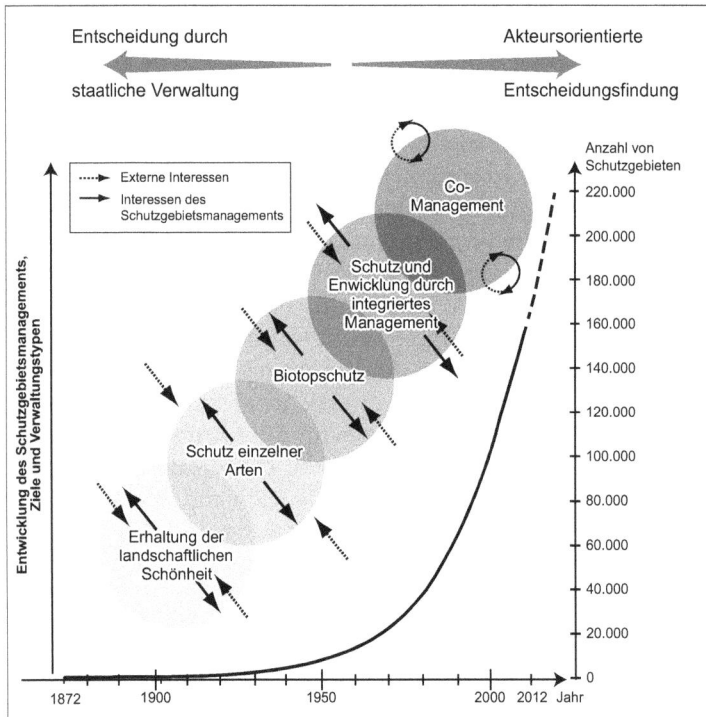

Quelle: Job/Becken 2013: 207

4

2 Forschungsdesign

2.1 Auswahl der Untersuchungsgebiete

Die Untersuchung der beiden bayerischen Nationalparks ist gekennzeichnet durch ein ausgewogenes Verhältnis von Gemeinsamkeiten der Untersuchungsgebiete einerseits und Unterschieden andererseits. Die Gemeinsamkeiten ermöglichen den Vergleich zwischen den Untersuchungsgebieten in bestimmten Punkten und gestalten sich wie folgt: Die Nationalparks Bayerischer Wald und Berchtesgaden sind mit den Gründungsjahren 1970 und 1978 die beiden ältesten in Deutschland. Es besteht also die Möglichkeit, auch dank vorliegender Vorgängerstudien aus den Jahren 1988 und 2007 für den Bayerischen Wald sowie aus dem Jahr 1990 für Berchtesgaden, über einen Zeitraum von bis zu drei Jahrzehnten Aussagen über die zeitliche Entwicklung der Akzeptanz zu treffen. Zudem ist den Nationalparks nicht nur ihre Lage im Bundesland Bayern gemein (vgl. Abb. 2). Da Naturschutz in Deutschland in der Kompetenz der Bundesländer liegt, ist der Freistaat Bayern auch für beide hier betrachteten Nationalparks gleichermaßen zuständig (vgl. SCHUMACHER/JOB 2013: 310). Eine weitere Gemeinsamkeit der bayerischen Nationalparks ist ihre Lage in Grenzregionen. Wie der nachfolgenden Tabelle 1 zu entnehmen ist, handelt es sich bei den Landkreisen der Untersuchungsgebiete in Berchtesgaden und im Bayerischen Wald um eher strukturschwache, ländliche Regionen in der bayerischen Peripherie. Das zeigt sich nicht nur in der Lagerelation der beiden grenznahen Gebiete weitab der eigentlichen Zentren Bayerns (vgl. Abb. 2), sondern wird auch durch die vorliegenden Daten bestätigt: So

Tabelle 1: Ausgewählte sozioökonomische Indikatoren für die Landkreise der Untersuchungsgebiete im Vergleich zu Bayern

Untersuchungsgebiet	NLP Berchtesgaden	NLP Bayerischer Wald		
Landkreis	Berchtes-gadener Land	Freyung-Grafenau	Regen	Bayern
Bevölkerung (Stand: 31.12.2016) [Personen]	104.480	78.180	77.187	12.930.800
Bevölkerungsdichte 2016 [Personen/km²]	124	79	79	183
Durchschnittsalter 2016 [Jahre]	45,2	45,0	45,1	43,6
Bevölkerungsentwicklung 2016-2036 [%]	+3,1	−3,3	−5,2	+4,2
Einwohner je Arzt 2015	594	878	873	231
Erreichbarkeit von Oberzentren 2015 [Pkw-Fahrzeit in Minuten]	34	42	38	–
Verfügbares Einkommen je Einwohner 2016 [€]	22.132	20.106	20.454	24.026
Gästeankünfte 2016 [Personen]	146.492	23.414	33.840	35.402.639

Quelle: eigene Zusammenstellung nach LANDESAMT FÜR STATISTIK 2018, DESTATIS 2018 ist bei nahezu allen angeführten Strukturmerkmalen ein deutlicher Unterschied im Vergleich zum gesamtbayerischen Durchschnitt festzustellen. Besonders augenfällig erscheint dies beispielsweise bei der Bevölkerungsdichte oder dem durchschnittlichen verfügbaren Einkommen je Einwohner, wo die Werte für Bayern insgesamt deutlich über denen der Untersuchungsregionen liegen.

Abbildung 2: Übersichtskarte: Nationalparks in Bayern und siedlungsstrukturelle Raumtypen

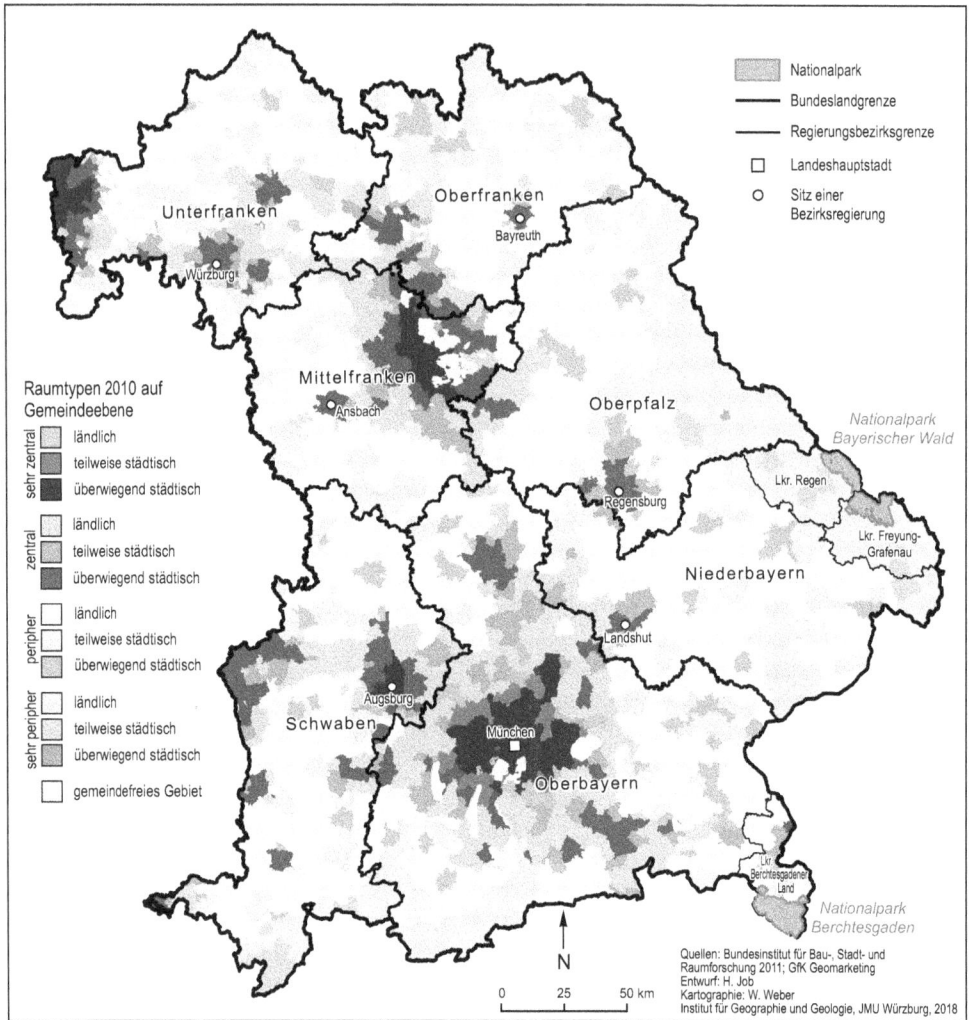

Quelle: eigener Entwurf nach BfN 2017

Gleichzeitig offenbaren die vorliegenden Daten aber auch noch einen deutlich wahrnehmbaren Niveauunterschied zwischen Berchtesgaden und dem Bayerischen Wald. Wird z.B. die Ärzteversorgung herangezogen, so zeigt sich bereits für die Region rund um den Alpennationalpark mit 594 Einwohnern je Arzt im Vergleich zum Wert von 231 Einwohnern je Arzt für Bayern insgesamt ein klarer Unterschied. Für die beiden Landkreise des Untersuchungsgebietes im Nationalpark Bayerischer Wald fällt dieser Wert mit jeweils etwas mehr als 870 Einwohnern je Arzt dann aber nochmals deutlich ab. Ähnlich klar verhält es sich beim Thema Tourismus, der im Berchtesgadener Land absolut wie relativ ebenfalls erheblich stärker ausgeprägt ist als in Freyung-Grafenau und Regen.

Die Unterschiede wiederum liegen unter anderem im Hergang der National-parkausweisungen, der Rolle des Tourismus sowie der spezifischen Kulturland-schaft und Tradition. Insbesondere auch der Naturraum der Hochgebirgslandschaft des Nationalparks Berchtesgaden unterscheidet sich bezüglich der naturgemäßen Dynamik wie etwa gravitativer Massenbewegungen deutlich von der Mittelgebirgs-landschaft des Nationalparks Bayerischer Wald. Zudem sind zwar beide National-parks überwiegend bewaldet, der Waldanteil des Nationalparks Bayerischer Wald ist mit 99% jedoch weit höher als derjenige des Nationalparks Berchtesgaden (vgl. NLP-VERWALTUNG BAYRISCHER WALD 2014: 1, STMLU 2001: 3).

Anhand dieser verschiedenartigen Kontexte ist es möglich, ein umfassenderes Bild von den verschiedenen Prädiktoren von Akzeptanz sowie deren jeweiligen Er-klärungswerten zu erlangen. Entsprechend werden die genannten Aspekte der Un-tersuchungsgebiete in Kapitel 3 ausführlich dargelegt.

2.2 Datenbasis

Die vorliegende Untersuchung der Akzeptanz der bayerischen Nationalparks er-folgt im Wesentlichen auf Basis der Ergebnisse einer schriftlichen Befragung in den jeweiligen Anrainergemeinden der Nationalparks von Januar 2018. Diese reiht sich in ein dreigeteiltes Vorgehen zur Erfassung der Akzeptanz der bayerischen Nati-onalparks ein. So wurde im Vorhinein bereits eine bayernweite Onlinebefragung durchgeführt (Juni 2017), anschließend erfolgten qualitative Experteninterviews (Februar bis April 2018). Zudem werden die Ergebnisse der schriftlichen Befragung ergänzt durch die jeweiligen Vorgängerstudien.

2.2.1 Bayernweite Online-Befragung

Bereits im Juni 2017 wurde die Akzeptanz auf gesamtbayerischer Ebene durch eine quantitative Repräsentativbefragung per Online-Fragebogen (CAWI: computer-assisted web interviewing) erfasst. Auf diese Weise wurden im Freistaat Bayern 2.057 Personen (Bevölkerung ab 18 Jahre) repräsentativ in-terviewt. Dazu wurde der Bekanntheitsgrad des Prädikats Nationalpark im Kontext vergleichbarer Kategorien des Naturschutzes erfragt. Konkret wurden fol-gende Fragestellungen bei dieser repräsentativen Erhebung berücksichtigt:

1. Es gibt unterschiedliche Wege, die Natur zu bewahren. Eine davon ist, ein bestimmtes Gebiet unter Schutz zu stellen. Welche Bezeichnung für solche Gebiete fällt Ihnen ohne lange nachzudenken als Erstes ein?

2. Es fällt einem ja nicht immer auf Anhieb alles ein. Hier lesen Sie nun einige Bezeichnungen. Bitte geben Sie an, ob Sie den Namen für ein solches Schutzgebiet schon einmal gehört haben.

3. Kennen Sie Nationalparke in Bayern?

4. Haben Sie schon einmal Nationalparke in Bayern besucht?

5. Hat der Besuch im Nationalpark Bayerischer Wald/Berchtesgaden während einer Reise mit Übernachtung oder während eines Ausfluges ohne Übernachtung stattgefunden?

6. Angenommen, am nächsten Sonntag gäbe es eine Abstimmung über das Weiterbestehen der Nationalparke Bayerischer Wald/Berchtesgaden. Wären Sie dafür oder dagegen?

Die genannten Fragestellungen wurden, wo sinnvoll, im Hinblick auf ihre eventuelle Abhängigkeit von raumstrukturellen Parametern (städtisch, naher Verdichtungsraum und ländliche Räume) und sozio-demographische Variablen differenziert.

Darauf folgte im Januar 2018 die quantitativ-standardisierte empirische Erhebung mittels schriftlicher Befragung in den Nationalparklandkreisen, deren Ergebnisse die Datengrundlage für diese Arbeit darstellen. Zuletzt fanden im Frühjahr 2018 qualitative Interviews mit lokalen Entscheidungsträgern statt.

2.2.2 Qualitative Experteninterviews

Die empirische Basis der qualitativen Untersuchungen bilden Leitfadeninterviews mit 17 Experten aus dem Nationalpark Bayerischer Wald und 18 Experten aus dem Nationalpark Berchtesgaden. Als potenzielle Interviewpartner wurden lokale Entscheidungsträger identifiziert. Den Befragten wurde der Expertenstatus verliehen, da sie gemäß den spezifischen Fragestellungen der Untersuchung über einen privilegierten Zugang zu Informationen über Meinungen und Verhalten der an der Akzeptanzproblematik beteiligten Personengruppen verfügen. Die lokalen Entscheidungsträger sind also sowohl Experten ihres Handlungsfeldes als auch der regionalen Besonderheiten (vgl. GLÄSER/LAUDEL 2010: 39). Daher sind sie in besonderem Maße befähigt, die Einstellung der Einheimischen zum Nationalpark einzuschätzen.

In seiner Eigenschaft als Experte steht weniger die Persönlichkeit des Befragten im Vordergrund, sondern der Befragte ist als Repräsentant einer Gruppe zu verstehen (vgl. MEUSER/NAGEL 1992: 444). Entsprechend wurden im Vorfeld fünf Personengruppen ausgewählt, um alle relevanten Bereiche des öffentlichen Lebens zu repräsentieren: 1. Politik, 2. Wirtschaft, 3. Vereine, 4. Kirche und Soziales, sowie 5. Grüne (vgl. Tab. 2). Die Gruppe „Politik" beinhaltet kommunalpolitische Akteure, die Gruppe „Wirtschaft" besteht vornehmlich aus Experten der Tourismusbranche. Zu der Gruppe „Vereine" gehören insbesondere Vertreter von Heimatvereinen, die Gruppe „Kirche und Soziales" beinhaltet neben Geistlichen auch Akteure aus dem Bereich Bildung. Zuletzt setzt sich die Gruppe der „Grünen" aus Land- und Forstwirten, sowie Vertretern der unteren Naturschutzbehörde zusammen.

Tabelle 2: Anzahl der Interviewpartner nach Gruppe

Gruppe	NLP Bayerischer Wald	NLP Berchtesgaden
Politik	5	4
Wirtschaft	4	5
Vereine	2	2
Kirche und Soziales	3	3
Grüne	3	4
GESAMT	**17**	**18**

Quelle: eigene Darstellung

Der Leitfaden greift dabei folgende inhaltliche Themenkomplexe auf: 1. Allgemeine Fragen, 2. Persönliche Faktoren, 3. Kulturelle Faktoren, 4. Partizipation/Kommunikation, 5. Wirtschaft (v.a. Tourismus), sowie zuletzt 6. Abschließende Fragen (vgl. Anhang). Um Anhaltspunkte für einen Vergleich der Akzeptanzprobleme im Nationalpark Bayerischer Wald mit den Vorgängerstudien zu erhalten, wurden sowohl aus der Studie von RENTSCH (1988) als auch von LIEBECKE et al. (2012) Fragen in den Leitfaden übernommen.

Die Kontaktaufnahme zu den Experten erfolgte per E-Mail bzw. per Telefon. Die Gesprächspartner wurden aus den Gemeinden ausgewählt, die möglichst nah an den jeweiligen Nationalpark angrenzen. Zudem haben alle beruflich oder ehrenamtlich einen Bezug zum Nationalpark, wobei keine Nationalparkmitarbeiter befragt wurden, da dies die Ergebnisse verzerren würde. Die Befragten bilden einen Querschnitt aus den für die Studie relevanten fünf Personengruppen ab. Dabei wurde darauf geachtet, dass mindestens zwei der Befragten sich im gleichen Bereich wiederfinden, um die Aussagen vergleichen zu können. Die Interviews wurden hauptsächlich face-to-face durchgeführt, aus zeitlichen oder anderen Gründen teilweise auch per Telefon. Dabei konnten im vorliegenden Zusammenhang keine Qualitätsunterschiede in den Aussagen zwischen einem persönlichen und einem telefonischen Interviewtermin festgestellt werden.

Leider wurde für das Untersuchungsgebiet Bayerischer Wald ein Interview mit der Bürgerbewegung zum Schutz des Nationalparks Bayerischer Wald verweigert. Um dennoch mehr kritische Stimmen einzufangen und zur Validierung der Aussagen der Experten wurden fünf kritische Leserbriefe, die im Laufe der schriftlichen Befragung eingegangen sind, in die Analyse einbezogen.

Ausgewertet werden die leitfadengestützten Interviews anhand der qualitativen Inhaltsanalyse nach MAYRING (2002). Die qualitative Inhaltsanalyse eignet sich für eine große Datenmenge, die systematisch mit einem entwickelten Kategoriensystem bearbeitet wird. Vorteile dieser Auswertungsmethode liegen in der schrittweisen Analyse des Materials und der Zerlegung des Materials in kleinere Einheiten die nur noch Informationen enthält, die für die Beantwortung der Forschungsfrage relevant sind (vgl. Mayring 2002: 114ff.). Mit der qualitativen Inhaltsanalyse wird der Text somit auf die Informationen reduziert, die zur Beantwortung der Forschungsfragen dienen. Gläser/Laudel (2010) haben die Analysetechnik von Mayring weiterentwickelt und das Verfahren der Extraktion in den Mittelpunkt gestellt, um den Informationsumfang systematisch zu reduzieren und die relevanten Informationen herauszuarbeiten und dem Untersuchungsziel entsprechend zu strukturieren.

Die Auswertung der Experteninterviews folgt weiterhin dem Verfahren der Extraktion von Gläser/Laudel (2010). In Vorbereitung dessen wurde das Tonmaterial der Interviews mit Hilfe des Programms *MAXQDA* transkribiert. Es erfolgte eine wörtliche Transkription des Gesagten ohne eine detaillierte Niederschrift der Ausführung der Fragestellung der Interviewer/-in. Da sich die Analyse am Inhalt und nicht an der Art und Weise des Sprechens orientiert, wurden dahingehende Ausführungen nicht transkribiert. Starker Dialekt und grobe Satzbaufehler, die den Sinnzusammenhang stören, wurden bereinigt. Anhand der Interviewfragen wurde ein Kategoriensystem aufgestellt, welches sich an den Prädiktoren der Einstellung orientiert. Das Codieren der Textstellen zu den bestimmten Kategorien erfolgte ebenfalls mit Hilfe des Programms *MAXQDA*.

2.2.3 Schriftliche Befragung der Anwohner

Die Entwicklung des Erhebungsinstruments der schriftlichen Befragung orientierte sich vornehmlich an den Vorläuferuntersuchungen, insbesondere an Liebecke et al. (2011) für den Bayerischen Wald. Schriftliche Befragung meint hier eine Befragungssituation, bei der kein Interviewer anwesend ist. Diese Befragungsmethode bot sich nicht nur aus technischen Gründen aufgrund der Größe der Stichprobe an. Es werden auf diese Weise auch Interviewer-Fehler vermieden und Antworten werden i. d. R. „ehrlicher" und „überlegter" gegeben, da keine Annahmen darüber getroffen werden, was der Interviewer hören möchte und der Zeitpunkt und -rahmen für das Ausfüllen des Fragebogens von den Befragten selbst gewählt werden können (vgl. Schnell et al. 2011: 351).

Weiterhin lagen dem standardisierten Erhebungsinstrument die in der Forschung gängigen Prädiktoren der Einstellung gegenüber Nationalparks. Diese sind in erster Linie die Wahrnehmung von Restriktionen (vgl. Stoll-Kleemann 2000: 10), das Vertrauen in und die Bewertung von der Arbeit der Nationalparkverwaltung (vgl. Stern 2008: 860), die Qualität von Kommunikation und Partizipation (vgl. Mose/Weixlbaumer 2007: 13; Schenk 2000: 20f.), Aktivitäten und Art der Organisation für oder gegen den Nationalpark (vgl. Ruschkowski 2010: 12), sowie Empfindungen gegenüber Naturbildern und Naturästhetik (vgl. Lantermann et al. 2003: 235). Auch die Wahrnehmung der Effekte des Nationalparks auf die Tourismusentwicklung wurde als möglicher Prädiktor der Einstellung berücksichtigt (vgl. Mayer/Job

Tabelle 3: Ausgeteilte Fragebögen und Rücklauf nach Gemeinde Nationalpark Bayerischer Wald

Gemeinde	Anzahl Verteilung	Rücklauf	Rücklaufquote [%]
Achslach	52	3	5,8
Arnbruck	112	20	17,9
Bayerisch Eisenstein	**161**	**40**	**24,9**
Bischofsmais	183	27	14,8
Böbrach	95	13	13,7
Bodenmais	196	28	14,3
Drachselsried	140	22	15,7
Eppenschlag	57	10	17,7
Frauenau	**428**	**93**	**21,7**
Freyung	415	60	14,5
Fürsteneck	51	11	21,6
Geiersthal	126	26	20,6
Gotteszell	69	18	26,0
Grafenau	479	124	25,9
Grainet	138	22	16,0
Haidmühle	77	16	20,7
Hinterschmiding	140	30	21,5
Hohenau	**529**	**137**	**25,9**
Innernzell	90	15	16,7
Jandelsbrunn	191	38	19,9
Kirchberg i.Wald	249	43	17,2
Kirchdorf i.Wald	123	23	18,7
Kollnburg	161	34	21,2
Langdorf	106	26	24,4
Lindberg	**377**	**95**	**25,2**
Mauth	**368**	**103**	**28,0**
Neureichenau	252	34	13,5
Neuschönau	**361**	**98**	**27,2**
Patersdorf	96	13	13,5
Perlesreut	166	38	23,0
Philippsreut	38	6	15,8
Prackenbach	154	15	9,7
Regen	626	86	13,7
Rinchnach	178	40	22,5
Ringelai	109	26	23,7
Röhrnbach	253	29	11,5
Ruhmannsfelden	121	15	12,4
Saldenburg	112	19	16,9
Sankt Oswald-Riedlhütte	**455**	**120**	**26,4**
Schöfweg	75	16	21,3
Schönberg	223	37	16,6
Spiegelau	**617**	**149**	**24,1**
Teisnach	166	19	11,4
Thurmansbang	136	20	14,7
Viechtach	465	78	16,8
Waldkirchen	593	64	10,8
Zachenberg	120	21	17,6
Zenting	68	10	14,7
Zwiesel	**1.503**	**264**	**17,6**
Keine Angabe	–	39	–
Gesamt	**12.000**	**2.333**	**19,4**

Quelle: eigene Darstellung

11

2014: 74). Darüber hinaus wurden spezifische regionale Herausforderungen wie beispielsweise die Einstellung zu Totholz, Tourismus und Verkehr in die Konzeption des Fragebogens einbezogen.

Im Januar 2018 wurden insgesamt 8.000 Fragebögen an Haushalte in den Nationalpark-Landkreisen in Berchtesgaden per Post verschickt. Die Auswahl der Haushalte erfolgte dabei nach dem Zufallsprinzip durch Ziehung der Adressaten auf Basis der offiziellen Melderegisterdaten. Dazu wurde ein offizieller Antrag beim Datenschutzbeauftragen des Landratsamtes Berchtesgadener Land gestellt. Die Meldeämter der einzelnen Kommunen stellten im Anschluss an die Antragsgenehmigung per Zufallsauswahl ausgewählte Stichprobenfälle zur Verfügung, im Sinne der Datenübermittlung an andere öffentliche Stellen (§ 34 Bundesmeldegesetz). Hierbei kam es für den Versand der Fragebögen dann lediglich zur Übermittlung von allgemeinen Personendaten wie Name, Vorname und Adresse (§ 34 Abs. 1 S. 1 Nr. 1, 3 u. 6 Bundesmeldegesetz) und nicht sensiblen personenbezogenen Daten i.S. Art. 15 Abs. 7 des Bayerischen Datenschutzgesetzes. Wie sich die an die Haushalte im Untersuchungsgebiet ausgegebenen Fragebögen auf die einzelnen Gemeinden verteilen, ist Tabelle 3 zu entnehmen.

In den Nationalparkgemeinden des Nationalparks Bayerischer Wald wurden die Fragebögen händisch ausgeteilt. Es wurde dabei mit Hilfe des Random-Walk-

Tabelle 4: Ausgeteilte Fragebögen und Rücklauf nach Gemeinde Nationalpark Berchtesgaden

Gemeinde	Anzahl Fragebögen	Rücklauf	Rücklaufquote [%]
Ainring	572	91	15,9
Anger	248	48	19,4
Bad Reichenhall	1059	154	14,5
Bayerisch Gmain	390	64	16,4
Berchtesgaden	**976**	**248**	**25,4**
Bischofswiesen	947	202	21,3
Freilassing	987	127	12,9
Laufen	404	79	19,6
Marktschellenberg	196	44	22,4
Piding	314	65	20,7
Ramsau	**194**	**58**	**29,9**
Saaldorf-Surheim	306	48	15,7
Schneizlreuth	**156**	**31**	**19,9**
Schönau am Königssee	**662**	**174**	**26,3**
Teisendorf	589	136	23,1
Keine Angabe	–	13	–
Gesamt	**8.000**	**1.582**	**19,8**

Quelle: eigene Darstellung

Prinzips vorgegangen: Ausgehend von der Kirche eines Ortes als zuvor festgelegter Startadresse, wurden die Fragebögen nach einer gemeindespezifischen Vorgabe jedem x-ten Haushalt zugestellt (per Einwurf in den Briefkasten). Je zwei Verteiler liefen dazu zunächst in Nord- bzw. Süd-Richtung und danach Ost- bzw. West-Richtung durch die Straßen der Ortslage. Die notwendige gemeindespezifische Vorgabe leitete sich für jede Gemeinde bzw. jeden Ortsteil einer Gemeinde aus der Einwohnerzahl ab, um durch diese quotierte Schichtung eine räumlich differenzierte Auswertung nach der Ortsgröße zu ermöglichen. Wie sich die 12.000 an die Haushalte im Untersuchungsgebiet ausgegebenen Fragebögen auf die einzelnen Gemeinden verteilen, ist Tabelle 4 zu entnehmen.

Mittels dieser Vorgehensweisen hat somit in beiden Untersuchungsgebieten jeder Haushalt theoretisch die gleiche Chance, bei der Stichprobenauswahl berücksichtigt zu werden. Innerhalb eines Haushalts sollte dann in beiden Untersuchungsgebieten schließlich diejenige volljährige Person die Fragen beantworten, welche zuletzt Geburtstag hatte. Dadurch wird gewährleistet, dass es sich bei den letztlich teilnehmenden Personen um eine Zufallsstichprobe im bestmöglichen Sinne handelt.

Um aus den Gemeinden mit einer besonderen räumlichen Betroffenheit eine inhaltlich möglichst valide Aussage zu erhalten, wurde trotz der insgesamt geringeren Einwohnerzahl der Nahbereich in der Verteilung der Fragebögen gezielt überrepräsentiert (60% Nahbereich zu 40% Fernbereich). Als Nahbereich wurden dabei solche Gemeinden definiert, die eine gemeinsame Grenze oder deren Gemarkung Überschneidungsbereiche mit dem Nationalpark haben. Durch eine Gewichtung der späteren Stichprobenfälle wurde die numerische Überlegenheit des Nahbereichs wieder zugunsten einer einheitlichen Repräsentation auf Basis der tatsächlichen Einwohnerzahlen angepasst. Die inhaltliche Aussagekraft der Resultate konnte so jedoch für den Nahbereich in besonderem Maße sichergestellt werden.

In beiden Untersuchungsgebieten war für jeden Gemeindebezirk die Anzahl der zu verteilenden Bögen vorgegeben, die sich aus der Einwohnerzahl ableitete. Für die Beantwortung und den (kostenfreien) Rückversand wurde den Befragten ein Zeitfenster von etwas über einem Monat gegeben. Der Rücklauf beläuft sich in beiden Untersuchungsgebieten auf knapp unter 20% (vgl. Tab. 5).

Tabelle 5: Ausgeteilte Fragebögen und Rücklauf nach Untersuchungsgebiet

	Berchtesgaden	**Bayerischer Wald**
Ausgeteilte Fragebögen	8 000	12 000
EW-Zahl NLP-Landkreise	104 000	155 000
Rücklauf	19,78%	19,44%

Quelle: eigene Darstellung

Räumlich differenziert stellt sich in beiden Untersuchungsgebieten die Rücklaufquote in den unmittelbar angrenzenden Gemeinden deutlich höher dar, wohingegen der Fernbereich etwas niedrigere Rücklaufquoten aufweist (vgl. Abb. 3 und 4).

Abbildung 3: Rücklaufquoten räumlich differenziert Bayerischer Wald

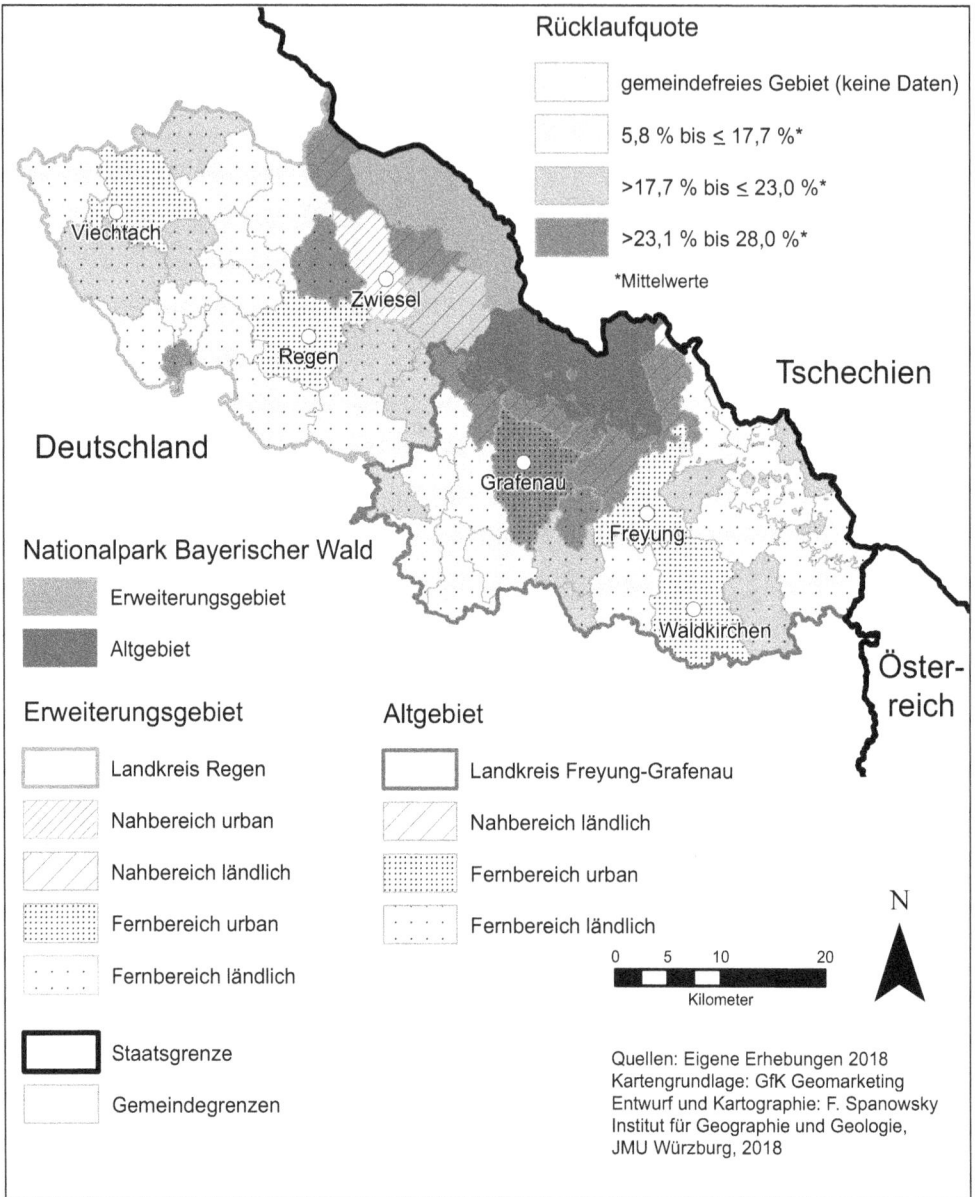

Rücklaufquote

- gemeindefreies Gebiet (keine Daten)
- 5,8 % bis ≤ 17,7 %*
- >17,7 % bis ≤ 23,0 %*
- >23,1 % bis 28,0 %*

*Mittelwerte

Viechtach

Zwiesel

Regen

Deutschland

Grafenau

Freyung

Tschechien

Nationalpark Bayerischer Wald

- Erweiterungsgebiet
- Altgebiet

Waldkirchen

Öster-reich

Erweiterungsgebiet

- Landkreis Regen
- Nahbereich urban
- Nahbereich ländlich
- Fernbereich urban
- Fernbereich ländlich
- Staatsgrenze
- Gemeindegrenzen

Altgebiet

- Landkreis Freyung-Grafenau
- Nahbereich ländlich
- Fernbereich urban
- Fernbereich ländlich

N

0 5 10 20
Kilometer

Quellen: Eigene Erhebungen 2018
Kartengrundlage: GfK Geomarketing
Entwurf und Kartographie: F. Spanowsky
Institut für Geographie und Geologie,
JMU Würzburg, 2018

Quelle: eigene Darstellung

14

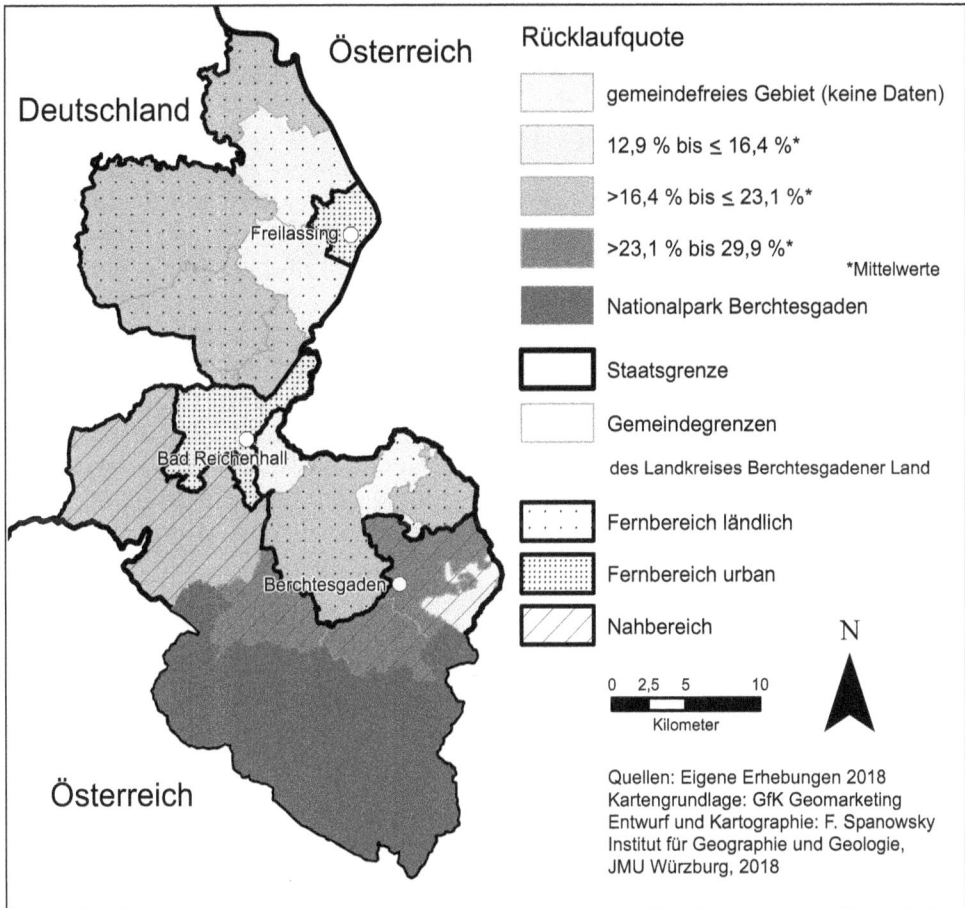

Rücklaufquote

gemeindefreies Gebiet (keine Daten)

12,9 % bis ≤ 16,4 %*

>16,4 % bis ≤ 23,1 %*

>23,1 % bis 29,9 %*

*Mittelwerte

Nationalpark Berchtesgaden

Staatsgrenze

Gemeindegrenzen

des Landkreises Berchtesgadener Land

Fernbereich ländlich

Fernbereich urban

Nahbereich

N

0   2,5   5   10
Kilometer

Quellen: Eigene Erhebungen 2018
Kartengrundlage: GfK Geomarketing
Entwurf und Kartographie: F. Spanowsky
Institut für Geographie und Geologie,
JMU Würzburg, 2018

Quelle: eigene Darstellung

2.2.4   Vorgängerstudien

Die bereits vorhandenen Vorläuferstudien zur Akzeptanz der beiden bayerischen Nationalparks tragen zur Analyse der Untersuchungsgebiete Bayerischer Wald und Berchtesgaden einen zusätzlichen Mehrwert bei. Um einen Rekurs auf die Vorgängerstudien möglich zu machen, wurden in der standardisierten Befragung an geeigneter Stelle gleiche Frageformulierungen verwendet. So kann im Zeitvergleich die Entwicklung der Akzeptanz der Nationalparks herausgearbeitet werden. Folgende Vorläuferuntersuchungen liegen vor:

Als erste Studie in Deutschland zu Fragen der Akzeptanz eines Nationalparks seitens der lokalen Bevölkerung verfasste RENTSCH 1988 eine Arbeit mit dem Titel „Die Akzeptanz eines Schutzgebietes". Nach 18-jährigem Bestehen des Nationalparks Bayerischer Wald, wurden mit diesem Forschungsprojekt zum ersten Mal systematisch die lokalen Konflikte bezüglich des Nationalparks untersucht. Auf Grundlage von Expertengesprächen erstellte RENTSCH einen Fragenkatalog, welcher einer durch Zufallsauswahl gebildeten Stichprobe (N=336) von Einwohnern der Gemeinden in Nationalparknähe im persönlichen Interview vorgelegt wurde.

Eine weitere Studie zur Akzeptanz des Nationalparks Bayerischer Wald bei der lokalen Bevölkerung wurde 2007 von LIEBECKE, WAGNER und SUDA durchgeführt und 2011 in einer Langfassung veröffentlicht. Auch hier wurde, aufbauend auf einigen qualitativen Interviews, eine quantitative Bevölkerungsbefragung durchgeführt (N=601). Im Unterschied zur Studie von RENTSCH wurde Letztere mittels einer Telefonbefragung umgesetzt. Trotz einiger thematischer Ähnlichkeiten mit der Studie von 1988, wurde in der Studie von LIEBECKE et al. darauf verzichtet, eine systematische Vergleichbarkeit zur vorangegangenen Studie von RENTSCH (1988) herzustellen.

Die Akzeptanz und Ablehnung des Nationalparks Berchtesgaden wurde 1990 durch RENTSCH und KUHN untersucht. Das entsprechende Forschungsprojekt lief zuvor über zwei Jahre hinweg. Zunächst wurden hier anhand von nicht standardisierten Expertengesprächen die wichtigsten Konfliktfelder eruiert. Es folgte eine repräsentative und standardisierte Befragung in den Anrainergemeinden Berchtesgaden, Bischofswiesen, Schönau am Königssee, Ramsau und Marktschellenberg (N=316).

2.3   Forschungsfragen und -ziele

Vor dem Hintergrund des skizzierten Forschungsanlasses hinsichtlich der Relevanz von Nationalparks für den Erhalt von Biodiversität und Ökosystemleistungen und der Bedeutung von Akzeptanz bei der lokalen Bevölkerung für das funktionierende Management von Nationalparks sowie auf Grundlage der vorhandenen Datenbasis ergeben sich folgende Forschungsfragen und -ziele (vgl. Tab. 6).

Die Methode der Literaturrecherche wird hier im Sinne von FINK (2005: 3) verstanden und ist definiert als „eine systematische, explizite und reproduzierbare Methode zur Identifikation, Evaluierung und Zusammenfassung des existierenden Umfangs an vollständigen und erfassten Arbeiten". Die Abgrenzung des Literaturumfangs ist abhängig von der Frage, ob sich Paradigmen, Theorien und Erkenntnisse der Akzeptanzforschung, die sich bislang allgemein auf Naturschutzmaßnahmen oder Großschutzgebiete beziehen, grundsätzlich auch auf Nationalparks übertragen lassen. Um einen umfassenden Überblick über den Forschungsstand zu gewährleisten, werden im Folgenden auch Arbeiten und deren Ansätze vorgestellt, die (noch) nicht explizit auf die Schutzgebietskategorie Nationalpark angewandt wurden. Der Erklärungswert der vorgestellten Prädiktoren der Einstellung gegenüber den untersuchten bayerischen Nationalparks wird anschließend anhand der Ergebnisse der schriftlichen Befragung zusammen mit den Ergebnissen der Referenzstudien aufgezeigt.

Tabelle 6: Forschungsfragen, -ziele und -methoden

Forschungsfrage	Forschungsziel	Vorgehensweise
1. Wodurch zeichnen sich die spezifischen Herausforderungen der Untersuchungsgebiete aus?	Herausarbeitung spezifischer Herausforderungen und Rahmenbedingungen der Untersuchungsgebiete.	Literatur-Recherche
2. Welches sind die bisherigen Theorien, Paradigma und Erkenntnisse zur Erklärung von Akzeptanzdefiziten von Nationalparks?	Darstellung des Forschungsstands zu Akzeptanz, Nationalparks als Akzeptanzobjekt und Akzeptanzfaktoren.	Literatur-Recherche
3. Worin bestehen aktuelle Akzeptanzdefizite der bayerischen Nationalparks?	Darstellung der Ergebnisse der schriftlichen Befragung anhand der zuvor definierten Kriterien.	Quantitative Auswertung mittels Verfahren der deskriptiven Statistik. Auswertung der qualitativen Interviews.
4. Welche Determinanten beeinflussen die Akzeptanz von Nationalparks und wie lassen sich Akzeptanzdefizite anhand der gängigen Ansätze erklären.	Untersuchung des Erklärungswertes der dargestellten Akzeptanzdeterminanten.	Auswertung auf Basis der Ergebnisse der schriftlichen Befragung.
5. Gibt es Zusammenhänge zwischen den Akzeptanzdeterminanten?	Ermittlung der Zusammenhangsmaße.	Analyse auf Basis der Ergebnisse der schriftlichen Befragung.

Quelle: eigene Darstellung

2.4 Aufbau der Arbeit

Nach der Einleitung und der Darlegung des Forschungsdesigns setzt sich die Arbeit fort mit der Darstellung der Untersuchungsgebiete. Auf Basis dieser Ausführungen werden die regional spezifischen Herausforderungen aufgezeigt. Anschließend werden die Prädiktoren von Akzeptanz, die der einschlägigen Literatur zu entnehmen sind, sowie deren theoretische Grundlagen dargestellt. Dies dient als Basis für die Formulierung von Annahmen für die darauffolgende Auswertung der schriftlichen Befragung der Bewohner der bayerischen Nationalparklandkreise. Die Ergebnisse der Befragung werden anschließend präsentiert und somit die aktuelle Akzeptanz und potentielle Akzeptanzdefizite aufgezeigt. Die Befunde werden hier, sofern es möglich ist, den Ergebnissen der Vorgängerstudien gegenübergestellt. Darüber

hinaus werden die zuvor aufgezeigten Prädiktoren von Akzeptanz auf ihren Erklärungswert hin überprüft und Interkorrelationen zwischen den Prädiktoren ermittelt.
Die weitere Diskussion und Interpretation resultieren abschließend in Schlussfolgerungen und Desiderata für die weitere Forschung zur Akzeptanz von Nationalparks.

3 Darstellung der Untersuchungsgebiete

3.1 Nationalparkausweisungen

Der Kontext der Ausweisung der hier untersuchten Nationalparks ist grundlegend für das Verständnis spezifischer Herausforderungen, aus denen sich potentielle Akzeptanzdefizite ergeben können. Insbesondere Partizipation und Top-Down-Entscheidungsprozesse können bereits im Anfangsstadium die Akzeptanz seitens der lokalen Bevölkerung entscheidend beeinflussen (vgl. STOLL 1999: 15). Daher werden im Folgenden die Grundzüge des Hergangs der Nationalparkausweisungen der beiden Untersuchungsgebiete dargestellt.

3.1.1 Bayerischer Wald

Ein Landschaftsschutzgebiet vom Hohen Bogen bis zum Dreisessel war für den Bayerischen Wald seit Beginn der 1950er Jahre im Gespräch und wurde 1967 realisiert. Jedoch erschien dieser Schutzstatus Ende der 1960er Jahre angesichts geplanter touristischer Erschließungen der Hochlagen des Bayerischen Waldes ungenügend. Dies bewegte den damaligen Naturschutzbeauftragten der Regierung von Niederbayern und späteren Vorsitzenden des Bund Naturschutz H. Weinzierl dazu, die Idee eines ersten deutschen Nationalparks im Bayerischen Wald zu initiieren. Mit der Unterstützung des populären Naturfilmers B. Grzimek und des ab 1969 amtierenden Staatsministers für Landwirtschaft und Forsten H. Eisenmann setzte sich die Idee eines Nationalparks Bayerischer Wald unter den Entscheidungsträgern zunehmend durch. Entsprechend wurde der erste deutsche Nationalpark im Juni 1969 durch den Bayerischen Landtag konstituiert und im Oktober 1970 eröffnet (vgl. PÖHNL 2012: 16ff.). Von Beginn an gab es auch Kritik am Nationalpark Bayerischer Wald, nicht nur seitens der Anwohner. An der Spitze der Gegnerschaft stand die Bayerische Staatsforstverwaltung, insbesondere aufgrund entgegenstehender Auffassungen bezüglich Wildbestand und Jagd. Des Weiteren zählten der Bayerische Forstverein, der Bayerische Jagdschutzverband sowie der Verein Naturschutzparke e.V. zu den Gegnern (vgl. BIEBELRIETHER 2017: 18f.).

Eine besondere Herausforderung des Nationalparks Bayerischer Wald war die Erweiterung um 11.000 ha im Jahr 1997, die aufgrund mangelnder Partizipation von der lokalen Bevölkerung als aufgezwungen empfunden wurde und zusätzlichen Unmut hervorrief (vgl. MAYER 2013: 31). Bereits im Mai 1995 zunächst durch das Kabinett beschlossen, zog die Idee einer Nationalparkerweiterung massive Auseinandersetzungen nach sich. Die neu gegründete „Bürgerbewegung Nationalparkbetroffener", später „Bürgerbewegung zum Schutz des Bayerischen Waldes e.V.", fand weitreichende Unterstützung in den Anrainergemeinden und forderte in einer sehr emotional geführten Debatte anstatt der geplanten Erweiterung, die gänzliche Abschaffung des Nationalparks Bayerischer Wald (vgl. BIEBELRIETHER 2017: 216ff., GEISS 2001). Leitthemen der Gegner 1995 waren die Angst vor Aussperrung und Vertreibung der Bevölkerung, Verwahrlosung der Wälder, Arbeitsplatzverlust und Furcht vor Borkenkäfer-„Lawinen".

Eine Unterschriftenaktion sowie eine Demonstration der Nationalparkgegner waren Ausdruck dieser Verärgerung (vgl. Pöhnl 2012: 100). Aufgrund der konfliktreichen Vorgeschichte wurde unter anderem auch die Erfüllung der IUCN Vorgaben von 75% Kernzone von dem zunächst anvisierten Jahr 2017 auf das Jahr 2027 verschoben (vgl. Ruschkowaki/Mayer 2011: 155; Mayer 2013: 227).

In Schlagworten lässt sich die fast fünfzigjährige Geschichte des Nationalparks Bayerischer Wald in sechs Phasen untergliedern (vgl. Job & Müller 2013):

1. *Vorgeschichte und Gründungsphase* (bis 1970): Fehlen einer fachgesetzlichen Grundlage; Fortsetzung der regulären Forstwirtschaft; große Unterstützung des Nationalparkprojekts durch die einheimische Bevölkerung.

2. *Aufbauphase* (1970 bis 1983): Sukzessive Reduzierung der Holzeinschläge trotz großer Widerstände vor Ort; Liegenlassen erster Windwürfe ab 1972 als Versuchsflächen; Regulierung der Wildbestände.

3. *Paradigmenwechsel-Phase* (1983 bis 1995): Erster Schritt hin zum Prozessschutz; keine Aufarbeitung von Windwürfen und keine Bekämpfung von Borkenkäferkalamitäten außerhalb der Randzone; Einstellung der forstlichen Nutzung mit Ausnahme der Randzonen; starke Akzeptanzprobleme bei der einheimischen Bevölkerung.

4. *Erweiterungsphase* (1995 bis 1997): Gegen den Willen der lokalen Bevölkerung durchgesetzte Erweiterung nach Norden um 13.200 ha durch die Landespolitik; Höhepunkt der Borkenkäfermassenvermehrung und Absterben der Fichtenhochlagenwälder von Lusen und Rachel im Altparkgebiet; Kompromiss 1997: bis zum Jahr 2017 Borkenkäferbekämpfung im Erweiterungsgebiet.

5. *Etablierungsphase* (1997 bis 2007): Orkan „Kyrill" führt zu großflächigen Kahlschlägen und Borkenkäferausbreitung auch im Erweiterungsgebiet; Kompromiss 2006: erst im Jahr 2027 müssen 75% der Parkfläche zur Prozessschutzfläche erklärt worden sein, bis dahin kontinuierliche Vergrößerung der Naturzonen; deutliche Naturverjüngung der Totholzflächen im Altpark.

6. *Konsolidierungsphase* (2007 bis dato): Eröffnung des neuen Besucherzentrums „Haus zur Wildnis" (einschließlich Wildfreigehege) im Erweiterungsgebiet 2006; Ersteinrichtung Baumwipfelpfad (mit 1.300 m Länge) 2009 im Altpark zur Arrondierung der dortigen Besucherschwerpunkte „Hans-Eisenmann-Haus", Pflanzen- und Gesteins- sowie Tierfreigelände aus dem Jahr 1982; keine weitere Borkenkäferkalamität und die baumartenreiche Naturverjüngung besonders im Fichtenhochlagenwald schreitet schnell voran.

3.1.2 Berchtesgaden

Der Nationalpark Berchtesgaden reicht in seiner Geschichte zurück bis in das Jahr 1910. Damals wurde zur Verhinderung kommerzieller Nutzungen von Bergkräutern und -blumen über deren Kapazitätsgrenzen hinaus der „Pflanzenschonbezirk Berchtesgadener Alpen" ausgewiesen, gefolgt vom „Naturschutzgebiet Königssee" im Jahr 1921 (vgl. Lintzmeyer/Zierl 2009: 317). Die seitens verschiedener Naturschutzverbände der Region seit den 1950er Jahren bestehenden Bestrebungen, im Gebiet um den Königssee einen Nationalpark zu errichten, schienen Mitte der 1970er Jahre beinahe am Widerstand aus der Forstwirtschaft, der Jagd und dem Tourismusmanagement zu scheitern (vgl. Pichler-Koban/Jungmeier 2015: 64f.). Ausschlaggebend für den Erfolg der Nationalparkausweisung war die Verhinderung des in den späten 1960er Jahren aufkommenden Plans, den Watzmann mit einer Seilbahn zu erschließen (vgl. Butzmann 2017: 127). Dies verstärkte das Bild des Nationalparks als „Verhinderer" und schürte zunächst den Widerstand der Tourismusbranche (vgl. Pichler-Koban/Jungmeier 2015: 65). Schlussendlich wurde jedoch dank der konkreten Dringlichkeit, das Watzmann-Vorhaben abzuwehren, 1978 der Nationalpark ausgewiesen, selbst nachdem bereits 1972 die Errichtung der Zone C des Alpenplans den Seilbahnplänen als raumordnerische Zielfestsetzung entgegengestellt wurde (vgl. Job/Mayer/Kraus 2014: 335).

Holzschnittartig lässt sich die im Jahr 2018 genau vierzigjährige Historie des Nationalpark Berchtesgaden in folgende vier Phasen differenzieren (vgl. Zierl 2002; Lintzmeyer & Zierl 2010; Job 2017):

1. *Vorgeschichte und Gründungsphase* (bis 1978): Sehr lange Vorgeschichte mit einer Reihe fachgesetzlicher Grundlagen als Pflanzenschonbezirk (1910), Naturschutzgebiet (1921) und Alpenplan Zone C (1972); Konterreaktion auf intendierte Seilbahnerschließung des Watzmann-Gipfels (1967/70); geringe Unterstützung des Nationalparkprojekts durch die Einheimischen.

2. *Aufbauphase* (1978 bis 1998): 1987 Novellierung der ursprünglichen Nationalparkverordnung u.a. mit Etablierung des kommunalen Nationalparkausschusses; Nationalparkhaus am Franziskanerplatz wird 1988 als Besucherzentrum eröffnet; 15 ha großer, liegen gebliebener Windwurf der Frühjahrsstürme 1990 am Nordwesthang des Hochkalters mit erster geplanter Totholzsukzession.

3. *Etablierungsphase* (2001 bis 2010): Inkrafttreten des Nationalparkplans 2001 mit raumzeitlich verbindlich angestrebten IUCN-Managementzielen; 2003 geht die Zuständigkeit für die Nationalparkverwaltung vom Landratsamt auf das Bayerische Umweltministerium über (wie seit langem von der IUCN gefordert); sog. „Zentimeterstreit" um den Ausbau eines neuen Lichtalm-Fahrweges 2006 auf Überbreite.

4. *Konsolidierungsphase* (2010 bis dato): Streit um Bischofswiesener Almrechte (Stuben-/Grubenalm) 2012; Eröffnung des neuen Nationalparkzentrums „Haus der Berge" 2013 mit großer Umweltbildungsstätte; weitere lokale Lawinen- und kleine Windwurfflächen mit horstweisen Borkenkäferschäden (z.B. auf dem Schwemmfächer von St. Batholomä und im Klausbachtal) bleiben liegen und werden der freien Naturdynamik überlassen; immer stärkere Touristifizierungs-

Bestrebungen (z.B. Salzburger Hubschrauberflüge) und örtliche „Overtourism"-Erscheinungen (z.B. Verkehrsstaus und Parkplatznot) in der Hochsaison des Sommerhalbjahres im Nationalpark(vorfeld).

3.2 Rolle des Tourismus

Der Tourismus im Berchtesgadener Land und im Bayerischen Wald nahm vor der jeweiligen Nationalparkausweisung eine sehr unterschiedliche Stellung ein. Auch heute ist die Rolle des Tourismus, ebenso wie die Rolle des Naturtourismus, in den beiden Untersuchungsgebieten verschiedenartig gelagert. Dieser Umstand wird als Prädiktor für die regionalökonomische Stellung der Nationalparks und der daraus folgenden Rolle für Akzeptanz oder Ablehnung angesehen. Daher wird im Folgenden sowohl die Tourismusgeschichte als auch die heutige Rolle des Nationalparks für den Tourismus in den Untersuchungsgebieten umrissen.

3.2.1 Bayerischer Wald

Vereinzelt gab es, dank der Erschließung des Bayerischen Waldes mit der Eisenbahn und durch die Berichte von Reiseschriftstellern wie Adalbert Stifter, bereits seit Ende des 19. Jahrhunderts erste Wanderreisende in den Bayerischen Wald (vgl. Pöhnl 2012: 70; Rosenberger 1967). Der moderne Tourismus ist jedoch in erster Linie verknüpft mit der nach 1945 entstandenen Situation des Bayerischen Waldes als Grenzregion. In der Folge des Zweiten Weltkriegs war die Region in den 1950er Jahren schwer belastet durch Abwanderung, Arbeitslosigkeit und der Notwendigkeit für die verbleibenden Arbeitnehmer, weite Pendelstrecken in Kauf zu nehmen (vgl. Pöhnl 2012: 13f.). Lediglich der Fremdenverkehr schien geeignet, dieser Entwicklung entgegenzuwirken. So wurden Ende der 1960er Jahre im Zuge der Zonenrandförderung Investitionen in touristische Großprojekte bezuschusst, in Folge dessen sich das touristische Angebot um etwa 50% erweiterte. Das Ziel der regionalen Wirtschaftsförderung war 1969 auch ausschlaggebend in der Argumentation für die Ausweisung des Nationalparks (vgl. Mayer 2013: 199; Biebelriether 2017: 146; Kleinhenz 1982: 20). Wie erhofft, setzte unmittelbar nach der Ausweisung ein regelrechter Tourismusboom ein. Rekordhaft steigende Übernachtungszahlen (15% von 1969 auf 1970) zusammen mit den genannten steuerlichen Förderungen sowie günstige Arbeitskräfte und Bauland bewirkten in den Folgejahren auch den Bau von etlichen, teils umstrittenen, Großhotels und anderen touristischen Anlagen (vgl. Pöhnl 2012: 41f.). Auch wurde der Nationalpark zum touristischen Aushängeschild, indem sich mehrere Kommunen den Zusatz „Nationalparkgemeinde" gaben (vgl. Pöhnl 2012: 31).

Was den Einfluss des Nationalparks auf den Tourismus betrifft, gilt es allerdings zwischen den Landkreisen des Alt- und des Erweiterungsgebiets zu unterscheiden, da für den Landkreis Freyung-Grafenau der Nationalpark in der Tourismusentwicklung eine gewichtigere Rolle spielt, als dies für den Landkreis Regen der Fall ist, welcher sich aufgrund des Tourismusmagnets „Großer Arber" bereits unabhängig vom Nationalpark als touristische Destination etablierte (vgl. MAYER 2013: 199). Auch heute ist die Tourismus-Infrastruktur des Nationalparks Bayerischer Wald sowohl für den Winter- als auch für den Sommertourismus ausgelegt. Besuchern werden neben den zwei Nationalparkzentren Lusen und Falkenstein etwa 300 km Wanderwege, 200 km Radwege und 80 km Loipen geboten (vgl. NATIONALPARKVERWALTUNG BAYERISCHER WALD 2014). Der Bruttoumsatz des Nationalparktourismus[4] beläuft sich auf 13.540 Tsd. Euro pro Jahr. Dies ergibt umgerechnet 439 Einkommensäquivalente (Personen), die durch den nationalparkbezogenen Tourismus generiert werden[5] (vgl. JOB et al. 2016: 25).

3.2.2 Berchtesgaden

Bereits seit dem 17. Jahrhundert war die Wallfahrtskirche St. Bartholomä am Königssee ein bekannter Anziehungspunkt für Pilger aus der Region (vgl. PICHLER-KOBAN/JUNGMEIER 2015: 62). Im 19. Jahrhundert setzte im Berchtesgadener Land der Massentourismus ein, unter anderem inspiriert durch die Sommerresidenz des bayerischen Königshauses, die dort nach der Übernahme Berchtesgadens durch das Königreich Bayern im Jahr 1810 errichtet wurde. Ebenso erhöhten Reiseschriftsteller, Landschaftsmaler und auch wissenschaftliche Untersuchungen, darunter Arbeiten von Alexander v. Humboldt, den Bekanntheitsgrad der Region. Besonders das Watzmann-Massiv war bereits im 19. Jahrhundert als Symbol und Wahrzeichen Berchtesgadens weithin bekannt als beliebtes Motiv der Landschaftsmalerei und ist u.a. von Caspar David Friedrich auf Leinwand gebannt worden (vgl. LINTZMEYER/ZIERL 2009: 218; vgl. ZIERL 1995).

Der erste Fremdenverkehrsverein wurde 1875 gegründet, gefolgt von der örtlichen Sektion des Deutschen Alpenvereins, welcher das Gelände gezielt für den Alpinismus erschloss und Unterkunftshäuser errichtete. Nach der Erschließung der Region durch die Eisenbahn nach Bad Reichenhall 1888 gewann der Tourismus zusätzlich an wirtschaftlicher Bedeutung (vgl. STMLU 2001: 4). Die Geschichte des Obersalzberges als Ort der nationalsozialistischen Propaganda, sowie des Berchtesgadener Alpenraums als Erholungsort für die Spitzen der nationalsozialistischen Partei zwischen 1933 und 1945 bezeugt bis heute die „Dokumentation Obersalzberg", die seit 1999 für Besucher geöffnet ist und die Zeitgeschichte aufarbeitet (vgl. PICHLER-KOBAN/JUNGMEIER 2015: 63; DOKUMENTATION OBERSALZBERG 2018). In der Nachkriegszeit stärkte man die ohnehin anhaltenden Touristenströme durch verschiedene Erschließungsvorhaben, darunter die Jennerbahn 1952, die aktuell auf die dreifache Personenbeförderungskapazität ausgebaut wird (vgl. BERCHTES-

---

4 Nationalparktouristen im engeren Sinne: Touristen, die wissen, dass sie sich in einem Nationalpark befinden, der für ihren Besuch eine große bzw. sehr große Rolle spielt (vgl. JOB et al. 2016: 16).
5 Bezogen auf das Jahr 2007

GADENER ANZEIGER 2018). Bis heute ist der Tourismus der wichtigste Wirtschaftsfaktor der Region. (vgl. PICHEL-KOBAN/JUNGMEIER 2015: 64; LINTZMEYER/ZIERL 2009:
321).

Die Ausweisung des Nationalparks wurde zwar seitens der Verantwortlichen
im Tourismus zunächst als Gefahr für die touristische Entwicklung angesehen,
mittlerweile wird jedoch der Nationalpark als Marke vom Tourismus genutzt (vgl.
JOB/METZLER/VOGT 2003). Der nationalparkinduzierte Tourismus in Berchtesgaden
ist mit einem Bruttoumsatz von 25.634 Tsd. Euro keinesfalls unerheblich. Umgerechnet ergeben sich durch den Nationalparktourismus 573 Einkommensäquivalente für die Region (vgl. JOB et al. 2016: 25). Im Vergleich zum Bayerischen Wald
wird jedoch deutlich, dass der Nationalparktourismus in Berchtesgaden anteilig
zum gesamten Tourismus nur 27,45% des Bruttoumsatzes ausmacht. Ähnliche
Verhältnisse zeigen sich für die Besuchstage und die Einkommensäquivalente.
Im Bayerischen Wald wird jeweils knapp unter 50% der Besuchstage[6], des Bruttoumsatzes und der Einkommensäquivalente durch den Nationalparktourismus
generiert (vgl. Tab. 7). Der Zusammenhang zwischen Tourismus und Nationalpark
ist also in Berchtesgaden deutlich weniger stark. Die lange Tradition Berchtesgadens als touristische Alpendestination bereits über 100 Jahre vor der Ausweisung
des Nationalparks ist fraglos maßgeblich für die quantitativ geringere Rolle des
Nationalparks für die Tourismuswirtschaft im Berchtesgadener Land im Vergleich
zum Bayerischen Wald. Doch auch in Berchtesgaden war zuletzt ein dynamischer
Anstieg des Nationalparktourismus i.e.S. zu vermerken. So erhöhte sich im Zeitraum von 2002 bis 2014 die Nationalparkaffinität um das 2,5-fache (vgl. JOB et al.
2003, METZLER et al. 2016). Weiterhin gilt es anzumerken, dass zwar die spekta-
kuläre Landschaftsszenerie des Berchtesgadener Lands für sich steht und daher
keiner touristischen Prädikatisierung durch den Nationalpark bedarf, die Region
jedoch ohne den Nationalpark in ganz anderem Maße durch massentouristische
Infrastruktur geprägt wäre, was dem Landschaftsbild vermutlich nicht zuträglich
wäre.

Tabelle 7: Rolle des Nationalparktourismus Berchtesgaden und Bayerischer Wald im Vergleich

	Bayerischer Wald (2007)			Berchtesgaden (2016)		
	Touris-mus gesamt	Nationalpark-Tourismus gesamt	Anteil Nationalpark-Tourismus	Tourismus gesamt	Nationalpark-Tourismus gesamt	Anteil Nationalpark-Tourismus
Besuchstage (Personen)	760.000	350.000	46,05%	1.581.000	438.000	27,70%
Bruttoum-satz	27.791	13.540	48,72%	93.382	25.634	27,45%
Einkommens-äquivalente (Personen)	904	439	48,56%	2103	573	27,25%

Quelle: eigene Darstellung nach JOB et al. 2016: 25f.

---

6   Nach ALLEX et al. (2016: 187) wurden 55% der Touristen als Nationalparktouristen i.e.S. eingestuft
    (sozioökonomisches Besuchermonitoring seit 2012).

3.3 Kulturlandschaft und Tradition

Verbundenheit mit der Natur und Verantwortung für heimatliche Kulturlandschaft kann für Personen außerhalb der Gruppe der organisierten und beruflichen Naturschützer eine ausschlaggebende Motivation für Naturschutz sein, noch vor Argumentationen, die sich aus dem Ressourcenschutz und anderen ökologischen und ethischen Aspekten ergeben (vgl. SOLBRIG et al. 2017: 240f.; PIECHOCKI 2010: 237). Als Zugang zu einer breiteren Akzeptanz von Nationalparks könnte es sinnvoll sein, ökologische und naturwissenschaftliche Begründungen zugunsten einer emotionaleren, heimatbezogenen Argumentation für Naturschutz und Schutzgebiete zurückzustellen oder im Idealfall Synergien zwischen beiden Begründungsmustern zu finden (vgl. SOLBRIG et al. 2017: 263; PIECHOCKI 2010: 237). Man sollte jedenfalls davon ausgehen, dass die Bedeutung emotionaler und ästhetischer Empfindungen hinsichtlich Kulturlandschaft und regionaler Identität in ihrer Wirkung auf die Einstellung zu Schutzgebieten nicht unterschätzt werden dürfen (vgl. JOB 2008: 928). Entsprechend werden im Folgenden die Charakteristika und die Entwicklung der traditionellen Kulturlandschaft beider Untersuchungsgebiete dargestellt, und die damit verknüpften speziellen Herausforderungen für die Akzeptanz der Nationalparks aufgezeigt.

3.3.1 Bayerischer Wald

Der Nationalpark Bayerischer Wald war bei seiner Gründung eine seit Jahrhunderten von Waldnutzern und Glashütten teilweise intensiv überformte Kulturlandschaft. Weil die Hochlagen des böhmischen Mittelgebirges erst seit etwa 1850 planmäßig forstwirtschaftlich genutzt wurden, waren dort einige kleine Urwaldreste erhalten geblieben (vgl. RALL 1995). Das Gebiet des Nationalparks liegt an der Peripherie eines strukturschwachen ländlichen Raums. Es reicht in den Landkreis Freyung-Grafenau (Altpark, Rachel-Lusen-Gebiet) bzw. im Nordosten in den Landkreis Regen (Erweiterungsgebiet, Falkenstein-Rachel-Gebiet) hinein und erstreckt sich auf einer Länge (Luftlinie) von etwa 40 km bei einer Breite von drei bis zwölf Kilometern entlang des dicht bewaldeten Kamms des Böhmerwalds an der Grenze zu Tschechien.

Die Fläche des Nationalparks beträgt 24.218 ha. Höchste Erhebungen sind der Große Rachel (1.453 m) und der Lusen (1.373 m) im Altpark bzw. der Lackenberg (1.337 m) und der Große Falkenstein (1.312 m) im 1997er Erweiterungsgebiet. Die Vegetation setzt sich aus drei unterschiedlichen Waldtypen zusammen: dem Aufichtenwald in vernässten Tälern mit Kaltluftstau, dem Bergmischwald mit Fichten, Tannen und Buchen an den wärmebegünstigten Hängen und dem Bergfichtenwald ab ca. 1100 m Seehöhe im rauen Klima mit langen, schneereichen Wintern. Dazwischen findet man vor allem kleine Hochmoorkomplexe und Auen (vgl. NATIONALPARKVERWALTUNG BAYERISCHER WALD 2003). Forschungsarbeiten zur Bestimmung der biologischen Vielfalt im Nationalpark haben bis heute über 7.000

Arten sicher nachgewiesen. Diese gliedern sich in 3.849 Tierarten, 1.861 Pilzarten, 488 Moosarten, 344 Flechtenarten und 757 Gefäßpflanzenarten – hochgerechnet treten hier rund 22% aller in Deutschland bekannten Arten auf (vgl. NATIONALPARKVERWALTUNG BAYERISCHER WALD 2011: 224). Zu einem massiven Akzeptanzproblem führte die für den Naturschutz sehr grundlegende Entscheidung der Nationalparkverwaltung in der Frage des durch Windwurf oder durch „Schädlinge" entstandenen Totholzes und der Behandlung der betroffenen Waldflächen. Zu Beginn der 1980er Jahre entschied die Nationalparkverwaltung, natürlich entstandene Totholzflächen in den Kernzonen des Nationalparks unverändert zu belassen und hat dieses Vorgehen seither beibehalten. Mit dem Ziel eines strukturreichen und unüberformten Waldes hatte man erstmals 1983 zunächst zwei größere Windwürfe liegen gelassen (vgl. BIEBELRIETHER 2017: 99). In den Folgejahren kam es zu Massenvermehrungen des Borkenkäfers (*Ips typographus*, vulgo Buchdrucker) an den Rändern der liegen gelassenen Windwürfe, die sich nach einem ungewöhnlich heißen und trockenem Sommer 1988 auch in weiten Teilen der Bergfichtenwälder in den Hochlagen fortsetzte (vgl. MAYER 2013: 31; BIEBELRIETHER 2017: 105). Seitdem sind auf ca. 35% der Gesamtfläche Fichtenaltbestände durch Windwürfe und nachfolgenden Borkenkäferbefall abgestorben und der Naturdynamik folgenden Sukzessionsprozessen überlassen worden – ganz im Sinne der originären US-amerikanischen Nationalparkidee (vgl. NATIONALPARKVERWALTUNG BAYERISCHER WALD 2011: 4).

Totholz ist entscheidend für die Kernaufgaben des Nationalparks, Biodiversitätsverlust, insbesondere hinsichtlich xylobionter Reliktarten, entgegenzuwirken und neue Wildnis mit einer natürlichen Landschaftsdynamik zu schaffen. Sowohl für Windwürfe als auch für Totholz durch Borkenkäferbefall gilt, dass in der jahrzehntelangen Zerfallsphase des Totholzes eine Lebensgrundlage für seltene Insekten- und Pilzarten geschaffen wird. Direkt oder indirekt sind bis zu 20% der im Bayerischen Wald heimischen Tierarten von Totholz abhängig (vgl. BIEBELRIETHER 2017: 97; HOTES, S. et al. 2019). Entsprechend wird der Umgang mit Totholz im Bayerischen Wald von SCHUMACHER & JOB (2013: 213) als Musterbeispiel für richtige naturschutzfachliche Handhabung angeführt.

Gemäß der sehr stark durch Forstwirtschaft geprägten Kulturlandschaft und Tradition wurden jedoch im Bayerischen Wald insbesondere diese landschaftlichen Veränderungen durch die Entstehung großer Totholzflächen im Gebiet des Nationalparks von der lokalen Bevölkerung als massiver Eingriff in das gewohnte Landschaftsbild empfunden (vgl. MAYER 2013: 29; BIEBELRIETHER 2017: 114). So schreibt (GEISS 2001: 87): „Unsere Kulturwälder waren unser Stolz. Hatten andere große Städte, Schlösser und feine Bürgerbauten, so hatten unsere Vorfahren nichts als den großen, majestätischen Wald und den gaben sie uns als ihr Vermächtnis." Entsprechend wurde die Entwicklung der Totholzflächen z.T. wahrgenommen als „Käferkatastrophe", verursacht durch „Öko-Fanatiker" (vgl. GEISS 2001: 154). Die Skizze vom damaligen Nationalparkchef Biebelriether als „Borkenkäferbeschwörer" ist ein eindrückliches Stimmungsbild der Nationalparkgegner um die Jahrtausendwende (vgl. Abb. 5).

Abbildung 5: Borkenkäfer-Karikatur

Nationalpark-Chef Bibelriether
spricht zum Freundeskreis

*Freunde, wir haben ein gemeinsames Ziel:
Es gibt zu wenig Totholz und der gesunden
Fichten sind zu viel.
‚Nationalpark' heißt daher unser Zauberwort
und dann könnt ihr züchten und fressen für
immerfort.*

Karikatur: Joachim Weller

Bürgerbewegung zum Schutz des Bayerischen Waldes e.V.

Quelle: GEISS 2001: 129

3.3.2 Berchtesgaden

Der Nationalpark Berchtesgaden liegt im äußersten Südosten Bayerns und gehört als Teil der nördlichen Kalkalpen dem Naturraum Berchtesgadener Alpen an, der sich in alle Himmelsrichtungen bis auf die nördliche als Naturraum Salzburger Kalkhochalpen fortsetzt. Er ist der einzige Hochgebirgs-Nationalpark in Deutschland und erstreckt sich über eine Fläche von 24.218 ha. Die Hochgebirgslandschaft, mit weiten Bereichen oberhalb der Waldgrenze, hat mit dem Watzmann (2.713 m ü. NN) ihre höchste Erhebung (vgl. STMLU 2001: 1). Der Naturraum Berchtesgadener Land besteht knapp zur Hälfte aus Waldgebieten, zu etwa gleichen Teilen aus (Mager-)Rasengesellschaften und Fels- und Schuttfluren sowie zuletzt aus Latschen- und Grünerlengebüschen. Die Vegetation ist geprägt durch eine ausgeprägte Höhenzonierung und reicht von submontanen Buchenmischwäldern

27

über Fichten-Tannen-Buchenwälder in der montanen Stufe und Fichten- Lärchen- und Zirben-Wälder in der subalpinen Stufe bis hin zu Alpenrosen-, Latschen- und Grünerlengebüschen, durchbrochen von Rasen und Felsschuttfluren in der alpinen Stufe (vgl. StMLU 2001: 2). Die Landschaft des Kalkgebirges zeichnet sich weiterhin durch Schlucht und Bergseen aus sowie durch Gletscher bzw. Firnfelder.

Abgesehen von Hinweisen auf bronzezeitliche Siedlungen und Vermutungen über almwirtschaftliche Nutzungen Ende des zweiten Jahrtausends v. Chr. beginnt die Kulturgeschichte Berchtesgadens mit der Gründung des Augustiner-Chorherrenstifts zu Beginn des 12. Jahrhunderts (vgl. Zierl 1995). Historisch ist die Kulturlandschaft im Berchtesgadener Land seit dem Mittelalter geprägt durch Salzbergbau, Forstwirtschaft, Holzhandwerk und Jagd. Die natürlich vorkommenden Bergmischwälder wurden als Rohstoff für die Salzproduktion gerodet, insbesondere nach der Gründung eines zweiten Salzbergwerks Mitte des 16. Jahrhunderts. Über die folgenden Jahrhunderte wurde die Regenerationskapazität der Wälder deutlich überschritten, was zu einem minderwertigen Waldzustand Ende des 18. Jhs. führte (vgl. Zierl 1995). Der Anschluss an das Königreich Bayern ermöglichte schließlich den Bau einer Soleleitung nach Bad Reichenhall, woraufhin vor Ort weniger Brennholz geschlagen werden musste und Wiederaufforstung mit Fichte und Lärche stattfinden konnte. Dies beeinflusste wesentlich die Struktur der Wälder zugunsten eines hohen Nadelbaumanteils (vgl. Zierl 1995). Naturverjüngung wurde zudem durch Wildverbiss stark eingeschränkt, was einen Wiederaufbau des natürlichen Bergmischwaldes erschwerte (vgl. StMLU 2001: 3).

Die Landwirtschaft im Berchtesgadener Land ist historisch dominiert durch Grünlandwirtschaft in den Tälern, ergänzt durch saisonale Almwirtschaft. Seit Beginn des 19. Jahrhunderts verringerten sich die Auftriebszahlen kontinuierlich, drastische Rückgänge waren ab den 1960er Jahren zu verzeichnen (vgl. StMLU 2001: 3f.). Die traditionelle Nutzungsform der Almwirtschaft mit dem Nationalpark zu vereinbaren stellte von Beginn an eine Herausforderung dar. So sollten beispielsweise Almwirte alte Waldweiderechte aufgeben und mit neugerodeten Lichtweiden kompensieren, was wiederum seitens der Naturschützer stark kritisiert wurde. Weitere Nutzungskonflikte ergaben sich für Fischerei und Jagd (vgl. Picher-Koban/Jungmeier 2015: 66f.). Ebenso wurde der Nationalparkdiskurs immer wieder dominiert von Befürchtungen bezüglich der Gefährdung des Waldbestandes durch zu hohe Rotwildbestände und Borkenkäferbefall (vgl. Pichler-Koban/Jungmeier 2015: 68f.).

3.4 Herausforderungen und Rahmenbedingungen

Die Tabelle 8 gibt einen Überblick über die regionalen Rahmenbedingungen der beiden Untersuchungsgebiete.

Tabelle 8: Übersicht der regionalen Herausforderung

Bereich	Herausforderung & Rahmenbedingungen für Akzeptanz in den Nationalparks	Bayerischer Wald	Berchtesgaden
Nationalpark-Ausweisung	Widerstand im Kontext der Nationalpark-Ausweisung	Von Beginn an Kritik der Nationalparkausweisungen seitens der Bayerischen Staatsforstverwaltung, sowie Verbände und Vereine aus den Bereichen Forstwirtschaft und Jagd.	Widerstand gegen Nationalpark seitens Forstwirtschaft, Tourismus, Almwirtschaft und Jagdverbänden.
	Organisierter Widerstand	Organisierte Gegnerschaft aus der Bevölkerung formierte sich anlässlich der Erweiterung 1997.	kein organisierter Widerstand.
Rolle des Tourismus	Tourismus vor Nationalpark-Ausweisung	Tourismus spielte vor Nationalpark-Ausweisung eine untergeordnete Rolle. Tourismus wird als Mittel zur Regionalentwicklung angesehen und gefördert.	Tourismus war bereits vor Nationalpark-Ausweisung eine der wichtigsten Wirtschaftszweige der Region. Bekanntheitsgrad der Region war bereits vor Nationalpark-Ausweisung sehr hoch.
	Tourismus heute	Nationalparkbezogener Naturtourismus macht einen Anteil von etwa 49% des gesamten Bruttoumsatzes im Tourismus aus. Nationalpark wird als Marke touristisch genutzt.	Nationalparkbezogener Naturtourismus macht einen Anteil von etwa 28% des gesamten Bruttoumsatzes im Tourismus aus. Nationalpark wird als Marke touristisch genutzt.
Kultur-landschaft und Tradition	Kulturlandschaft Wald	Wälder entwickelten sich durch jahrhundertelange forstwirtschaftliche Nutzung weiträumig zu Fichten-Monokulturen.	Ursprüngliche Bergmischwälder wurden aufgrund der Salzwirtschaft exploitativ genutzt und zugunsten eines hohen Nadelbaumanteils wieder aufgeforstet.
	Konflikte mit Landnutzungsänderungen durch Nationalpark	Im Kontext forstwirtschaftlicher Tradition stellt der Umgang des Nationalparks mit Totholz und Borkenkäfermanagement ein zentrales Konfliktfeld dar.	Konflikte mit Nationalpark beziehen sich auf Waldbestand und Almwirtschaft.

Quelle: eigene Darstellung

4 Theoretische und begriffliche Grundlagen

Das erste Werk, welches Akzeptanz im deutschsprachigen Raum grundlegend behandelte, wurde von der Soziologin D. LUCKE verfasst und erschien 1995. In dieser Studie wurden als Anwendungsbereiche der Akzeptanzforschung die Akzeptanz von technischen Neuerungen, von Gesetzen und politischen Programmen als auch Akzeptanz und Rezeption von Kunst und Kommunikation genannt (vgl. LUCKE 1995: 255). Das Anwendungsgebiet der Akzeptanz von Nationalparks wurde im deutschsprachigen Raum erstmals von RENTSCH (1988) thematisiert. Der Forschungsbereich, dem auch die vorliegende Arbeit zugeordnet werden kann, trägt im englischsprachigen Raum die Bezeichnung „parks-people-relationships" (vgl. RUSCHKOWSKI/MAYER 2011: 150, ZUBE/BUSCH 1990). Im Englischen steht also der Begriff „Beziehung" im Vordergrund, wohingegen im Deutschen vornehmlich von „Akzeptanz" gesprochen wird.

Akzeptanzforschung, auch bezogen auf Nationalparks, kann nicht klar einem einzelnen Fachgebiet zugeordnet werden. Die Komplexität der Fragestellung bietet es an, ja erfordert es geradezu, theoretische Grundlagen und praktische Erkenntnisse aus raumwissenschaftlichen Disziplinen ebenso wie aus der Soziologie und Sozialpsychologie in die Analyse der Akzeptanz mit einzubeziehen (vgl. STOLL 1999: 23; RUSCHKOWSKI/MAYER 2011: 151; DUVAL-MASSALOUX 2010: 9). Aufgrund dieser vielfältigen Herangehensweisen wird im Folgenden ein Überblick über die Erklärungsansätze für Akzeptanz gegeben. Einleitend werden die Kernbegriffe Akzeptanz und Einstellung sowie das zentrale Akzeptanz- und somit Forschungsobjekt Nationalpark vorgestellt.

4.1 Kernbegriffe der nationalparkbezogenen Akzeptanzforschung

Zum Zweck der eindeutigen Verwendung und Operationalisierung des Akzeptanzbegriffs wird im Folgenden dessen gängige Definition im Kontext der nationalparkbezogenen Akzeptanzforschung im deutschsprachigen Raum vorgestellt.

4.1.1 Akzeptanz und Einstellung

Da der Begriff Akzeptanz im alltagssprachlichen Gebrauch in seiner Bedeutung je nach Situation von Zustimmung bis hin zu gleichgültigem Gewährenlassen reicht, fällt es schwer, aus diesem Kontext eine griffige Begriffsbestimmung abzuleiten. Zielführender ist es, auf die, erstmals von LUCKE (1995) geprägte, einstellungspsychologische Definition von Akzeptanz zu verweisen (vgl. RENTSCH 1988: 10; BECKMANN 2003: 60). Als eine Akzeptanz-Definition von vielen, ist diese in der Forschung zur Akzeptanz von Schutzgebieten bei weitem die gebräuchlichste (vgl. RUSCHKOWSKI/

NIENHABER 2016: 526; RENTSCH 1988; HILLEBRAND/ERDMANN 2015: 15). Das einstellungspsychologische Akzeptanzverständnis bezieht sich insbesondere darauf, dass Akzeptanz eine Ausprägungsform von Einstellung ist, beziehungsweise…

> *„…die im Prinzip affirmative, jedoch nach Kontext, Situation und Bezugsobjekt verschiedene Einstellung von in ihrer Annahmebereitschaft ebenfalls zu spezifizierenden Akzeptanzsubjekten gegenüber [Akzeptanzobjekten ist]"* (LUCKE 1995: 103).

Der Schlüsselbegriff dieser Akzeptanz-Definition ist die *Einstellung*. Einstellung kann definiert werden als die Wahrnehmung und Bewertung eines Einstellungsobjekts durch ein Einstellungssubjekt (vgl. HEINRITZ/RENTSCH 1987: 174). Durch die gewonnenen Eindrücke erfährt das Einstellungssubjekt bestimmte Reaktionen, deren Ursprung wiederum in der Einstellung gesehen werden kann (vgl. JOB 1996: 160). Das Einstellungsobjekt kann eine Person, Institution oder auch ein abstrakter Begriff sein (vgl. BRÜGGER/OTTO 2017: 217). Bedingt werden sowohl Einstellungssubjekt als auch -objekt durch externe Prädiktoren. Das Einstellungssubjekt ist im Kontext eines soziokulturellen Bezugssystems zu verstehen. Ebenso wird das Einstellungsobjekt nicht isoliert betrachtet. So sind für das Einstellungsobjekt Nationalpark neben der räumlichen und inhaltlichen Ausprägung auch die Handlungsweisen des zuständigen Ministeriums, der Verwaltung, der zuständigen Entscheidungsträger, und alle mit dem Schutzgebiet verknüpften Diskurse als Teil des Einstellungsobjekts zu verstehen (vgl. Abb. 6).

Die Ausprägungen von Einstellung sind entlang eines Wertespektrums von Ablehnung über Gleichgültigkeit bis hin zur Akzeptanz situiert (vgl. JOB 1996: 160f.). Akzeptanz im eigentlichen Sinne ist als eine positive bis sehr positive Ausprägung von Einstellung zu verstehen. Der Begriff Einstellung hingegen inkludiert alle denkbaren, also auch die negativen, Ausprägungsformen. Akzeptanz eignet sich demnach aufgrund der klar positiven Konnotation nicht als Überbegriff, wird jedoch oft als solcher verwendet. Eine neutrale und damit eindeutigere Nomenklatur als Überbegriff für den schutzgebietsbezogenen „Akzeptanz"-Diskurs, wie das englische parks-people-relationships, hat sich bislang im deutschsprachigen Raum nicht durchgesetzt.

Die herrschende Meinung in der Literatur ist, dass Einstellung eine latente Variable ist. Dies basiert auf der Annahme, dass Einstellung stark von Kontexten abhängig sei. Aktuelles Geschehen, wie etwa Naturereignisse oder andere tagesaktuelle Vorfälle, beeinflussen demnach Einstellungen massiv, sodass man nicht von *der einen* Einstellung sprechen könne (vgl. RUSCHKOWSKI/NIENHABER 2016: 526).

Es gibt jedoch auch die Position, dass Einstellung als stabil angesehen werden kann. Dies meint in erster Linie, dass eine einmal gefasste Einstellung, beispielsweise gegenüber Naturschutz, in verschiedenen zeitlichen und situativen Kontexten weitestgehend gleichbleibt, beziehungsweise sich nicht fundamental verändert (vgl. BRÜGGER/OTTO 2017: 217f., KAISER et al. 2011: 376; KAISER et al. 2001: 88f.). Konkludierend kann festgehalten werden, dass stabile Einstellungsbereiche als Werte und Normen bezeichnet werden können, wohingegen andere Einstellungsbereiche sich zwar aus diesen Werten und Normen speisen, jedoch stärker situationsabhängig sind und daher als tendenziell labil angesehen werden können.

Abbildung 6: Einstellung

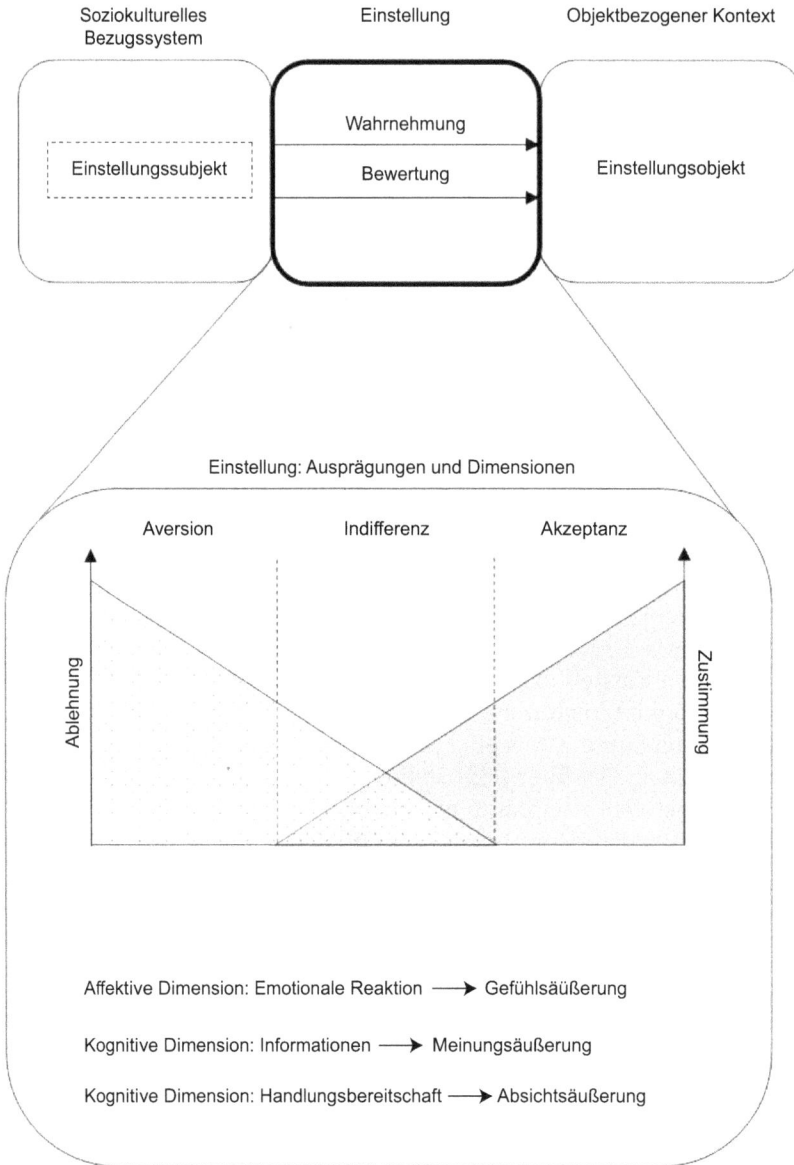

Quelle: eigene Darstellung nach Lucke 1995: 89, Rentsch/Kuhn 1990: 15; Beckmann 2003: 61ff.

Die Manifestation der inneren Einstellung durch äußere Handlungen ist ein zusätzlicher Bewertungsmaßstab für das Einstellungsniveau. Im Kontext der Akzeptanz von Nationalparks kann sich dies beispielsweise über Meinungsäußerung und Überzeugungsarbeit oder auch die Mitgliedschaft in Vereinen und Bürgerinitiativen für oder gegen den Nationalpark äußern (vgl. Ruschkowski 2010: 12). Es ist zwar eine als gesichert anzusehende Erkenntnis, dass positive oder negative Einstellungen keinesfalls unmittelbar entsprechende Handlungen hervorrufen (vgl. BRÜGGER/ OTTO 2017: 2016), im Gegenzug lässt jedoch einschlägiges Verhalten durchaus Rückschlüsse auf korrespondierende Einstellungen zu.

Anhand des Grades der aktiven Handlungen definieren LIEBECKE et al. (2011: 5) drei Akzeptanzniveaus: Die Gruppe der *Inaktiven* führt keine Handlungen bezüglich des Akzeptanzobjekts Nationalpark aus, kann allerdings hinsichtlich der Einstellung auch variieren zwischen tendenzieller Befürwortung oder Ablehnung. Diejenigen, die zumindest verbal aktiv werden, sind je nach Ausprägung der Einstellung klar zu unterscheiden in *Ablehnende* oder *Wohlwollende* gegenüber dem Nationalpark. Das dritte Akzeptanzniveau beschreibt die *aktiven Kritiker* bzw. *aktiven Befürworter*, die konkrete Handlungen gemäß ihrer Einstellung zum Nationalpark ausführen. In aller Regel ist diese Gruppe am kleinsten von allen.

Inwiefern aktives Handeln als Komponente der Einstellung verstanden werden kann, beschreibt, gemäß entsprechender Erkenntnisse aus der Sozialpsychologie, das Dreikomponenten-Modell der Einstellung (vgl. BECKMANN 2003: 62). Das Modell führt zunächst aus, dass von dem Einstellungsobjekt Informationen und Reize ausgehen, die auf das Individuum wirken. Dabei erfährt und zeigt das Individuum diese Einstellung in drei unterscheidbaren Dimensionen: der affektiven, der kognitiven und der konativen Dimension. Die affektive Dimension beschreibt Emotionen bezüglich des Einstellungsobjekts, die kognitive Dimension bezieht sich auf Informationen zum Objekt, die dem Einstellungssubjekt bekannt sind. Die konative Dimension zeigt die Absicht zu bestimmten Handlungen in Bezug zum Einstellungsobjekt. Die drei Dimensionen der Einstellung sind dabei nicht isoliert zu betrachten, sondern sind als Bestandteile eines Wirkkomplexes zu verstehen (vgl. BECKMANN 2003: 63; RENTSCH 1988: 10f.). Dieses Dreikomponenten-Modell der Einstellung wird in der Akzeptanzforschung bisweilen zulasten einer differenzierten Betrachtung aber zugunsten der Praktikabilität auf die einerseits affektive, und andererseits emotionale Komponente vereinfacht. Diese Vereinfachung begegnet auch dem Problem, dass eine klare Unterscheidung der einzelnen Komponenten oft nicht vollzogen werden kann und auch in statistischen Analysen eine Differenzierung wegen zu starker Interkorrelation der drei Dimensionen zumeist schwer möglich ist (vgl. BECKMANN 2003: 64f.).

4.1.2 Akzeptanzobjekt Nationalpark

Die Untersuchung der Akzeptanz von Nationalparks kann als Teilgebiet der übergeordneten Forschung zur Akzeptanz von Naturschutzmaßnahmen im Allgemeinen, darunter insbesondere (Groß-)Schutzgebieten angesehen werden (vgl. SCHENK et al. 2007: 67). Die Schutzgebietskategorie Nationalpark als Akzeptanzobjekt bringt jedoch besondere Herausforderungen mit sich. Bezüglich der Naturschutzvorgaben ist der Nationalpark die strengste Schutzgebietskategorie (vgl. STOLL-KLEEMANN 2001: 112). Daraus sowie aus der Entstehungs- und Entwicklungsgeschichte von Nationalparks ergeben sich besondere Ansprüche und Eigenarten des Akzeptanzobjekts Nationalpark, die im Folgenden aufgezeigt werden.

Der Begriff Nationalpark wurde durch die Einrichtung des Yellowstone National Park, erstmals 1872 in den USA eingeführt, obschon bereits zuvor vielerorts etwa religiöse Stätten oder Jagdgründe durch Herrscher unter Schutz gestellt worden waren. Neu waren 1872 die Zielformulierungen, unberührte und wilde Natur als Erholungsort für die gesamte Bevölkerung und, in Ermangelung identitätsstiftender Baudenkmäler, als touristisch nutzbares nationales Wahrzeichen zu erhalten (vgl. Wöbse 2016: 25; Job 2010: 77). Der demokratisch anmutende Grundgedanke der Zugänglichkeit für alle Bürger der Nation ist jedoch vor dem Hintergrund der Vertreibung der indigenen Bevölkerung und der rassistischen Diskriminierung in den USA zu sehen (vgl. Kupper 2012: 31).

Der Yellowstone National Park hatte als erster seiner Art, wenn auch wohl eher zufällig[7], bereits zwei der bis heute für Nationalparks entscheidenden Merkmale, die auch dem modernen Standard dieser Gebiete entsprechen: Die Großflächigkeit des Gebiets und die Unterschutzstellung von höchster staatlicher Stelle (vgl. Kupper 2012: 28ff.; Engels/Strasdas 2016: 2). Für eine darüber hinaus einheitliche und umfassende Definition von Nationalparks wurde Ende der 1950er Jahre die IUCN (International Union for Conservation of Nature) vom Wirtschafts- und Sozialrat der UN beauftragt, einen Zertifizierungsleitfaden für Nationalparks zu erstellen. Zu diesem Zeitpunkt hatte sich das noch vage Konzept Nationalpark bereits über die damaligen Kolonien bis nach Europa ausgebreitet (vgl. Wöbse 2016: 25f.; 34). Ziel der IUCN-Kategorisierung ist eine auf globaler Ebene einheitliche Kommunikation und Dokumentation von Schutzgebieten, wobei die Kriterien der IUCN nicht rechtsverbindlich sind (vgl. Borrini-Feyerabend 2013: 8; Mose/Weixlbaumer 2007: 5). Die internationalen Kriterien für Nationalparks der IUCN wurde seit der ersten Festlegung 1969 in Neu-Delhi wiederholt angepasst, zuletzt 2007 in Almeria, Spanien. Die definitorischen Kriterien werden in Form von Management-Zielen formuliert (vgl. Dudley 2008: 8; Butler/Boyd 2000: 4).

Der IUCN benennt in den aktuellen Kriterien den Schutz der Biodiversität und der natürlichen Dynamiken sowie die Förderung des Erholungs- und Bildungspotenzials der Umwelt als vorrangige Management-Ziele. Nachrangig sollen Nationalparks des Weiteren:

- die ökologische Widerstandsfähigkeit und Einzigartigkeit sowie die Integrität natürlicher Ökosysteme erhalten;

- naturverträgliche touristische, kulturelle und pädagogische Nutzungen geregelt zulassen;

- die Bedürfnisse der lokalen Bevölkerung beachten;

- die Regionalwirtschaft durch touristische Einkünfte stärken (vgl. Dudley 2008: 16).

---

7 Weder die großflächige zusammenhängenden Gebietskulissen noch die bundesstaatliche Lösung waren intendiert, sondern ergaben sich aus den Umständen: Räumlich verteilte schützenswerte Natur-Attraktionen führten zu der großen Fläche und die bundesstaatliche Verfügungsgewalt ergab sich durch den Umstand, dass sich das Schutzgebiet auf damals der Bundesregierung unterstelltem Territorium befand (vgl. Kupper 2012: 30). Unter diesem Gesichtspunkt beginnt die nordamerikanische Parkgeschichte ein paar Jahre zuvor mit dem Yosemite, der sich zunächst als State Park, da in Kalifornien liegend, etabliert hat (vgl. Ruschkowski 2009: 74).

Die genannten IUCN-Vorgaben beschreiben die Schutzgebietskategorie II, welcher i. d. R. Nationalparks zugeordnet werden. Diese Kategorie kann jedoch auch Schutzgebiete beschreiben, die nicht Nationalpark heißen aber die genannten Ziele verfolgen. Andererseits kommen in der Vielzahl der bestehenden Schutzgebiete, die als Nationalpark betitelt sind, durchaus unterschiedliche Naturschutzkonzeptionen und Managementansätze zum Einsatz, die nicht in jeder Hinsicht der Kategorie II entsprechen (vgl. MAYER 2013: 34).

Die Schutzgebietskategorie Nationalpark ist ursprünglich primär dem Gedanken verpflichtet, menschliche Nutzung und Natur voneinander zu trennen, um Naturdynamik zu erhalten. Dieser Grundgedanke kann als Segregations-Ansatz im Gegensatz zum Integrations-Ansatz im Naturschutz beschrieben werden. Dem Integrations-Ansatz, dessen inhärenter Bestandteil Akzeptanz und Kooperation sind, verpflichten sich Schutzgebiete der IUCN-Kategorie V, in Deutschland beispielsweise Naturparke. Für die Schutzgebietskategorie Nationalpark hingegen musste das Verständnis für die Notwendigkeit von Akzeptanz und Teilhabe erst wachsen, es hat aber in den vergangenen vier Jahrzehnten zunehmend an Bedeutung gewonnen und ist mittlerweile als Zielformulierung für mehr Naturdynamik in mitteleuropäischen Landschaften weitestgehend integriert (MOSE/WEIXLBAUMER 2007: 12f.).

Aus den Zielformulierungen des IUCN geht weiterhin klar hervor, dass Tourismusentwicklung zwar Teil des prioritären Zielspektrums von Nationalparks ist, dem Naturschutz jedoch Vorrang eingeräumt werden soll. Für die Akzeptanz spielt der Anspruch eines Nationalparks, die Tourismusentwicklung voranzutreiben, eine entscheidende Rolle (vgl. Abschnitt 2.2.1). Auch im internationalen Nationalparkdiskurs steht das Ziel der Förderung des touristisch nutzbaren Erholungspotenzials oft im Vordergrund, wohingegen das Ziel Ökosystemschutz, trotz dessen Priorität in der Zielformulierung, tendenziell weniger Beachtung erfährt (vgl. JOB 2010: 77). Zusätzlich gibt es nationale Vorgaben für Nationalparks. So sind Nationalparks im Bundesnaturschutzgesetz § 24 Abs. 1 festgelegt als großräumige, zu schützende Gebiete, die sich *„in einem überwiegenden Teil ihres Gebietes in einem von Menschen nicht oder wenig beeinflussten Zustand befinden"* oder dahingehend entwickeln können. Ergänzend ist im Bayerischen Naturschutzgesetz (Art. 13) festgesetzt, dass Nationalparks eine Mindestfläche von 10.000 ha haben sollen. Diese Vorgabe des bayerischen Gesetzgebers ist inhaltlich bestens begründet und durchaus ambitioniert, denn nicht alle deutschen Nationalparks erreichen diese Größe (vgl. BfN 2018).

4.2 Forschungsstand zu Prädiktoren der Einstellung

Analysen zur Einstellung der lokalen Bevölkerung gegenüber Nationalparks haben seit der ersten Studie durch RENTSCH (1988) nicht nur in Deutschland, sondern weltweit Konjunktur (vgl. MAYER/STOLL-KLEEMANN 2016: 20). Für den Großteil (10 von 16) der deutschen Nationalparks wurden im Laufe der letzten drei Jahrzehnte Akzeptanzstudien durchgeführt (vgl. Tab. 9). Akzeptanzstudien liegen nicht für jeden

Tabelle 9: Bisherige Akzeptanzstudien zu Nationalparks in Deutschland

Nationalpark	Jahr	Autor	Methodik
Bayerischer Wald	1988	Rentsch, G.	quantitative Befragung (direkt)
	2011	Liebecke, R., Wagner, K., Suda, M.	Experteninterviews + quantitative Befragung (telefonisch)
Berchtesgaden	1990	Rentsch, G., Kuhn, H.	Experteninterviews + quantitative Befragung (direkt)
Eifel	2007	Sieberath, J.	Experteninterviews + standardisierte schriftliche Befragung (postalisch)
	2015	Hillebrand, M., Erdmann K.-H.	Experteninterviews + quantitative Befragung (postalisch)
Hainich	2003	Hendel, E.	-
Harz	1996	Job, H.	quantitative Befragung (direkt)
	2010	Ruschkowski, E. v.	quantitative Befragung (ohne anwesenden Interviewer) + teilnehmende Beobachtung
Jasmund	1998	Lichtenberg, T., Wolf, A.	-
Niedersächsisches Wattenmeer	1996	Meemken, P.	-
	2003	Beckmann, O.	Experteninterviews + quantitative Befragung (direkt)
Sächsische Schweiz	2000	Leipziger Initiative Studentenagentur	-
	2002	Leipziger Initiative Studentenagentur	-
Schwarzwald	2015	Blinkert, B.	quantitative Befragung (telefonisch)
Unteres Odertal	2001	Müller, U.	-
Vorpommersche Boddenlandschaft	1998	Krieger, C.	-
	2001	Katzenberger, M.	-

Quelle: erweitert nach RUSCHKOWSKI 2010: 7

Nationalpark und in der raumzeitlichen Verteilung eher erratisch vor. Zudem sind sie methodisch kaum vergleichbar.

Eine allgemeingültige Theorie zur Erklärung der Akzeptanz von Schutzgebieten wurde bislang nicht aufgestellt (vgl. SCHENK et al. 2007: 68; RUSCHKOWSKI/MAYER 2011: 151; MAYER/STOLL-KLEEMANN 2016: 21). Zwei Paradigmata werden dennoch in der einschlägigen Forschung hervorgehoben: Zum einen herrscht die Annahme vor, dass wirtschaftliche Anreize die Akzeptanz von Schutzgebieten determinieren. STERN (2008: 860) bezeichnet dieses Paradigma als Ökonomischen Rationalismus.

In der Regel handelt es sich bei ökonomischen Anreizen, die von Nationalparks ausgehen, um Einnahmen aus dem Naturtourismus, die durch den Nationalpark generiert werden (vgl. STOLL-KLEEMANN/JOB 2008: 87). Dagegen betont die andere gängige Sichtweise den Aspekt, dass die Qualität von Teilhabe und Kommunikation in der Beziehung zwischen Schutzgebietsmanagement und lokaler Bevölkerung den Grad der Akzeptanz bedingt (vgl. STERN 2008: 860f.; RUSCHKOWSKI/MAYER 2011: 149ff.).

Ergänzend erstellte STOLL (1999) in einer Studie, die auf qualitativen Leitfaden-Interviews und Beobachtungen aufbaut, einen umfangreichen Erklärungsansatz für die Ursachen von Akzeptanzdefiziten von Schutzgebieten. STOLL (1999: 164) identifiziert hier vier Ursachenebenen: Zunächst nennt sie die emotionale Ebene, die sich aus Angst vor Einschränkungen und dem Verlust von Handlungs- und Entscheidungsfreiheiten speist. Daneben sind Wahrnehmungsbarrieren eine Ursache für Akzeptanzdefizite. Diese Ursachenebene bezieht sich vornehmlich darauf, dass komplexe Zusammenhänge im Naturschutz die Betroffenen überfordern können, insbesondere da z.T. das entsprechende Vorwissen fehlt oder Informationen nur selektiv wahrgenommen und verarbeitet werden. Wie Informationen aufgenommen werden, hängt jedoch auch stark mit den kulturellen Aspekten und Wertevorstellungen zusammen, da diese als Wahrnehmungsfilter agieren können. Entsprechend führt STOLL (1999: 164) traditionelle Wertvorstellungen, die Naturschutzzielen entgegenstehen, als kulturelle Ursachen für Akzeptanzdefizite an. Im Kontext der bayerischen Nationalparks sind diesbezüglich insbesondere Wertevorstellungen hinsichtlich (heimischer) Natur und Landnutzung relevant (vgl. Abschnitt 3.3). Zuletzt konstatiert die Verfasserin, dass sich Kommunikationsbarrieren und Gruppenprozesse auf die Akzeptanz auswirken. Dies basiert auf der Erkenntnis, dass Akzeptanz durch zwischenmenschliche Interaktion beeinflusst wird. Eine gelungene Kommunikation und der Abbau von sozialer Distanz wird von STOLL (1999: 164) demzufolge als Grundlage für Akzeptanzschaffungsprozesse erkannt.

BECKMANN (2003: 68ff.) ergänzt die Prädiktoren der Einstellung von STOLL (1999) durch den Aspekt der Nutzungsinteressen, insbesondere in den Bereichen Landnutzung, Tourismus und Verkehr. Nutzungskonflikte sind jedoch multidimensional und können je nach Blickwinkel als ökonomischer, emotionaler oder kultureller Prädiktor bewertet werden. Beispielsweise können bezüglich der Einschränkung forstwirtschaftlicher Nutzungen sowohl steigende Heizkosten mangels lokaler Holzgewinnung (ökonomisch), als auch die Einschränkung der Handlungsfreiheit (emotional) oder der Verlust des gewohnten Landschaftsbildes (kulturell) im Vordergrund stehen. Entsprechend werden Nutzungsinteressen in dieser Arbeit nicht als einzelner Faktor, sondern innerhalb der genannten Kategorien betrachtet.

Ergänzt man die Erkenntnisse von STOLL (1999) um das zuvor beschriebene Paradigma des Ökonomischen Rationalismus, erweitert sich das Spektrum der Ursachen von Akzeptanz um die ökonomischen Prädiktoren, insbesondere hinsichtlich des Naturtourismus. Ebenfalls erfordert es die raumwissenschaftlich-geographische Ausrichtung dieser Arbeit, die räumliche Betroffenheit, entsprechend der früheren Erkenntnisse von RENTSCH (1988), als Einflussfaktor von Akzeptanz zu untersuchen.

Dank der jeweiligen Vorgängerstudien, welche sich bereits mit der Akzeptanz der bayerischen Nationalparks beschäftigten, kann zudem die zeitliche Entwicklung der Einstellung zum Thema untersucht werden.

Insgesamt können die in der bisherigen Forschung ermittelten Prädiktoren von Akzeptanz über fünf Ursachenkomplexe abgedeckt werden: Ökonomische, emotionale, interpersonelle, soziokulturelle und raumzeitliche Prädiktoren (vgl. Abb. 7). Diese Prädiktoren, ebenso wie deren theoretische Grundlagen, werden im Folgenden näher vorgestellt mit dem Ziel, Annahmen zu formulieren, an denen sich die nachfolgende Ergebnisanalyse und Ergebnisdarstellung orientiert.

Abbildung 7: Prädiktoren der Einstellung

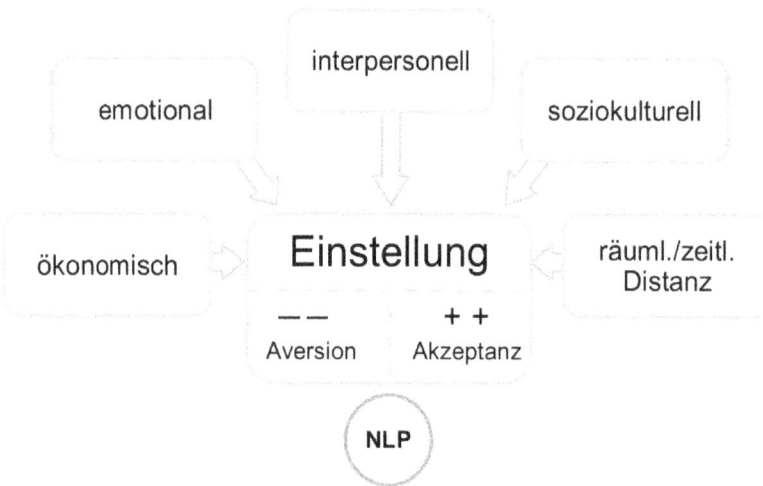

Quelle: eigene Darstellung

4.2.1 Ökonomische Prädiktoren

Der Großteil aller Großschutzgebiete befindet sich in eher strukturschwachen ländlichen Räumen (vgl. Job 2010: 83). Auf den hier betrachteten Nationalpark Bayerischer Wald trifft dies ebenfalls zu. Die Region Berchtesgaden hingegen ist zwar peripher, jedoch durch die seit jeher starke Position des Tourismus weniger strukturschwach (vgl. Abschnitt 3.2). Zudem spielen dort positive Nachbarschaftseffekte der Agglomeration Salzburg eine Rolle. Finanzielle Einbußen durch etwaige Restriktionen aufgrund der Nationalparkausweisung belasten diese Regionen daher umso mehr: Nicht nur die Aufgabe wirtschaftlicher Nutzungen, sondern auch die Sorge um den Verlust von Arbeitsplätzen in der Forstwirtschaft sowie zusätzliche Heizkosten durch die Einstellung der lokalen Brennholzproduktion werden in den Nationalparkanrainergemeinden befürchtet (vgl. Hillebrand/Erdmann 2015: 22). Solche Mutmaßungen stehen der Akzeptanz von Nationalparks oftmals entgegen. Eine konkrete Folgerung aus dieser Annahme ist, dass Akzeptanz für Nationalparks geschaffen werden kann, indem man den tatsächlichen oder empfundenen wirtschaftlichen Verlusten Einnahmen aus dem Naturtourismus entgegenstellt (vgl. STOLL-KLEEMANN/JOB 2008: 87; JOB/MAYER 2012: 141; MAYER 2014: 578). Bestenfalls ist für die Anwohner der wirtschaftliche Vorteil eines Nationalparks somit klar erkennbar und erfahrbar. Es liegt nahe, dass konkrete wirtschaftliche Anreize eine Grundlage für Akzeptanz darstellen, die womöglich besser greifbar ist, als die abstrakten Argumentationslinien der Naturschützer (vgl. MAYER/JOB 2014: 74). Auch hat sich die Destination „Nationalpark" als touristische Marke in Deutschland bewährt (vgl. HANNEMANN/JOB 2003, JOB/METZLER 2005: 470). Deshalb wird auch bereits für die Ausweisung von Nationalparks die touristische und regionalökonomische Aufwertung der zumeist strukturschwachen Region als Argument herangezogen (vgl. JOB et al. 2016; MAYER 2013: 41; MOSE/WEIXLBAUMER 2007).

Definiert wird Naturtourismus nach STRASDAS (2001: 6) als „eine Form des Reisens in naturnahe Gebiete, bei dem das Erleben von Natur im Mittelpunkt steht". Tier- und Naturbeobachtung, vorzugsweise in Naturlandschaften, wie man sie in Nationalparks finden kann, sind eine häufige Ausprägungsform (vgl. JOB 2002: 428). Die Motivation der Reisenden bietet also eine Grundlage zur Abrenzung des Naturtourismus von anderen Formen des Tourismus. Eine Abgrenzung kann auch über die Angebotsseite erfolgen. Je nach Technisierungs- und Erschließungsgrad des Aktionsraums kann die gleiche Aktivität (z.B. Wandern oder Skifahren) als Naturtourismus bewertet werden oder nicht (vgl. STEIGER 2016: 50f.). Grundsätzlich sind Schutzgebiete im Allgemeinen und Nationalparks im Speziellen als Naturtourismus-Destinationen zu bewerten (vgl. EAGLES 2002: 21). Der Naturtourismus in Nationalparks in Deutschland hat mit etwa 53,09 Mio. Besuchstagen und einem Bruttoumsatz von 2,78 Mrd. Euro eine nicht zu unterschätzende ökonomische Dimension (vgl. JOB et al. 2016: 23). Bisherige Ergebnisse zeigen, dass Gewinne aus dem Naturtourismus die Gesamteinstellung der Bevölkerung beeinflusst, jedoch nicht als dominierender Einflussfaktor. Als Begründung wird angeführt, dass außer den Beschäftigten im Tourismus ein Großteil der Bevölkerung selbst nicht direkt von diesen Einnahmen profitiert (vgl. MAYER/STOLL-KLEEMANN 2016: 22f.).

4.2.2 Emotionale Prädiktoren

Zwar sind Nationalparks grundsätzlich öffentliche Güter, zu denen allen Personen kostenfreier Zugang gewährleistet ist, sie bringen jedoch aus naturschutzfachlichen Gründen innerhalb bestimmter Zonen oder Zeitfenster klare Nutzungslimitierungen mit sich (vgl. SCHUMACHER/JOB 2013: 309f.). Diese Handlungseinschränkungen betreffen sowohl Besucher als auch Anwohner und reichen von Ge- und Verboten hinsichtlich z.B. Wandern, Radfahren, Pilze suchen etc. bis hin zu Einschränkungen in der land- und forstwirtschaftlichen Nutzung. Auch bedingen Nationalparks die Notwendigkeit, dass sowohl öffentliche Verwaltungen als auch Landnutzer und -besitzer ihre Entscheidungen zumeist mit der Nationalparkverwaltung abstimmten müssen. Dies kann als Einschränkung der Handlungsfreiheit wahrgenommen werden (vgl. STOLL-KLEEMANN 2000: 10). Die Anwohner von Nationalparks sind also anders als die Besucher nicht nur in ihrer Freizeit, sondern u.U. auch beruflich direkt oder indirekt von Restriktionen betroffen, die durch die prozessnaturschutzfachlichen Ziele des Nationalparks bedingt sind.

Den Zusammenhang von *Einschränkungen durch* etwas und der daraus resultierenden *Einstellung zu* einer Sache beschreibt die „Theorie der psychologischen Reaktanz". Die Theorie stammt ursprünglich aus der Psychologie und geht auf Brehm (1996) zurück. In der Ursachenforschung für Akzeptanzprobleme von Schutzgebieten bzw. Naturschutzmaßnahmen wurde die Theorie von Stoll-Kleemann (2000) sowie Schenk (2000) und Schenk et al. (2007) angewandt. In diesen Arbeiten wurde die Anwendbarkeit der Theorie auf naturschutzspezifische Akzeptanz mittels qualitativer Interviews überprüft und für einen relevanten Erklärungsansatz befunden (vgl. Schenk 2000: 121; Schenk et al. 2007: 69; Stoll 2000: 10). Kern der Theorie ist die Frage, wie Menschen sich verhalten, die sich durch Restriktionen (Verbote, Strafandrohungen etc.) in ihrer persönlichen Entscheidungs- und Handlungsfreiheit eingeschränkt sehen.

Die Theorie beschreibt drei mögliche Reaktionen: Neben den zwei Optionen, sich entweder den Einschränkungen aufgrund äußerer Zwänge anzupassen oder sich damit persönlich zu identifizieren, ist die dritte Möglichkeit, den Einschränkungen mit Widerstand und Ablehnung zu begegnen. Diese dritte Möglichkeit wird als Reaktanz bezeichnet und äußert sich in einer negativen Veränderung der Einstellung und des Verhaltens gegenüber der Quelle der Einschränkungen (vgl. Schenk et al. 2007: 69f.). Angesichts einer solchen Freiheitseinengung sind Menschen zudem oft bestrebt, ihre Freiheiten wiederherzustellen und messen ihnen aufgrund der Einschränkungen einen besonders hohen Wert zu (vgl. Brehm/Brehm 1981: 4f.; Graupmann et al. 2011: 164). Auf das Beispiel eines Nationalparks angewandt könnte dies beispielsweise Folgendes bedeuten: Wenn im Rahmen einer Maßnahme des Nationalparkmanagements ein Wanderweg in der Kernzone zurückgebaut werden soll, empfinden die Anwohner ihre Freiheit, diesen tradierten Weg zu begehen, als besonders wertvoll und erhaltenswert. Wäre der Weg nicht in Gefahr, wäre er sehr wahrscheinlich als weniger wichtig eingestuft worden

Der Effekt der psychologischen Reaktanz ist dann besonders hoch, wenn mit dem Verlust bestimmter Freiheiten ein tatsächlicher oder empfundener Kontrollverlust verbunden ist (vgl. Brehm/Brehm 1981: 6). Grundsätzlich werden Entscheidungen dann als oktroyiert empfunden, wenn es Partizipations- und Kommunikationsdefizite zwischen den Entscheidungsträgern und den Betroffenen gibt (vgl. Stoll-Kleemann 2000: 11). Hier findet sich der Vorwurf der aufgezwungenen Entscheidung durch Top-Down-Prozesse wieder, der häufig mit der Ausweisung, Erweiterung und spezifischen Managementimplikationen (z.B. zeitweises Betretungsverbot) von Nationalparks verbunden ist (vgl. Mayer 2013: 31). Partizipative und integrative Managementkonzeptionen von Nationalparks sind also essentiell für den Prozess der Erhöhung von Akzeptanzwerten (vgl. Mose/Weixlbaumer 2007: 11). Dass allerdings Bottom-Up-Entscheidungen kein Garant für Akzeptanz sind, zeigen die Fälle des Parc Adula und des Parc Locarnese. Diese beiden Nationalparkinitiativen in der Schweiz waren durch direktdemokratische Prozesse entstanden, sind dann jedoch vor der formaljuristischen Ausweisung an Volksabstimmungen gescheitert (vgl. Michel/Backhaus 2018: 2; Parconazionale 2018).

Zudem kann Kommunikation zwischen Entscheidungsträgern und Betroffenen Reaktanz hervorrufen, wenn sie in einer Weise stattfindet, welche das Gegenüber als einengend empfindet. Dies ist dann gegeben, wenn Kommunikation einseitige Botschaften zugunsten der Position des Senders enthält, die Botschaften für den Empfänger nicht nachvollziehbar sind oder dem Sprecher Manipulationsabsichten zu seinen Gunsten vorgeworfen werden (vgl. BREHM 1966: 3ff.). Auf den Kontext von Nationalparks bezogen zeigt sich hier die Herausforderung, Naturschutzbotschaften so zu vermitteln, dass zwar in einem gewissen Maß eine positive Beeinflussung stattfindet, diese jedoch nicht als manipulativ wahrgenommen wird und dann in Reaktanz umschlägt. Dass eine Botschaft durch Reaktanz seitens der Empfänger das Gegenteil der gewünschten Wirkung hervorruft, wird auch als „Bumerang-Effekt" bezeichnet und ist ein in der Marketing-Kommunikation bekanntes Phänomen (vgl. RAAB et al. 2001: 71).

4.2.3 Interpersonelle Prädiktoren

An dieser Stelle sollen Einflüsse auf die Akzeptanz aus dem Bereich der Interaktion zwischen Akzeptanzsubjekten und Personen aus dem Umfeld des Akzeptanzobjekts betrachtet werden. Interaktion meint hier in erster Linie Kommunikation selbst sowie deren Rahmenbedingungen. Der Einfluss von Kommunikations- und Gruppendynamiken auf Akzeptanz ist durch ein breites Spektrum an Theorien, vornehmlich aus der Soziologie, untermauert. Im Folgenden werden die Theorien, die bislang im Kontext der Akzeptanz von Naturschutzmaßnahmen im Allgemeinen bzw. Schutzgebieten im Speziellen angewandt wurden, dargestellt.

4.2.3.1 Gruppendynamiken und soziale Distanz

Widerstand gegen Naturschutzmaßnahmen tritt in besonderem Maße dann auf, wenn die Einschränkung von einem als Fremdgruppe wahrgenommenen Personenkreis auferlegt werden (vgl. GRAUPMANN 2011: 171f.). Die „Social Identity Theory" (TAJFEL 1978; TAJFEL/TURNER 1986) ist ein Erklärungsansatz für derartige Effekte von Gruppendynamiken auf Akzeptanz. Dieser Ansatz wurde von STOLL-KLEEMANN (2000: 12f.) bereits auf die Akzeptanz von Schutzgebieten angewandt. Der Social Identity Theory liegt die Annahme zugrunde, dass Individuen die eigene Identität über die Zugehörigkeit zu einer „in-group" und in Abgrenzung zu einer „out-group" definieren. Während der „in-group" positive Attribute zugeschrieben werden, wird die „out-group" mit negativen Annahmen belegt (vgl. ISLAM 2014: 1781).

Auf den Schutzgebietskontext angewandt sieht STOLL-KLEEMANN (2000: 12) die Möglichkeit, dass sich Nationalparkanwohner zu einer „in-group" zugehörig fühlen, die sich entweder aus einer bestimmte Berufsgruppe (Förster, Waldarbeiter) oder aus Familienmitgliedern oder Freunden konstituiert. Auch eine soziale „in-group", die sich über Freizeitgestaltung/Vereine oder (Wald-)Besitzverhältnisse definiert, wäre denkbar. Die „out-group" sieht STOLL-KLEEMANN (2000: 12f.) in den „Naturschützern". In erster Linie werden die Entscheidungsträger und Repräsentanten der Schutzgebietsverwaltung dieser Gruppe zugeordnet. Wird also beispiels-

weise die Nationalparkverwaltung in der sozialen Konstellation als „out-group"
wahrgenommen, so werden dieser eher negative Attribute zugeschrieben. Dadurch
vergrößert sich die soziale Distanz zwischen den Anwohnern und Entscheidungsträgern, wodurch sich wiederum, gemäß der Social Identity Theory, Konflikte ver-
schärfen können.

4.2.3.2 Kommunikationstheorien

In der Studie von SCHENK (2000) bzw. SCHENK et al. (2007) zur Akzeptanz von
Landschaftsschutzmaßnahmen in der Schweiz wurde zur Erklärung der Effekte
von Kommunikation auf die Akzeptanz die „Theorie des Symbolischen Interaktionismus" von MEAD (1968) und BLUMER (1992) angewandt. Ergänzend adaptierte
SCHENK (2000) die „Theorie des Kommunikativen Handelns" von HABERMAS (1997).

Die Theorie des symbolischen Interaktionismus beschreibt, dass Menschen die
Bedeutung ihrer Umwelt und den darin befindlichen „Dingen" aus der sozialen Interaktion ableiten. Symbolisch meint hier, dass vorangegangene Handlungen und
Äußerungen des Gegenübers interpretiert werden, bevor eine Reaktion stattfindet,
wodurch diese Handlungen und Äußerungen zu Symbolen werden. Diese Symbole
müssen für alle Beteiligten dieselbe Bedeutung haben, damit Kommunikation gelingen kann (vgl. SCHENK 2000: 19f.).

Die Theorie des kommunikativen Handelns bezieht sich auf die Kommunikationsinhalte, insbesondere die menschliche Sprache. In der Theorie des kommunikativen Handelns werden weitere Ansprüche formuliert, die für das Gelingen von Kommunikation erfüllt sein sollten. Demnach müssen sich alle an der Kommunikation
beteiligten Personen einig sein über 1. Wahrheit oder Existenz (truth requirement)
dessen, worüber kommuniziert wird, sowie 2. Wahrhaftigkeit (truthfulness requirement) der Absichten des Gegenübers und zuletzt 3. Richtigkeit (correctness requirement). Letzteres meint hier die Übereinstimmung des Gesagten mit beiderseits aner-
kannten Werten und Normen. Ergänzt werden diese Ansprüche an Kommunikation
von BURKART/LANG (1992) durch 4. Verständlichkeit der Sprache in Grammatik und
Vokabular (vgl. SCHENK 2000: 20f.).

Beide Theorien betonen die Wichtigkeit einer gemeinsamen Kommunikationsbasis. Informationen zu den Kommunikationsinhalten müssen von allen Beteiligten
bekannt sein, in gleicher Form interpretiert werden und mit den Wertvorstellungen
korrelieren. Fehlende oder widersprüchliche Information seitens der Nationalparkverwaltung, (unterstellte) Unehrlichkeit oder mangelnde Übereinstimmung der
Kommunikationsinhalte mit den Werten und Normen der Empfänger wären demnach als Barrieren für Akzeptanz zu erkennen.

4.2.4 Soziokulturelle Prädiktoren

Bislang wurden vornehmlich Prädiktoren betrachtet, die entweder das Akzeptanzobjekt und dessen Kontext betreffen oder im Bereich der Interaktion zwischen Ak-
zeptanzsubjekt und -objekt einzuordnen sind. Für eine vollständige Erfassung der
Prädiktoren von Akzeptanz liegt es jedoch nahe, auch den Einfluss des Akzeptanz-
subjekts und dessen Eigenschaften zu untersuchen.

4.2.4.1 Personenbezogene Eigenschaften in der naturbezogenen Einstellungsforschung

Zusammenhänge zwischen Einstellung gegenüber Naturschutz und personenbezogenen Eigenschaften wurde bislang durch die Naturbewusstseinsstudien des Bundesumweltministeriums und des BfN (2009–2017) sowie durch LANTERMANN et al. (2003) im Kontext von Ansätzen der Lebensstilforschung betrachtet. Dabei stehen neben soziodemographischen Daten, wie etwa Alter, Bildungsstand, Beruf o.ä. auch Freizeit- und Konsumaktivitäten im Vordergrund. Ziel ist es, den Komplex „Naturschutz" mit dem lebensweltlichen Erfahrungsbereich der Betroffenen zu verknüpfen und daraus Einflussfaktoren für die Einstellung abzuleiten (vgl. LANTERMANN et al. 2003: 227). Ebenso werden in nahezu allen Ansätzen der sozialwissenschaftlichen Umweltforschung Angaben zu Wertvorstellungen der Befragten erhoben (vgl. BFN 2017: 11; LANTERMANN et al. 2003: 227). Mit Blick auf die Akzeptanz von Nationalparks stehen insbesondere die Wertebereiche bezüglich Natur und Naturschutz im Vordergrund, weshalb diesen auch in der vorliegenden Arbeit ein besonderes Augenmerk gewidmet wird. Diese Wertemuster können als grundlegend für die Einstellungsbildung gegenüber dem Akzeptanzobjekt Nationalpark angesehen werden (vgl. STOLL 1999: 57).

4.2.4.2 Wertevorstellungen: Naturverständnis und Naturbilder

„Der Mensch schützt die Natur, die ihn trägt und die ihm gefällt."
(Wolfgang Haber 2007)[8]

HABER sieht die grundlegende Motivation für Naturschutz nicht nur darin, dass der Mensch auf die Natur angewiesen ist (*die ihn trägt*), sondern schreibt auch subjektiven naturästhetischen Präferenzen (*die ihm gefällt*) eine gewichtige Rolle zu. Sowohl die Abhängigkeit des Menschen von der Natur als Ressource, als auch die Ästhetik von Natur werden jedoch von Individuen gemäß ihren Wertesystemen sehr unterschiedlich wahrgenommen (vgl. LANTERMANN et al. 2003: 235; KIRCHHOFF/TREPL 2009: 14). Entsprechend kann angenommen werden, dass auch die Akzeptanz von Nationalparks durch divergierende Wahrnehmung und Bewertung von Natur und Naturschutz beeinflusst wird.

Um ein vollständiges Bild davon zu erlangen, wie sich das Naturverständnis der Anwohner auf deren Akzeptanz von Nationalparks auswirkt, bedarf es zunächst der Beantwortung dreier Fragen:

1. Was ist Natur und durch welche Semantiken werden ihre Bedeutungsebenen artikuliert?

2. Welchem Naturverständnis sind Nationalparks als solche verpflichtet?

3. Wie bringe ich das Naturverständnis der Anwohner in Erfahrung?

---

8 W. Haber am 18. 10. 2007 beim Symposium zum Thema „Naturschutz und Heimat" im Wissenschaftszentrum Bonn (vgl. PIECHOCKI 2010: 43).

Entsprechend wird im Folgenden anhand einer kurzen Einführung der Semantiken von Natur erläutert, welches Verständnis von Natur und Naturschutz Nationalparks zugrunde liegt. Im Anschluss werden zwei in der Forschung gängige Ansätze zur Messung des Naturverständnisses der Anwohner vorgestellt: Das New Environmental Paradigm (NEP) und die Cultural Theory.

Alltägliche Semantiken von Natur

Im alltäglichen Sprachgebrauch wird eine forstwirtschaftlich genutzte Waldfläche durchaus als „Natur" im Gegensatz zur Stadt bezeichnet. Im Vergleich zur Wildnis handelt es sich jedoch eher um Kulturlandschaft (vgl. Piechocki 2010: 17ff.). Der Begriff „Wildnis" ist demnach ein abstraktes Sinnbild von Natur. Das Bedeutungsspektrum des Wildnis-Begriffs reicht von einer bedrohlichen Konnotation von Wildnis als Gegensatz zur kulturellen Ordnung bis hin zu einer metaphysischen Erhöhung von Wildnis als Ursprung von Moral und Erhabenheit (vgl. Kirchhoff/Trepl 2009: 22f.; Spanier 2003: 58). Im alltäglichen Gebrauch wird Wildnis gemeinhin mit „unberührte Natur" gleichgesetzt (vgl. Lantermann et al. 2003: 189).

Ein weiteres Sinnbild von Natur ist „Heimat" im Sinne der gewohnten Landschaft (vgl. Kirchhoff/Trepl 2009: 22). Der Begriff „Landschaft" selbst hat eine mental-ästhetische Bedeutungsebene, lässt sich jedoch auch als funktionale Einheit verstehen (vgl. Müller 2011: 937). „Heimat" ist noch stärker emotional besetzt und tendenziell konservativ ausgerichtet. Durch den Missbrauch des Begriffs Heimat im Nationalsozialismus kam eine negative Belastung hinzu. Im Kontext der Debatte um Nationalparks wird „Heimat" jedoch meist schlichtweg als das für die Anwohner vertraute Landschaftsbild verstanden (vgl. Piechocki 2010: 150, 161f.).

Grundlegende Naturkonzeption von Nationalparks

Nationalparks der IUCN-Kategorie II sind einem holistisch-ökozentrischen Naturverständnis verpflichtet (vgl. Mose/Weixlbaumer 2007: 13; Gorke 2010: 215). Nach dem Holismus wird der Natur als Ganzes ein Eigenwert zugeschrieben (vgl. Gorke 2010: 33). Ökozentrismus betont, dass nicht nur einzelne Lebewesen einen inhärenten Wert haben, sondern „der Wert und das Wohl des Ökosystems als Ganzheit" grundlegend seien für den moralischen Maßstab (Piechocki 2010: 216). Diesem Naturverständnis steht der Anthropozentrismus entgegen, dessen Kerngedanke darin besteht, dass die „moralische Relevanz von Natur nur mit Bezug auf menschliche Interessen und Bedürfnisse begründbar" ist (Piechocki 2010: 184). Aus der ethischen Grundlage des holistisch-ökozentrischen Naturverständnisses folgt der Anspruch, dass sich in Nationalparks Ökosysteme ohne menschliche Einflussnahme großflächig hin zur Wildnis entwickeln sollen (vgl. Gorke 2010: 144). Diese Naturschutzkonzeption wird als Prozessnaturschutz bezeichnet und bildet die grundlegende Zielvorgabe für Naturschutz in Nationalparks der Schutzgebietskategorie II (vgl. Job 2010: 76). Für den deutschsprachigen Raum formulierte man den Leitspruch „Natur Natur sein lassen", der diese Naturschutzkonzeption prägnant zum Ausdruck bringt (vgl. Biebelriether 2017: 96). De facto meint dies nichts anderes als naturdynamische Prozesse zuzulassen. Konkret folgt daraus beispielsweise, dass keine Bekämpfung des Borkenkäfers in den Nationalparkkernzonen stattfindet und die dadurch entstandenen Totholzflächen, ebenso wie durch Sturmschäden betroffene Wälder, einer natürlichen Entwicklung überlassen werden (vgl. NATIONALPARKVER-WALTUNG BAYERISCHER WALD 2011: 4).

Die Veränderungen des vertrauten Landschaftsbilds durch die prozessnatur-schutzfachlichen Ziele des Nationalparkmanagements kollidieren jedoch bisweilen mit dem Bedürfnis der Einheimischen, ihre Heimat zu erhalten und können entsprechend zu Akzeptanzdefiziten beitragen (vgl. PÖHNL 2012: 100). Auch die naturäs-thetischen Präferenzen der Nationalparkanwohner weichen stellenweise zugunsten eines traditionellen Naturbildes deutlich vom Wildniskonzept der Nationalparkver-waltung ab (vgl. LIEBECKE 2011: 71). Die Konflikte, die der Umgang mit Natur, insbesondere der Umgang mit Wald, in Nationalparks hervorruft, lassen darauf schließen, dass vielen Einheimischen ein anderes Naturverständnis als „Natur Natur sein lassen" zu eigen ist (vgl. BIEBELRIETHER 2017: 114).

Untersuchungsansätze: NEP und Cultural Theory

Klar ist also, dass es Kontroversen darüber gibt, wie Menschen die Natur sehen. Ebenso kann es Diskrepanzen geben in der Frage, ob und vor allem wie man Natur schützen will. Daher ist es für das Verständnis der Akzeptanz von National-parks unerlässlich, die Naturkonzeptionen der lokalen Bevölkerung zu ergründen. Ein Ansatz, um zu verstehen, wie Menschen gegenüber der Natur eingestellt sind, entwickelte sich in den 1970er Jahren in den USA. Die zu der Zeit dominierenden (neo-)liberalen Werte der westlichen Welt wie etwa Fortschrittsglaube, Wachstums-doktrin und Wirtschaftsliberalismus wurden in ihrer Rolle als Wahrnehmungsfilter bezüglich der natürlichen Umwelt betitelt als „Dominant Social Paradigm" (DSP). Allerdings waren damals schon Erkenntnisse zur Notwendigkeit von Wachstums-grenzen zugunsten eines nachhaltigen Umgangs mit den natürlichen Ressourcen im öffentlichen Diskurs angekommen (Club of Rome).

Entsprechend dieser Erkenntnisse wurde dem DSP ein neues Paradigma entge-gengesetzt: Das „New Environmental Paradigm", kurz NEP (vgl. DUNLAP/VAN LIE-RE 2008: 19). Zuvor war Naturschutz eher in spezifischen Kontexten, wie etwa Was-ser- oder Luftverschmutzung, verortet. Das NEP brachte dagegen den Anspruch mit sich, allgemein und abstrakt zu ergründen, inwieweit Menschen eher einem anth-ropozentrischen oder ökozentrischen Naturverständnis anhängen (vgl. HAWCROFT/MILFONT 2009: 144). Das von DUNLAP & VAN LIERE (1978) erstellte NEP baut im Kern darauf auf, drei elementare Aspekte des Verständnisses von Mensch-Umwelt-Be-ziehungen zu erfassen: 1. Inwiefern menschliches Handeln das natürliche Gleichge-wicht stören kann; 2. inwieweit die natürliche Umwelt Wachstumsgrenzen für die Gesellschaft vorgibt und 3. ob der Mensch das Recht hat, über die übrige Natur zu herrschen. Eine starke Zustimmung zu den Kernaussagen des NEP zeugt von einem Naturverständnis, welches in menschlichem Handeln eine Gefahr für die natürliche Umwelt sieht, deren Wert nicht über menschliche Nutzung definiert wird und Gren-zen des Wirtschaftswachstums bedarf (vgl. DUNLAP/VANLIERE 2008: 22).

Auch das Naturverständnis, das Nationalparks zugrunde liegt, stimmt in vieler-lei Hinsicht mit den Annahmen des NEP überein: Menschliches Handeln wird als Störfaktor für natürliche Prozesse angesehen und aus Nationalparks ausgeschlossen. Ökosystemen und einzelnen Arten wird ein intrinsischer Wert beigemessen, den es unabhängig von einem möglichen Nutzungswert für den Menschen zu schützen gilt. Wirtschaftswachstum ist dabei kein vorrangiges Ziel. All dies sind Maximen, nach denen Nationalparks konzipiert sind und an denen sich das Nationalparkmanagement traditionell ausrichtet (vgl. GORKE 2010: 144, JOB 2010: 76, MOSE/WEIXLBAUMER 2007: 13). Die Annahme liegt also nahe, dass Menschen, die eine hohe Zustimmung mit den Grundprinzipien des NEP aufweisen, auch Nationalparks grundsätzlich stärker unterstützen.

Ein weiterer Ansatz, der versucht die Wahrnehmung und Bewertung von Natur zu erfassen, ist die „Cultural Theory" nach THOMPSON (1990). Diese Theorie stammt ursprünglich aus der Risikoforschung und basiert auf der Annahme, dass Naturbilder von Personen anhand der wahrgenommenen Stabilität von Natur gegenüber menschlichen Eingriffen erfasst werden können. Wie Menschen die Stabilität und Resilienz von Natur einschätzen, ist wiederum Ausdruck einer kulturellen Identität (vgl. LANTERMANN et al. 2003: 185). Nach der Cultural Theory können vier wahrgenommene Stabilitätsgrade von Natur oder auch „Naturmythen" unterschieden werden (vgl. Abb. 8): Die *strapazierbare Natur* wird, dank technischen Fortschritts, als unbegrenzt widerstandsfähig gegenüber menschlichen Eingriffen verstanden. Dieser Wahrnehmung steht die Annahme einer *empfindlichen Natur* entgegen, die bereits nach geringen menschlichen Eingriffen unwiderruflich aus dem Gleichgewicht gebracht ist. Das Verständnis, dass lediglich massive Eingriffe die Natur unumkehrbar destabilisieren können, findet sich im Bild der *toleranten Natur* wieder. Zuletzt kann Natur auch als *unberechenbar,* also von menschlichen Eingriffen unabhängig aber dennoch instabil, wahrgenommen werden (vgl. MEIER/ERDMANN 2003: 36; LANTERMANN et al. 2003: 208; THOMPSON 1990: 26ff.).

Abbildung 8: Naturmythen der Cultural Theory

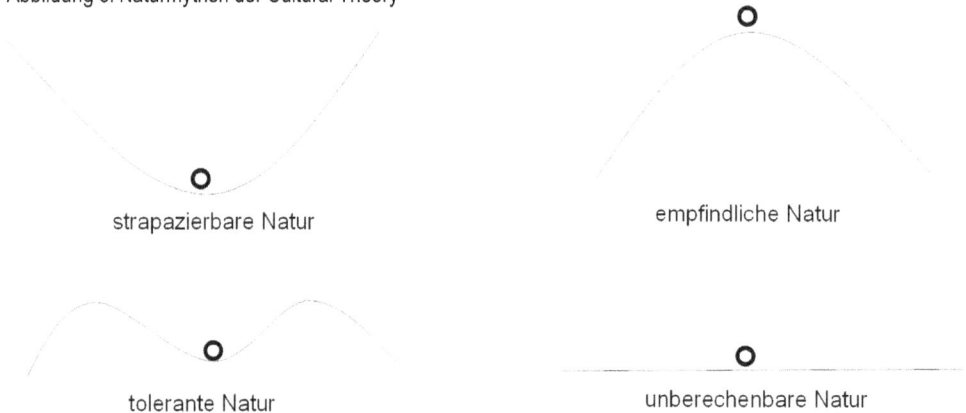

strapazierbare Natur

empfindliche Natur

tolerante Natur

unberechenbare Natur

Quelle: eigene Darstellung nach THOMPSON 1990: 27

Der Naturmythos der „empfindlichen Natur" repräsentiert zusammen mit dem der „toleranten Natur" ein Naturverständnis, das menschliches Eingreifen in die Natur kritisch betrachtet und somit auch dem Prinzip des Prozessnaturschutzes entspricht. So leitet sich aus dem Verständnis einer verwundbaren Natur das grundsätzliche Bedürfnis ab, diese zu schützen. Die daraus folgende Annahme ist, dass Nationalparkanwohner, deren Einschätzung von Stabilität und Resilienz der Natur durch diese Naturmythen repräsentiert wird, auch den Prozessnaturschutzansatz und damit die Nationalparks selbst eher unterstützen.

4.2.5 Raumzeitliche Prädiktoren

Trotz der Zuhilfenahme von Theorien und Erkenntnissen aus der Soziologie und Sozialpsychologie bleibt die vorliegende Arbeit, da sie aus Geographenfedern stammt, einer raumwissenschaftlichen Herangehensweise verpflichtet. Die regionalen Rahmenbedingungen und Herausforderungen für die Akzeptanz, die sich aus der jeweiligen Lage der Nationalparks ergeben, wurden dementsprechend in Kapitel 3 ausführlich dargestellt. Divergierende regionale Kontexte bezüglich Ausweisung der Nationalparks, Tourismus sowie Kulturlandschaft und Tradition sind für das Verständnis der Akzeptanzdefizite unumgänglich. Die Grundannahme lautet demnach: „Geography matters" im Sinne von Lage, sowie räumlicher Distanz der betreffenden Ortslage in dynamischer Betrachtungsweise.

Im Zentrum steht damit die Untersuchung der Relevanz von räumlicher Distanz als Prädiktor von Akzeptanz. Diesbezüglich lieferte RENTSCH (1988: 57) eine grundlegende Erkenntnis mit der Beschreibung eines „Akzeptanzkraters" um den Nationalpark Bayerischer Wald. So werden die deutlich niedrigeren Akzeptanzwerte in den unmittelbar an den Nationalpark angrenzenden Gebieten im Vergleich zu Gemeinden, die nur wenige Kilometer weiter vom Nationalpark entfernt liegen, beschrieben. Diesen Zusammenhang erklärte RENTSCH (1988: 57) anhand der abnehmenden Betroffenheit bei größerer Entfernung zum Konfliktobjekt Nationalpark. Der von RENTSCH geprägte Begriff hat sich inzwischen für die Beschreibung des Zusammenhangs von räumlicher Betroffenheit und Akzeptanz in der deutschsprachigen Akzeptanzforschung durchgesetzt (vgl. JOB 1996: 163, STOLL-KLEEMANN 1999: 114; BACHERT 1991: 239; RUSCHKOWSKI/MAYER 2011: 151).

Im englischsprachigen Raum wird das Phänomen des Widerstands aus der unmittelbaren räumlichen Umgebung eines Vorhabens auch als NIMBY (Not In My Back Yard)-Syndrom bezeichnet (vgl. DEAR 1992: 288). Letzteres wird jedoch, anders als der Akzeptanzkrater, nicht explizit naturschutzbezogen verstanden, sondern vornehmlich im Kontext der Ansiedlung von Großinfrastrukturen wie Starkstromtrassen o.ä. diskutiert (vgl. RUSCHKOWSKI/NIENHABER 2016: 527; WOLSINK 2000). Eine weitere Erkenntnis bezüglich der raumbezogenen Effekte auf die Akzeptanz lieferten HILLEBRAND/ERDMANN (2015: 5f.): In der Studie zur Akzeptanz des Nationalparks Eifel bei der lokalen Bevölkerung zeigte sich im Zeitvergleich (7 Jahre Differenz zwischen Erst- und Wiederholungsstudie) eine Steigerung der Akzeptanz in Orten mit vormals bereits hohen Akzeptanzwerten. In Gebieten mit vormals niedrigen Akzeptanzwerten war die Akzeptanz jedoch weiter gesunken. Diese Beobachtung betitelten HILLEBRAND/ERDMANN (2015) als „Akzeptanzschere". Außer einer mutmaßlichen lokalen Tradierung bestimmter Ansichten konnte eine klare Ursache für dieses Phänomen nicht benannt werden. Jedoch zeigt sich hier deutlich die Rolle des Faktors Zeit, welcher auch im Folgenden näher beleuchtet werden soll.

Insbesondere hinsichtlich der fundamentalen Veränderungen der Raumstruktur, die ein Nationalpark mit sich bringt, zeigt sich der Stellenwert der zeitlichen Komponente. Zwischen der jahrhundertelang tradierten Raumnutzung, die mit Wertevorstellungen und Verhaltensgewohnheiten verknüpft ist, und der Zeit des Bestehens der Nationalparks, die für die betrachteten Fälle lediglich 48 bzw. 40 Jahre beträgt, liegt eine enorme zeitliche Differenz (vgl. RENTSCH 1988: 31; BECKMANN 2003: 71). Überträgt man die Annahme zur räumlichen Distanz auf den Faktor Zeit, kann die These formuliert werden, dass mit der zunehmenden Zeitdauer des Bestehens eines Nationalparks die Gewöhnung und damit die Akzeptanz unter weitestgehend gleichbleibenden Rahmenbedingungen steigt (Gewöhnungseffekt).

Tabelle 10: Theoretische Grundlagen, Untersuchungskriterien und Annahmen nach Prädiktoren der Einstellung

Prädiktor	Theoretische Grundlage	Untersuchungskriterien	Annahme
Ökonomische Prädiktoren	- Ökonomischer Rationalismus	- Wahrnehmung von Effekten des Nationalparks auf die Tourismusentwicklung - Einstellungsebenen der Gruppen, die potenziell vom Nationalpark-Tourismus profitieren	Einstellung zum Nationalpark wird durch wirtschaftliche Verluste/Anreize gesteuert.
Emotionale Prädiktoren	- Theorie der psychologischen Reaktanz	- Einschränkungen - Reaktanz - Partizipationsdefizite	Einschränkungen in der Entscheidungs- und Handlungs-freiheit beeinflussen die Einstellung nachteilig.
Interpersonelle Prädiktoren	- Social Identity Theory - Theory of Symbolic Interaction	- Kommunikationsbasis (Information) - Soziale Distanz und Wahrnehmung des Kommunikationspartnes	Fehlende oder mangelhafte Kommunikation und soziale Distanz zwischen den Akteuren wirken sich negativ auf Einstellung aus.
Soziokulturelle Prädiktoren	- Lebensstilansätze - Cultural Theory - New Environmental Paradigm	- soziodemographische Eigenschaften - Freizeitverhalten - Werte bzgl. Natur und Mensch-Umwelt-Beziehungen - Tradition vs. Naturschutz	Übereinstimmung mit den (Prozess-naturschutz-)Werten des Nationalparks fördert positive Einstellung
Raumzeitliche Prädiktoren	- Akzeptanzkrater - Akzeptanzschere - NIMBY-Effekt	- Geography matters: räumlich differenzierte Untersuchung - Seniorität im Hinblick auf die Existenz eines Nationalparks - Generationswechsel	Mit zunehmender räumlicher Distanz und Zeitdauer des Bestehens wächst ceteris paribus die Akzeptanz zum Nationalpark.

Quelle: eigene Darstellung

4.3 Hypothesen auf Basis der Prädiktoren der Einstellung

Vor dem Hintergrund der dargestellten theoretischen Grundlagen und Erkenntnisse können Untersuchungskriterien festgelegt und Annahmen über deren Zusammenhang mit der Akzeptanz bzw. Aversion gegenüber Nationalparks seitens der lokalen Bevölkerung getroffen werden (vgl. Tab. 10).

5 Ergebnisdarstellung der bayernweiten Repräsentativbefragung

Die generelle Wahrnehmung der Nationalparks Bayerischer Wald und Berchtesgaden in der bayerischen Bevölkerung betreffend, werden im Folgenden die Ergebnisse der onlinebasierten Befragung aufgezeigt.

Bei der offen gestellten Frage: *„Es gibt unterschiedliche Wege, die Natur zu bewahren. Einer davon ist, ein bestimmtes Gebiet unter Schutz zu stellen. Welche Bezeichnung für solche Gebiete fällt Ihnen ohne lange nachzudenken als Erste ein?"* gaben über drei Viertel der Probanden eine zutreffende Antwort. Als zentraler Begriff steht hier erwartungsgemäß „Naturschutz" mit den meisten Nennungen. Der Bayerische Wald rangiert an dritter Stelle und besitzt einen hohen spontanen Bekanntheitsgrad. Berchtesgaden rangiert beim spontanen Bekanntheitsgrad unter den Top 10. Der große Abstand zum Bayerischen Wald erklärt sich wahrscheinlich durch drei Faktoren: (1) das größere Alter des Bayerischen Walds; (2) dessen Name, der den Freistaat repräsentiert; (3) die viel prominentere bayernweite Berichterstattung in den Medien, gleich ob positiv oder negativ, sowie den daher rührenden höheren Bekanntheitsgrad insgesamt.

Hinsichtlich der verschiedenen Großschutzgebietskategorien variiert der Bekanntheitsgrad erheblich. Das populärste Naturschutzprädikat ist erwartungsgemäß der Nationalpark mit 96%. Weder das Alter noch der Wohnort im Sinne der Siedlungsstruktur (städtisch, Verdichtungsraum, nahe und ländliche Räume) scheinen den Bekanntheitsgrad der Bezeichnung Nationalpark zu beeinflussen.

Sechs von zehn Befragten kennen Nationalparks in Bayern und knapp die Hälfte der Probanden hat schon einmal einen bayerischen Nationalpark besucht. Dabei fanden in etwa die Hälfte der Besuche auf Reisen mit mindestens einer Übernachtung statt. Von allen, die schon einen Nationalpark besucht haben, hat immerhin mehr als jeder Dritte bereits beide bayerischen Nationalparks aufgesucht. Ein dahingehend starkes Übergewicht des Nationalparks Bayerischer Wald im Vergleich zum Nationalpark Berchtesgaden bei den bayerischen Besuchern ist insofern zu relativieren, als Letzterer in etwa das Dreifache an ausländischen Gästen aufweist (vgl. Job et al. 2016: 15).

Befragte, die in städtischen Regionen zu Hause sind, haben etwas seltener Nationalparks besucht. Dieses Ergebnis ist nicht verwunderlich, da die beiden Nationalparks sehr peripher liegen, und ca. 50% der Befragten Besucher sind, die als Tagestouristen (ohne Übernachtung) aus der näheren Umgebung unterwegs waren. D.h., die Distanz vom Quellgebiet (Wohnort) zum Zielgebiet (Ausflugs-/Urlaubsort) einer Reise entscheidet naturgemäß mit über die Frequentierung. Betreffend die altersklassenspezifische Besuchserfahrung ist zu konstatieren, dass die Kohorte der über Sechzigjährigen dominiert. Besonders junge Menschen sind diesbezüglich unerfahrener – es ist aber auch davon auszugehen, dass hier ein kumulativer Effekt greift, da Ältere auch mehr Zeit hatten, einen Nationalpark zu besuchen.

Die Sonntagsfrage *„Angenommen, am nächsten Sonntag gäbe es eine Abstimmung über das Weiterbestehen des Nationalparks Berchtesgaden bzw. Bayerischer Wald?"* wurde äußerst positiv beantwortet. Für den Erhalt des Nationalparks Berchtesgaden votierten 96%. D.h., der Alpenpark liegt gleichauf mit dem ältesten Nationalpark Deutschlands, Bayerischer Wald, wo es 97% Zustimmung gibt (die Irrtumswahrscheinlichkeit ist größer als der statistisch gemessene Unterschied). Interessant ist zudem, dass es bei den wenigen Nationalparkgegnern keine klaren raumstrukturellen oder regionalen Zuordnungen gibt. Des Weiteren ist bemerkenswert, dass alle Altersgruppen einheitlich für den Erhalt der Nationalparks Berchtesgaden und Bayerischer Wald auf höchstem Niveau sind.

6 Ergebnisdarstellung der Anwohnerbefragung

Im Folgenden werden die Ergebnisse aus der schriftlichen Repräsentativbefragung präsentiert. In der Darstellung von Abhängigkeiten und Zusammenhängen von zwei Variablen, werden grundsätzlich nur solche berücksichtigt, die eine ausreichende Signifikanz aufweisen (p < 0,05).

6.1 Nationalpark Bayerischer Wald

Die Akzeptanz des Nationalparks Bayerischer Wald wird anhand der zuvor definierten Prädiktoren der Einstellung und der daraus abgeleiteten Untersuchungskriterien dargestellt.

6.1.1 Grundlegende Werte

Tabelle 11 zeigt Eckdaten der Stichprobe der schriftlichen Repräsentativbefragung 2018 und, sofern möglich, der Vorgängerstudien von 2007 und 1988. Für ausgewählte Informationen werden auch die Vergleichsdaten für die beiden Nationalparklandkreise abgebildet. Hier zeigen sich leichte Abweichungen im Anteil der Beschäftigten in der Land- und Forstwirtschaft. Da diese Gruppe jedoch in besonderem Maße zu den Betroffenen des Nationalparks gezählt werden kann, bietet diese Überrepräsentation einen Zugewinn an inhaltlicher Genauigkeit. Das Geschlechterverhältnis fällt in der Stichprobe geringfügig zugunsten der männlichen Befragten aus. Auch liegt der Altersdurchschnitt der Stichprobe etwas höher als der angegebene Altersdurchschnitt der Regionalstatistik. Insgesamt repräsentiert die gezogene Stichprobe die Bevölkerungsstruktur der beiden niederbayerischen Nationalparklandkreise als Grundgesamtheit sehr gut.

Als Indikator für die Gesamtakzeptanz dienen die Angaben der Befragten, wie sie votieren würden, wenn es am kommenden Sonntag eine Abstimmung über das Weiterbestehen des Nationalparks gäbe. Da die „Sonntagsfrage" nicht nur Ausdruck der affektiven Komponente der Einstellung ist, sondern in gewissem Maße auch eine Absichtsäußerung darstellt, ist diese Variable besonders geeignet, die Gesamtakzeptanz darzustellen. Hier zeigt sich bereits ein insgesamt positives Bild mit 85,8% Zustimmung, ein Zugewinn von knapp zehn Prozentpunkten seit 2007 (vgl. Abb. 9). Weiterhin wird evident, dass der Anteil der Personen, die sich aktiv bzw. organisiert gegen den Nationalpark engagieren, deutlich geringer ist als der Anteil der aktiven Befürworter des Nationalparks.

In Anlehnung an die Studie von 2007 wurden in der schriftlichen Repräsentativbefragung der Anwohner spezifische Inhalte in Form von Statements vorgelegt. Die Befragten bewerteten hier ihre persönliche Zustimmung mit den insgesamt 16

52

Abbildung 9: Sonntagsfrage Bayerischer Wald im Zeitvergleich

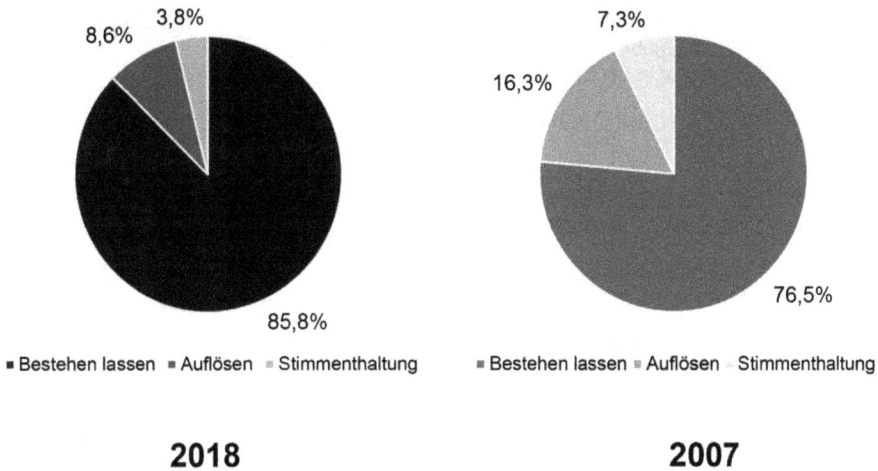

8,6% 3,8%

85,8%

■ Bestehen lassen ■ Auflösen ■ Stimmenthaltung

2018

7,3%

16,3%

76,5%

■ Bestehen lassen ■ Auflösen ▪ Stimmenthaltung

2007

Quelle: eigene Darstellung

Tabelle 11: Stichprobenstruktur Nationalpark Bayerischer Wald

Stichprobe Nationalpark Bayerischer Wald	2018	2007	1988	Regionalstatistik LKR Freyung-Grafenau u. Regen 2018
N	2333	601	336	-
Durchschnittsalter	54,6 Jahre	51 Jahre		Freyung-Grafenau: 46,4 Jahre Regen: 46,7 Jahre
Geschlecht	männlich: 57% weiblich: 43%	42% 58%		53,4% 46,6%
Beruflicher Hintergrund	Forstwirtschaft: 18,4% Landwirtschaft: 18,5% Tour.-/Gastgewerbe: 14,1% Nationalpark-Verwaltung: 0,6%	7,8% 10,5% 10,1% 1,2%	Land- und Forstwirtschaft: 0,02%	Land- und Forstwirtschaft, Fischerei: 0,8%
Wirtschaftlicher Hintergrund	Waldflächen: 37,7% Gastgewerbe: 7,8%	27,1% 11,6%		- -
Herkunft (aufgewachsen oder vor 1981 zugezogen*)	Einheimische: 83,4%	82,8%		-
Sonntagsfrage	bestehen lassen: 85,8% auflösen: 8,6%			
Aktive Befürworter und Gegner**	Pro: 8,5% (N=195) Contra: 2,8% (N=65)	-		-

* Orientiert an der Vorgehensweise von LIEBECKE et al (2011: 45)
** Probanden, die angaben, sich aktiv für oder gegen den Nationalpark zu engagieren

Quelle: eigene Erhebungen, RENTSCH (1988: 3f.), BAYERISCHES LANDESAMT FÜR STATISTIK (2018)

Tabelle 12: Statements nach Prädiktoren auf Basis einer Faktorenanalyse im Vergleich zu LIEBECKE et al. (2011)

Faktor	Statements 2018	Statements 2007
1. Touristische Rezeption des Nationalparks	1. „Ich glaube, dass durch den Nationalpark viel mehr Touristen in die Region kommen."	✓
	2. „Der Nationalpark erhöht die Lebensqualität in unserer Region."	X
	3. „Gerade die entstehende Wildnis im Nationalpark lockt viele Touristen in die Region."	✓
	4.„Die Zusammenarbeit des Nationalparks mit Fremdenverkehrsbetrieben fördert den Tourismus."	✓
	5.„Einen vielfältigen Wald, in dem der Tod nicht verdrängt wird, kann man nur hier im Nationalpark Bayerischer Wald erleben."	X
	6. „Es war eine schlechte Idee in unserer Kulturlandschaft Bayerischer Wald einen Nationalpark zu errichten."	inhaltlich invertiert
2. Kritik am Umgang mit dem Wald	7. „Es ärgert mich, dass man im Nationalpark Natur Natur sein lässt."	✓
	8. „Ich meide bewusst Gebiete mit den großflächig abgestorbenen und umgestürzten Bäumen bei meinen Besuchen im Nationalpark."	✓
	9. „Ich finde, dass man die toten Bäume in Nationalpark wirtschaftlich verwerten sollte."	✓
	10. „Tote Bäume im Nationalpark schrecken die Touristen ab."	✓
	11. „Gemeinsam sollten wir gegen die Verwüstung unserer alten Kulturlandschaft vorgehen."	✓ +13, +14
3. Wahrnehmung der Nationalpark-verwaltung	12. „Ich bin mit der Arbeit der Nationalparkverwaltung insgesamt zufrieden."	✓
	13. „Die Nationalparkverwaltung vernachlässigt den Schutz der umliegenden Privatwälder."	X
	14. „Die Nationalparkverwaltung trifft ihre Entscheidungen fast immer über die Köpfe der Bevölkerung hinweg."	X
	15. „Durch die Errichtung des Kommunalen Nationalparkausschusses wurde die Mitsprachemöglichkeit der Einheimischen verbessert."	
	16. „Die Nationalparkverwaltung baut Wanderwege zurück anstatt sie gut zu unterhalten oder auszubauen."	X + „ich fühle mich gut über die Arbeit der Nationalpark-verwaltung informiert "

Quelle: eigene Darstellung / LIEBECKE et al. 2011: 24

Statements (6 aus der Ich-Perspektive und 10 als fiktive Zeitungsmeldung) entlang einer vierstufigen Skala von 1 = "stimme gar nicht zu" bis 4 = "stimme voll zu". LIEBECKE et al. (2011: 24) trennten die Statements auf Basis einer Faktorenanalyse in drei Themenbereiche mit den Schwerpunkten „Tourismus" und „Umgang mit dem Wald im Nationalpark" sowie „Nationalparkverwaltung". Eine erneute Faktoren-analyse[9] lässt erkennen, dass sich die Statements anhand ähnlicher Themengebiete zusammenfassen lassen (vgl. Tab. 12). Der Faktor der touristischen Rezeption ist inhaltlich kompatibel mit den zuvor beschriebenen ökonomischen Prädiktoren der Einstellung. Die Kritik am Umgang mit dem Wald ergänzt das Naturverständnis als Baustein der soziokulturellen Prädiktoren, und die Wahrnehmung der Natio-nalparkverwaltung und ihres Handelns bedingt die soziale Distanz und damit die interpersonellen Prädiktoren.

6.1.2 Ökonomische Prädiktoren

Gemäß der Annahme, dass ökonomische Anreize die Akzeptanz steigern können, wird im Folgenden untersucht, inwiefern seitens der Befragten die wirtschaftlichen Vorteile des Nationalparks wahrgenommen werden. Aufgrund der zentralen Rolle des Naturtourismus (vgl. Abschnitt 3.2.1) richtet sich der Fokus der nachfolgenden Darstellung auf die Rolle des Tourismus und der wahrgenommenen Effekte des Na-tionalparks auf die Tourismusentwicklung.

In der ersten Akzeptanzstudie zum Nationalpark Bayerischer Wald stellte RENTSCH (1988: 21) fest, dass 22% der Befragten der Aussage zustimmten, „die Ver-luste der Holzindustrie und der Jäger[10] [ließen] sich durch die Mehreinnahmen aus dem Fremdenverkehr leicht ausgleichen". Mit 64,6% teilte jedoch ein Großteil der Befragten ebenfalls die Ansicht, dass der wirtschaftliche Nutzen durch die Zunahme des Fremdenverkehrs (vgl. KLEINHENZ 1982) nur wenigen zugutekäme. Für die wirt-schaftlichen Nachteile durch den Nationalpark forderten damals jedoch noch knapp die Hälfte der Befragten Ausgleichszahlungen (vgl. RENTSCH 1988: 35). Ökonomische Vorteile wurden also erkannt, jedoch nur einer kleinen Minderheit zugeschrieben, wohingegen sich eine breite Masse durch die ökonomischen Nachteile betroffen sah. Im Folgenden soll dargelegt werden, wie sich die Wahrnehmung der Effekte des Nationalparks auf die Regionalwirtschaft, insbesondere auf den Tourismus, seither entwickelt hat.

Um festzustellen, inwieweit für die Befragten ein Zusammenhang zwischen dem Nationalpark Bayerischer Wald und dem Tourismus besteht, wird zunächst aufge-zeigt, zu welchem Grad der Nationalpark Bayerischer Wald seitens der Befragten mit Tourismus assoziiert wird. Aufschluss geben hier die spontanen Antworten der Interviewten auf die Frage, welche drei Begriffe ihnen einfallen, wenn sie an den Nationalpark Bayerischer Wald denken. Hier wurden zu 16,9% Begriffe genannt, die der Kategorie „Tourismus und Erholung" zugeordnet werden können. Damit befindet sich diese Antwortkategorie an zweiter Stelle von sieben. Diese treten ins-

---

9 Methode: eigene Hauptkomponentenanalyse, Varimax-Rotation
10 durch Jagdpachteinnahmen

besondere gehäuft in der dritten Position von drei möglichen Nennungen auf. Dies lässt eine ausgeprägte Assoziation des Nationalparks mit Tourismus und Erholung seitens der Befragten vermuten, die jedoch anderen Themenbereichen deutlich nachgeordnet ist (vgl. Abb. 10).

Abbildung 10: Spontane Assoziationen

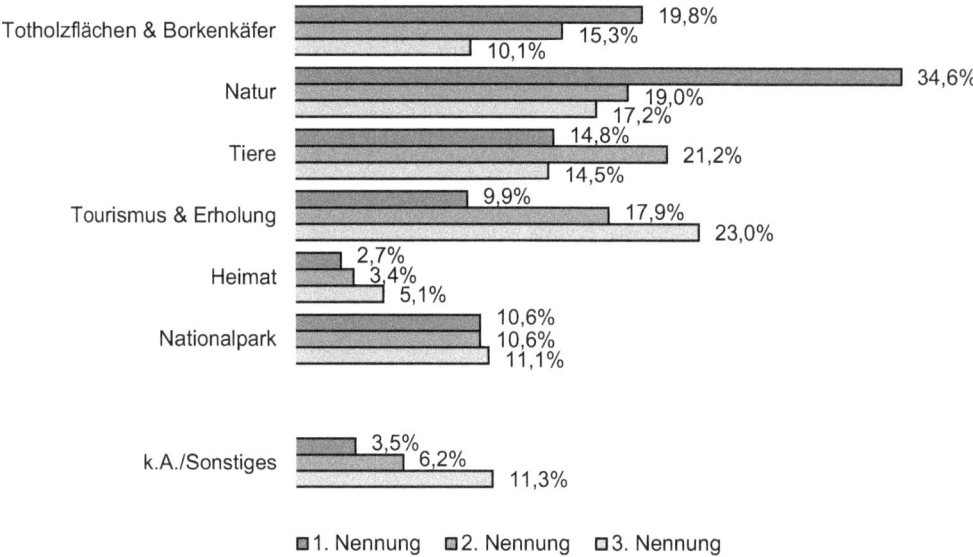

Quelle: eigene Darstellung

Aufschluss über die Einschätzung der Quantität des Tourismus sowie über deren gewünschte Entwicklung geben die Antworten der Probanden auf die Frage, wie die Touristenanzahl im Nationalpark Bayerischer Wald zu beurteilen sei. Die mit 48,4% klar überwiegende Mehrheit der Befragten bewertete die Anzahl der Touristen als „gerade richtig". Lediglich 7,4% wünschten weniger, 14,6% erhofften zukünftig mehr Touristen im Nationalpark Bayerischer Wald. Betrachtet man die Antworten räumlich differenziert nach Nah- und Fernbereich, dann zeigt sich, dass mit 24,3% fast ein Viertel der unmittelbaren Nationalparkanwohner mehr Touristen wünschen. Diesen Wunsch äußerten im Fernbereich lediglich 12,2%.

Einen direkten ökonomischen Vorteil durch den Nationalparktourismus erwartet man bei den Befragten, die beruflich im Tourismus tätig sind. Die Betreiber eines Gastgewerbes nehmen auf die Grundgesamtheit einen Anteil von 7,8% ein, die im Tourismus Beschäftigten sind mit 14,1% der Fälle vertreten. Es zeigt sich, dass die Beschäftigten im Tourismus die Touristenanzahl im Vergleich zu anderen Berufsgruppen häufiger als zu gering bewerten (19,7% zu 13,6%). Die Befragten, die ein Gastgewerbe betreiben, teilen diese Ansicht ebenfalls etwas öfter als solche, die kein Gastgewerbe bewirtschaften (16,9% zu 14,5%). Die Annahme gemäß dem Ökonomischen Rationalismus ist, dass Personengruppen, die eine Zunahme des Fremdenverkehrs wünschen oder davon wirtschaftlich profitieren, dem Nationalpark gegenüber positiver eingestellt sind. Eine höhere Nationalparkaffinität der besagten Gruppen wird jedoch nicht bestätigt.

Unter all jenen Befragten, die die Touristenanzahl zu gering einschätzen, ist die Akzeptanz für den Nationalpark um knappe 10 Prozentpunkte niedriger als im Durchschnitt. Auch die Befragten aus der Tourismusbranche sind, obwohl sie von nationalparkinduziertem Naturtourismus direkt wirtschaftlich profitieren, dem Nationalpark Bayerischer Wald gegenüber weniger wohlgesonnen als der Durchschnitt. Eine eklatant niedrigere Nationalparkaffinität im Vergleich zum Durchschnitt weisen insbesondere die Gastwirte auf (vgl. Abb. 11).

Abbildung 11: Abstimmungsverhalten zum Fortbestand des Nationalparks nach Tourismus-Berufsgruppen

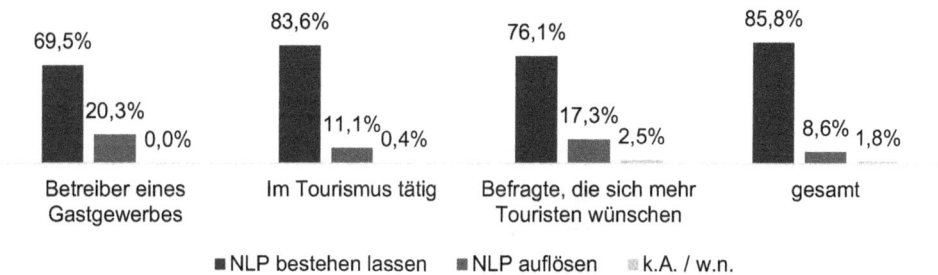

69,5%	83,6%	76,1%	85,8%
20,3%	11,1%	17,3%	8,6%
0,0%	0,4%	2,5%	1,8%
Betreiber eines Gastgewerbes	Im Tourismus tätig	Befragte, die sich mehr Touristen wünschen	gesamt

■ NLP bestehen lassen   ■ NLP auflösen   ▨ k.A. / w.n.

Quelle: eigene Darstellung

Einen Hinweis für die Erklärung dieser Akzeptanzdefizite lieferten bereits JOB et al. (2008: 16). In einer Befragung aus dem Jahr 2007 zur touristischen Wahrnehmung von Totholz und Borkenkäfer zeigte sich, dass 35% der befragten touristischen Unternehmer der Aussage voll zustimmen, dass „die Borkenkäferentwicklung im Nationalpark dem Tourismus schadet". Ein Teil der Tourismustreibenden war augenscheinlich der Ansicht, dass Totholzflächen die Touristen abschrecken. Diese Einschätzung wurde jedoch von den befragten Touristen nicht geteilt (vgl. JOB et al. 2008: 17). Ähnliches zur Wahrnehmung des Nationalparkwaldmanagements durch Touristen ergaben die Ergebnisse des Besuchermonitorings der Universität Wien, welches seit 2012 kontinuierlich durchgeführt wird. Demnach sind über 90% der Touristen mit den prozessnaturschutzfachlichen Maßnahmen des Nationalparks sehr zufrieden oder zufrieden (vgl. ALLEX et al. 2014: 191). Hier zeigt sich eine deutliche Divergenz des Problembewusstseins zwischen der Tourismusbranche und den Touristen selbst.

Detaillierter kann die Einstellung zum Tourismus anhand der Statements gemessen werden, die bei der Faktorenanalyse dem entsprechenden Themenfeld zugeordnet werden konnten. Um die beschriebene Problematik der touristischen Rezeption von Totholz näher zu beleuchten, wurde in die vorliegende Analyse das Statement „Tote Bäume im Nationalpark schrecken die Touristen ab" zusätzlich aufgenommen (vgl. Abb. 12, Statement 6). Dieses Statement ist zwar Teil des Faktors 2 „Kritik am Umgang mit dem Wald", lädt aber unter den Statements dieses Faktors am stärks-

Abbildung 12: Zustimmung mit Statements des Faktor 1 nach Tourismus-Berufsgruppen und Zeitvergleich 2007

1 = Es war eine schlechte Idee, in unserer Kulturlandschaft Bayerischer Wald einen NATIONALPARK zu errichten.
2 = Die Zusammenarbeit des Nationalparks mit Nationalparkpartnern fördert den Tourismus.
3 = Gerade die entstehende Waldwildnis lockt viele Touristen in die Region.
4 = Einen vielfältigen Wald inkl. Totholz, kann man nur im Nationalpark Bayerischer Wald erleben.
5 = Ich glaube, dass durch den Nationalpark viel mehr Touristen in die Region kommen.
6 = Tote Bäume im Nationalpark schrecken die Touristen ab.
7 = Der Nationalpark erhöht die Lebensqualität in unserer Region.

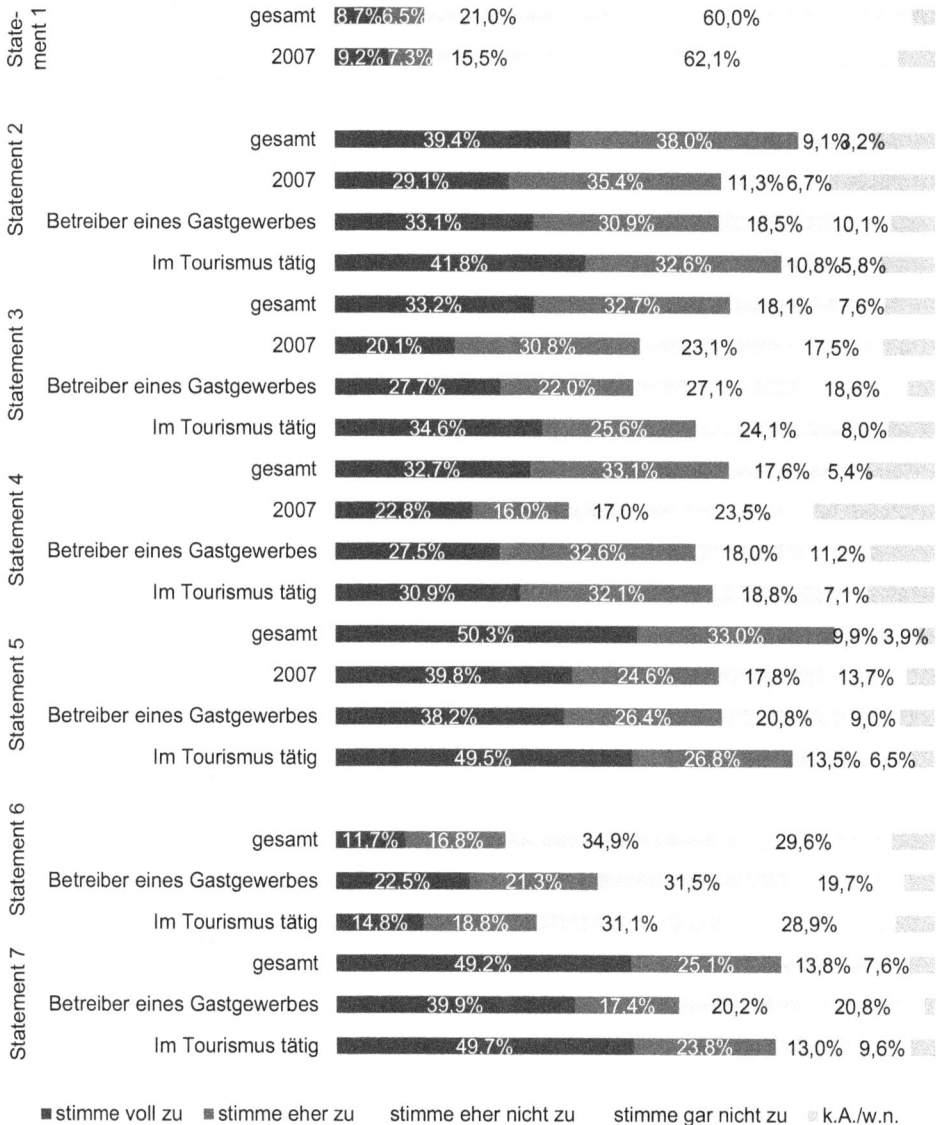

Statement	Gruppe	stimme voll zu	stimme eher zu	stimme eher nicht zu	stimme gar nicht zu	k.A./w.n.
Statement 1	gesamt	8,7%	6,5%	21,0%	60,0%	
	2007	9,2%	7,3%	15,5%	62,1%	
Statement 2	gesamt	39,4%	38,0%	9,1%	3,2%	
	2007	29,1%	35,4%	11,3%	6,7%	
	Betreiber eines Gastgewerbes	33,1%	30,9%	18,5%	10,1%	
	Im Tourismus tätig	41,8%	32,6%	10,8%	5,8%	
Statement 3	gesamt	33,2%	32,7%	18,1%	7,6%	
	2007	20,1%	30,8%	23,1%	17,5%	
	Betreiber eines Gastgewerbes	27,7%	22,0%	27,1%	18,6%	
	Im Tourismus tätig	34,6%	25,6%	24,1%	8,0%	
Statement 4	gesamt	32,7%	33,1%	17,6%	5,4%	
	2007	22,8%	16,0%	17,0%	23,5%	
	Betreiber eines Gastgewerbes	27,5%	32,6%	18,0%	11,2%	
	Im Tourismus tätig	30,9%	32,1%	18,8%	7,1%	
Statement 5	gesamt	50,3%	33,0%	9,9%	3,9%	
	2007	39,8%	24,6%	17,8%	13,7%	
	Betreiber eines Gastgewerbes	38,2%	26,4%	20,8%	9,0%	
	Im Tourismus tätig	49,5%	26,8%	13,5%	6,5%	
Statement 6	gesamt	11,7%	16,8%	34,9%	29,6%	
	Betreiber eines Gastgewerbes	22,5%	21,3%	31,5%	19,7%	
	Im Tourismus tätig	14,8%	18,8%	31,1%	28,9%	
Statement 7	gesamt	49,2%	25,1%	13,8%	7,6%	
	Betreiber eines Gastgewerbes	39,9%	17,4%	20,2%	20,8%	
	Im Tourismus tätig	49,7%	23,8%	13,0%	9,6%	

■ stimme voll zu   ■ stimme eher zu   stimme eher nicht zu   stimme gar nicht zu   k.A./w.n.

Quelle: eigene Darstellung

58

ten auch auf den Faktor 1 „Touristische Rezeption des Nationalparks". Um das von Job et al. (2008) beschriebene Problembewusstsein der touristischen Unternehmer zu rekonstruieren, werden die Zustimmungswerte der Berufsgruppen aus der Tourismusbranche bezüglich der einschlägigen Statements nachfolgend gesondert dargestellt.

Insgesamt zeigt sich, dass die Gesamtheit der Befragten heute deutlich stärker einen positiven Zusammenhang zwischen Nationalpark und Tourismus erkennt, als dies 2007 der Fall war (Statements 2-5). Bezüglich des Statements 5 wird jedoch klar, dass insbesondere die Betreiber eines Gastgewerbes von der positiven Wirkung des Nationalparks auf den Tourismus weniger überzeugt sind als der Durchschnitt. Beinahe ein Drittel der Gastwirte (29,8%) und ein Fünftel der im Tourismus Beschäftigten (20,0%) stimmen der Aussage über den positiven Effekt des Nationalparks auf die Touristenzahlen eher nicht oder gar nicht zu. Im Mittel tun dies lediglich 13,8%. Seitens der Touristik- und Gastgewerbe-Gruppen wird zudem die Abschreckungswirkung von Totholz (Statement 6) höher und die touristische Anziehungskraft von Waldwildnis (Statement 3, 4) niedriger eingeschätzt. Bezüglich der Aussage über die abschreckende Wirkung von Totholz auf Touristen liegen insbesondere die Gastwirte mit 43,8% Zustimmung deutlich über dem Durchschnitt, der dieser Aussage nur zu 28,5% zustimmt. Spiegelbildlich stimmen die Betreiber eines Gastgewerbes zu 45,7% der Aussage über die Anziehungswirkung von Waldwildnis eher nicht oder gar nicht zu und liegen damit exakt 20 Prozentpunkte über dem gesamten Mittel der ablehnenden Bewertungen.

Insgesamt ist heute ein größerer Anteil der Befragten von der positiven Wirkung des Nationalparks auf den Tourismus überzeugt (vgl. Statements 2-5). Entsprechend bewerten auch 86,9% der Befragten die Aussage als zutreffend, dass die Region durch den Nationalpark bundesweit und international bekannter geworden ist. Allerdings nehmen insbesondere die Gruppen, denen ein direkter Vorteil von steigenden Touristenzahlen unterstellt werden kann, den positiven Zusammenhang zwischen Nationalpark und Tourismus nicht so deutlich wahr wie der Durchschnitt der Befragten. Stattdessen sehen sie im Umgang der Nationalparkverwaltung mit dem Wald eine Gefahr für den Tourismus. Dies kann als ein erklärendes Moment für die geringere Gesamtakzeptanz dieser Gruppen gewertet werden. Denn es besteht ein klarer Zusammenhang zwischen einem gewünschten Fortbestehen des Nationalparks und der Wahrnehmung, dass dieser, dessen Waldmanagement und die Zusammenarbeit mit Fremdenverkehrseinrichtungen, für den Tourismus förderlich sind. Dies wird durch die Relation der Zustimmung mit ausgewählten Statements und dem Antwortverhalten bezüglich der „Sonntagsfrage" evident. Probanden, die eine Auflösung des Nationalparks präferieren, sind augenscheinlich stärker davon überzeugt, dass Totholz von Touristen als abschreckend wahrgenommen wird, wohingegen eine hohe Zustimmung mit den Statements über positive Effekte des Nationalparks unter den Befragten, die ein Fortbestehen desselben wünschen, aufscheint (vgl. Abb. 13).

Abbildung 13: Zustimmung mit positiven Effekten des Nationalparks auf Tourismus nach Abstimmungsverhalten zum Fortbestand des Nationalpark Bayerischer Wald

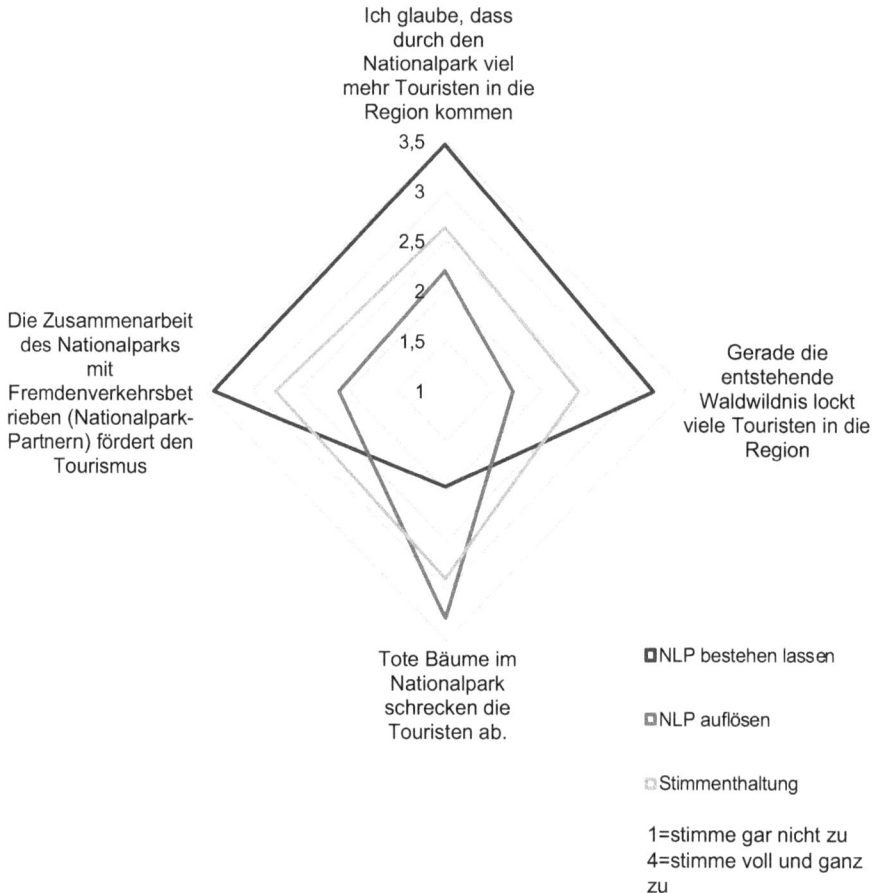

Quelle: eigene Darstellung

6.1.3 Emotionale Prädiktoren

Gemäß der Annahme, dass im Kontext der emotionalen, affektiven Einstellungskomponente Reaktanz ein Akzeptanzhindernis darstellen kann, werden im Folgenden die Empfindungen der Befragten hinsichtlich Einschränkungen durch den Nationalpark Bayerischer Wald dargestellt.

Einen Überblick über die Gegenwärtigkeit von Ge- und Verboten in der Lebenswelt der Nationalparkanwohner geben die spontanen und freien Nennungen solcher Restriktionen. Mit 71,2% wurden hier am häufigsten Betretungsverbote und Wegegebote genannt. Die folgenden Rangplätze belegten das Gebot der Müllvermeidung (15,2%), das Gebot der Leinenpflicht für Hunde (12,3%), sowie das Rauchverbot (10,6%). Außerdem genannt wurden Fahrverbote für PKWs und der achtsame Umgang mit Flora und Fauna (Lärmvermeidung, nichts pflücken, Verbot des Sammelns von Pilzen und Beeren etc.). Damit sind die Ergebnisse sehr nahe an den Antworten auf die inhaltsgleiche Frage aus der Studie von 2007. Auch dort nannten über 70% Betretungs- und Wegegebote, auch damals gefolgt vom Abfallverbot. Das Rauchverbot nahm hier den dritten Rangplatz ein.

Das grundlegende Empfinden der Befragten gegenüber Ge- und Verboten im Nationalpark Bayerischer Wald kann anhand der Zustimmung zum Statement „Im Nationalpark Bayerischer Wald ist vieles verboten, was erlaubt sein sollte" dargestellt werden. Mit 44,5% stimmt die Mehrheit der Befragten dieser Aussage nicht zu. Einzelne Teilgruppen fühlen sich jedoch offenbar stärker betroffen. So ist das wahrgenommene Übermaß an Verboten seitens der direkten Nationalparkanrainer deutlich ausgeprägter. Diese stimmten mit 42,6% mehrheitlich dem Statement zu. Auch im Erweiterungsgebiet liegen die Zustimmungswerte mit 31,6% drei Prozentpunkte über dem Durchschnitt. Des Weiteren zeigt sich, dass die Personen, die sich im Falle einer Abstimmung gegen den Fortbestand des Nationalparks Bayerischer Wald aussprechen würden, zu 66,1% zu viele Verbote im Nationalpark empfinden (vgl. Abb. 14). Durch dieses Ergebnis wird der Einfluss von Reaktanz auf die Gesamtakzeptanz offenbar.

Abbildung 14: Zustimmungswerte „Im Nationalpark ist vieles verboten, was erlaubt sein sollte" nach Teilgruppen

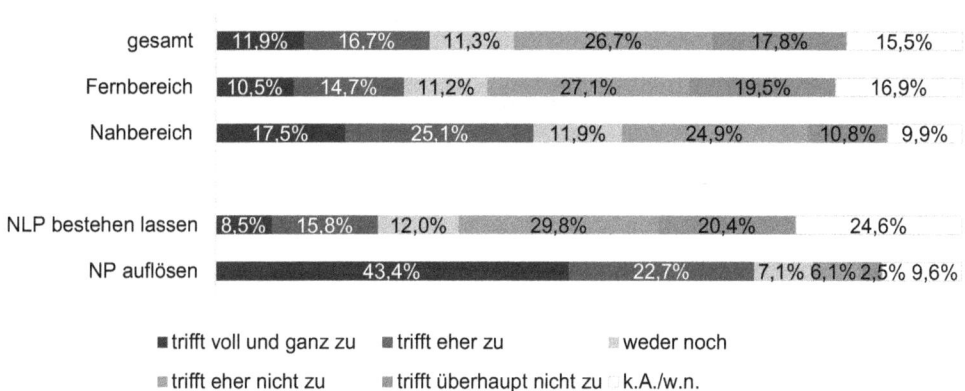

	trifft voll und ganz zu	trifft eher zu	weder noch	trifft eher nicht zu	trifft überhaupt nicht zu	k.A./w.n.
gesamt	11,9%	16,7%	11,3%	26,7%	17,8%	15,5%
Fernbereich	10,5%	14,7%	11,2%	27,1%	19,5%	16,9%
Nahbereich	17,5%	25,1%	11,9%	24,9%	10,8%	9,9%
NLP bestehen lassen	8,5%	15,8%	12,0%	29,8%	20,4%	24,6%
NP auflösen	43,4%	22,7%	7,1%	6,1%	2,5%	9,6%

Quelle: eigene Darstellung

Des Weiteren gaben die Befragten anhand einer Entscheidungsfrage an, ob sich für sie im Alltag durch die Nähe zum Nationalpark Einschränkungen ergeben. Mit 87,3% antwortete eine klare Mehrheit hier mit „nein", lediglich 9,1% antworteten mit „ja". Im Nahbereich fühlen sich jedoch mit 19,8% deutlich mehr Anwohner im Alltag durch Einschränkungen betroffen. Das erhöhte Einschränkungsempfinden der Bewohner des Nahbereichs wird ebenfalls deutlich aufgrund der gemittelten Werte zu drei der betrachteten Einschränkungen (vgl. Abb. 15).

Eine differenziertere Aussage über die Wahrnehmung der Nationalparkanwohner von einzelnen Ge- und Verboten kann anhand der Bewertungen, von deren Angemessenheit und Einschränkungseffekt auf die Befragten, getroffen werden. Für drei der in dieser Studie behandelten Verbote bietet die Studie von Liebecke et

Abbildung 15: Einschränkungsempfinden räumlich differenziert

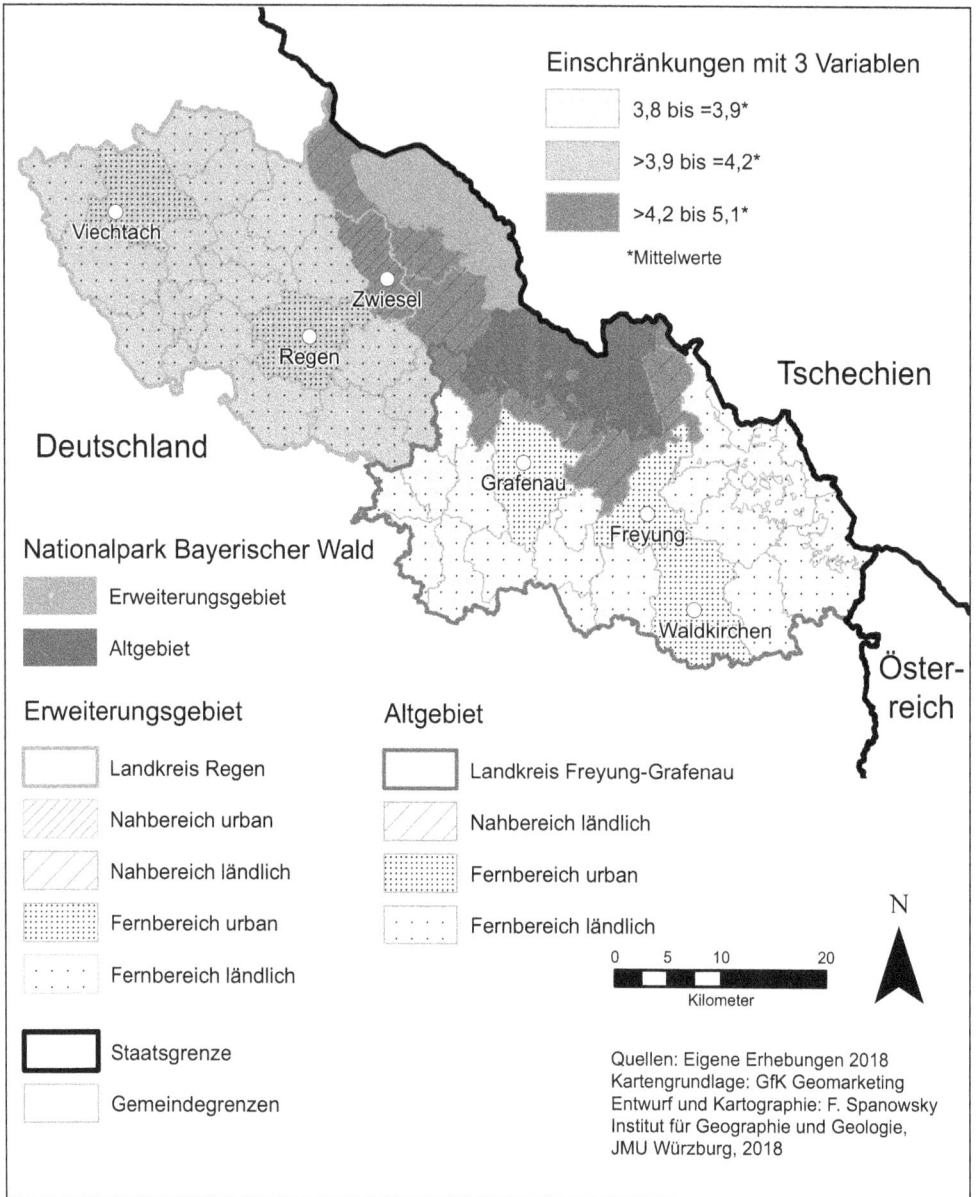

Quelle: eigene Darstellung

al. (2011: 43) Vergleichswerte aus dem Jahr 2007. Bezüglich des Angemessenheits-
empfindens zeigt sich von 2007 auf 2018 durchweg ein Zugewinn. Den höchsten Zuwachs weist mit 9,7% das Angemessenheitsempfinden für das Verbot, Beeren und
Pilze zu sammeln, auf. Mit einem Anteil von 41,7% bewertet ein nicht unerheblicher
Anteil der Befragten dieses Verbot jedoch weiterhin als übertrieben. Zusätzlich wur-

den 2018 die Wegegebote zum Schutz gefährdeter Arten sowie das Fahrverbot für PKWs abgefragt. Diese hält eine deutliche Mehrheit der Probanden für angemessen (vgl. Abb. 16).

Abbildung 16: Angemessenheitsempfinden von Ge- und Verboten im Nationalpark Bayerischer Wald

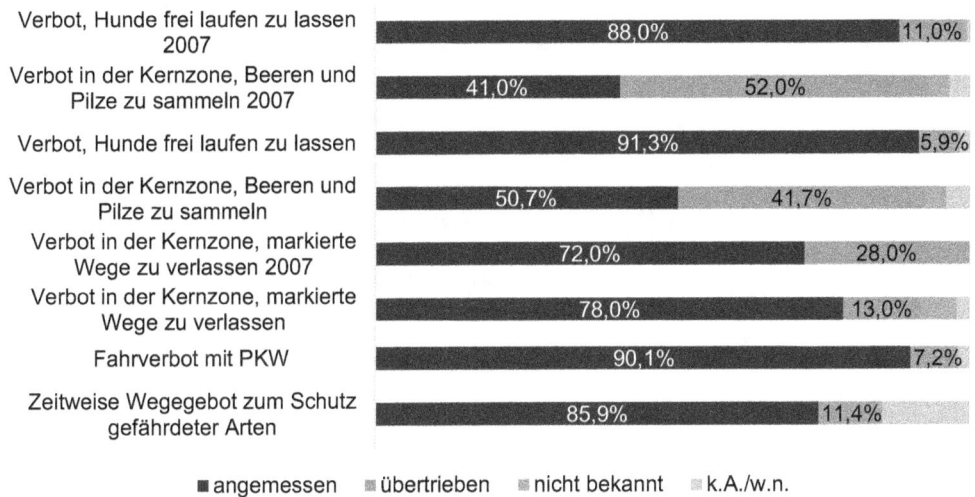

	angemessen	übertrieben / nicht bekannt / k.A./w.n.
Verbot, Hunde frei laufen zu lassen 2007	88,0%	11,0%
Verbot in der Kernzone, Beeren und Pilze zu sammeln 2007	41,0%	52,0%
Verbot, Hunde frei laufen zu lassen	91,3%	5,9%
Verbot in der Kernzone, Beeren und Pilze zu sammeln	50,7%	41,7%
Verbot in der Kernzone, markierte Wege zu verlassen 2007	72,0%	28,0%
Verbot in der Kernzone, markierte Wege zu verlassen	78,0%	13,0%
Fahrverbot mit PKW	90,1%	7,2%
Zeitweise Wegegebot zum Schutz gefährdeter Arten	85,9%	11,4%

■ angemessen ▨ übertrieben ▪ nicht bekannt ▨ k.A./w.n.

Quelle: eigene Darstellung

Zudem wird evident, dass das Verbot, Beeren und Pilze zu sammeln, nicht nur am ehesten als übertrieben bewertet wird, sondern auch unter den Verboten den höchsten empfundenen Einschränkungseffekt aufweist. Die 2018 zusätzlich abgefragten Restriktionen (Fahrverbot und Wegegebot zum Schutz gefährdeter Arten) werden interessanterweise beide mehrheitlich als gar nicht einschränkend bewertet. Lediglich die Leinenpflicht für Hunde scheint im Vergleich zu 2007 als etwas stärker einschränkend empfunden zu werden (vgl. Abb. 17).

Reaktanz kann vornehmlich dann vermutet werden, wenn die Betroffenen sich in den Entscheidungsprozess zum Beschluss von Regeln und Restriktionen nicht eingebunden fühlen. Einen Überblick über die wahrgenommene Teilhabe der Nationalparkanwohner zeigt die Zustimmung der Befragten mit den einschlägigen Statements. Hier wird im Vergleich zu den Zustimmungswerten von 2007 eine leichte Verbesserung bezüglich der wahrgenommenen Mitsprachemöglichkeiten durch den Kommunalen Nationalparkausschuss[11] sowie bezüglich der Bürgernähe im Entscheidungsprozess der Nationalparkverwaltung evident. Jedoch ist mit 54,4% Zustimmung weiterhin eine Mehrheit der Befragten der Ansicht, die Nationalparkverwaltung treffe ihre Entscheidungen „über die Köpfe der Bevölkerung hinweg".

---

11 Der Kommunale Nationalparkausschuss befähigt Vertreter der Anrainergemeinden zur Mitwirkung an der Festlegung von Maßnahmen zur Entwicklung des Nationalparks, sofern das Nationalparkvorfeld durch selbige Entwicklungen betroffen ist (VERORDNUNG ÜBER DEN NATIONALPARK BAYERISCHER WALD 2006, § 16 Abs. 3-5).

Abbildung 17: Einschränkungsempfinden von Ge- und Verboten im Nationalpark Bayerischer Wald

Verbot, Hunde frei laufen zu lassen 2007	83,0%		9,0%
Verbot in der Kernzone, Beeren und Pilze zu sammeln 2007	53,0%	30,0%	11,0%
Verbot, Hunde frei laufen zu lassen	86,6%		7,4%
Verbot in der Kernzone, Beeren und Pilze zu sammeln	52,2%	30,8%	14,0%
Verbot in der Kernzone, markierte Wege zu verlassen 2007	70,0%	19,0%	11,0%
Verbot in der Kernzone, markierte Wege zu verlassen	64,6%	25,4%	8,4%
Fahrverbot mit PKW	82,9%		11,6%
Zeitweise Wegegebot zum Schutz gefährdeter Arten	71,9%	12,7%	4,3%

■ gar nicht eingeschränkt ■ etwas eingescrhänkt ■ sehr eingeschränkt ■ k.A./w.n.

Quelle: eigene Darstellung

Abbildung 18: Zustimmung mit Statements zu Partizipation und Teilhabe

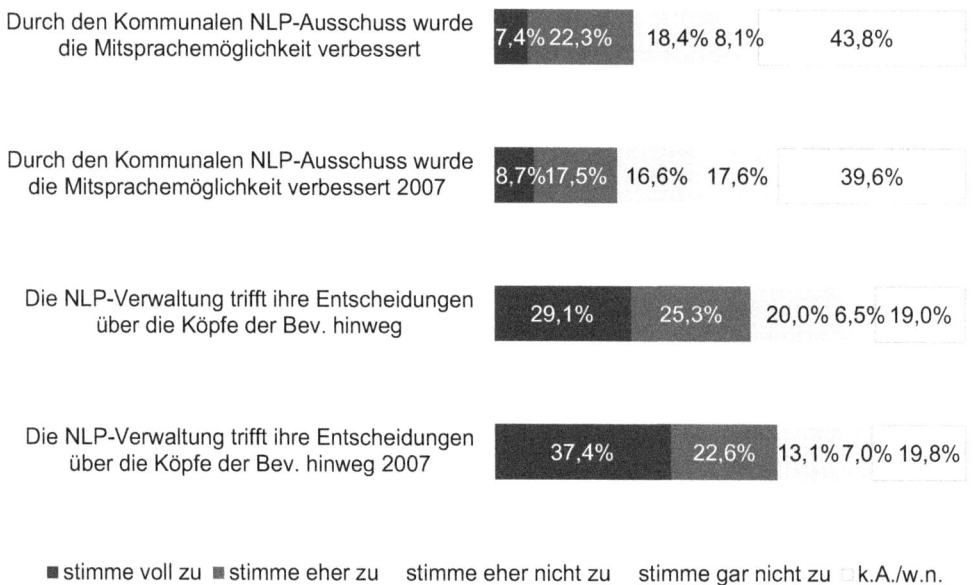

Durch den Kommunalen NLP-Ausschuss wurde die Mitsprachemöglichkeit verbessert	7,4%	22,3%	18,4%	8,1%	43,8%
Durch den Kommunalen NLP-Ausschuss wurde die Mitsprachemöglichkeit verbessert 2007	8,7%	17,5%	16,6%	17,6%	39,6%
Die NLP-Verwaltung trifft ihre Entscheidungen über die Köpfe der Bev. hinweg	29,1%	25,3%	20,0%	6,5%	19,0%
Die NLP-Verwaltung trifft ihre Entscheidungen über die Köpfe der Bev. hinweg 2007	37,4%	22,6%	13,1%	7,0%	19,8%

■ stimme voll zu ■ stimme eher zu stimme eher nicht zu stimme gar nicht zu ☐ k.A./w.n.

Quelle: eigene Darstellung

Ein Großteil der Probanden sieht auch keine Verbesserung durch den Kommunalen Nationalparkausschuss. Hinzu kommt, dass ein sehr großer Anteil der Befragten dieses Mitsprachinstrument nicht zu kennen scheint (vgl. Abb. 18).

Welches Vorgehen die Nationalparkanwohner im Entscheidungsprozess bevorzugen würden, kann zudem anhand der „Nationalparkleiterfragen" aufgezeigt werden. Die Probanden sollten sich hier in die Rolle des Nationalparkleiters versetzen. Der Großteil der Befragten (77,2%) würde bei wichtigen Entscheidungen im Nationalpark den Weg über den Kommunalen Nationalparkausschuss vor einer Bürgerbefragung oder einer autonomen Entscheidung der Nationalparkverwaltung bevorzugen. Ebenfalls sprachen sich die Befragten mehrheitlich dafür aus (71,4%), dass „sowohl die internationalen Vorgaben als auch die Meinung der Einheimischen" die wichtigste Entscheidungsgrundlage der Nationalparkleitung sein sollte.

Inwiefern die wahrgenommene Involvierung in Entscheidungsprozesse bezüglich der Ge- und Verbote das Einschränkungsempfinden durch diese Restriktionen beeinflusst, soll im Folgenden anhand der addierten gemittelten Einschränkungswerte betrachtet werden.[12] Dieses Vorgehen orientiert sich an LIEBECKE et al. (2011: 44). Setzt man die gemittelten Einschränkungswerte in Bezug zu Statements, die eine Aussage über die Partizipation der Bevölkerung in die Entscheidungsprozesse der Nationalparkverwaltung treffen, so zeigt sich: Je weniger Möglichkeiten zur Teilhabe die Befragten empfinden, desto eher fühlen sie sich durch die Ge- und Verbote des Nationalparks eingeschränkt (vgl. Abb. 19).

Abbildung 19: Einschränkungsempfinden (gemittelt) nach Partizipationswahrnehmung

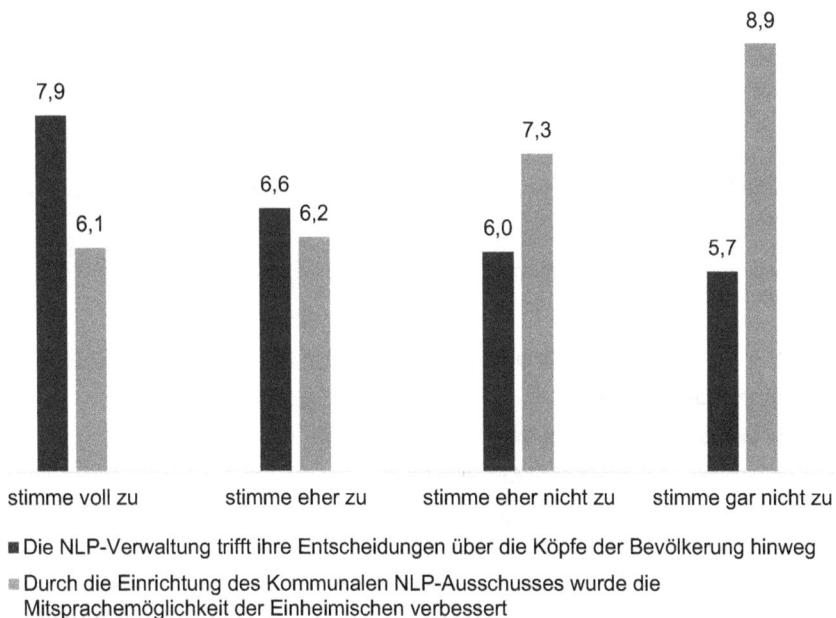

stimme voll zu — stimme eher zu — stimme eher nicht zu — stimme gar nicht zu

■ Die NLP-Verwaltung trifft ihre Entscheidungen über die Köpfe der Bevölkerung hinweg

▪ Durch die Einrichtung des Kommunalen NLP-Ausschusses wurde die Mitsprachemöglichkeit der Einheimischen verbessert

Quelle: eigene Darstellung

12 Fünf Verbote mit 1 = „gar nicht eingeschränkt" bis 3 = „sehr eingeschränkt", addiert und gemittelt ergibt 5 = „gar nicht eingeschränkt" bis 15 = „sehr eingeschränkt".

6.1.4 Interpersonelle Prädiktoren

Gemäß der Annahme, dass eine lückenhafte Informationslage als Kommunikationsbasis (Informationsasymmetrie) und eine negative Wahrnehmung des Kommunikationspartners die Akzeptanz nachteilig beeinflussen, werden nachfolgend die entsprechenden Ergebnisse der schriftlichen Repräsentativbefragung 2018 und der Referenzstudien aufgezeigt.

In der Akzeptanzstudie von 1988 analysierte RENTSCH (1988: 43ff.) bereits die Kommunikation zwischen Nationalparkverwaltung und Anwohnern unter der Annahme einer mangelhaften gemeinsamen Kommunikationsbasis. Sie stellte diesbezüglich fest, dass mehr als 50% der Befragten der Aussage voll oder weitestgehend zustimmten, dass „die meisten Einheimischen nicht so richtig [wissen] wozu der Nationalpark eigentlich gut ist". Zudem beurteilten insbesondere die unmittelbaren Nationalparkanwohner[13] den Nationalpark als schlechten Kommunikationspartner, was gemäß RENTSCH (1988: 48) auf die, von den Einheimischen als „Salamitaktik" bezeichnete, zurückhaltende Informationspolitik der damaligen Nationalparkverwaltung zurückzuführen war. Auch die örtlichen Vereine erkannte RENTSCH (1988: 51f.) als „Katalysator" einer negativen Haltung der Einheimischen im Kommunikationsprozess mit der Nationalparkverwaltung.

6.1.4.1 Kommunikationsbasis

Von allen Kommunikationspartnern geteilte Information ist die Grundlage einer gemeinsamen Kommunikationsbasis. Hier stellt sich zunächst die Frage, wie sich die Anwohner über den Nationalpark Bayerischer Wald informieren. Es zeigt sich die ungebrochene Beliebtheit der Printmedien, die bereits 2007 den ersten Rangplatz einnahmen. Auch die Informationsgewinnung über den Nationalpark selbst sowie die Diskussionen im Bekanntenkreis haben augenscheinlich gegenüber den neuen Informationsquellen wie Homepage und Social Media kaum an Popularität eingebüßt. Die Letztgenannten wurden 2018 zum ersten Mal abgefragt und nehmen

Abbildung 20: Antwortverhalten „Welche Informationsquellen sind für Sie am wichtigsten" (Prozent der Antworten, Mehrfachantworten möglich)

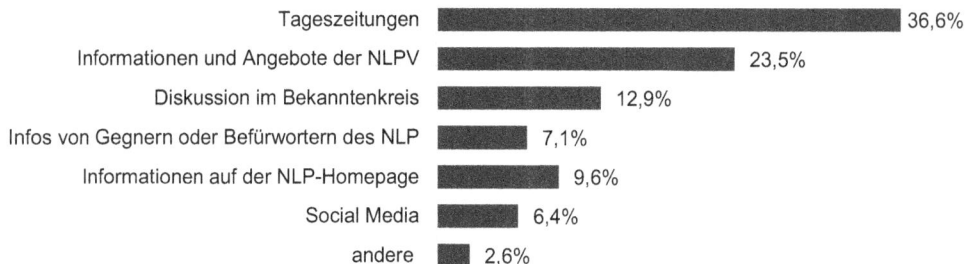

Tageszeitungen	36,6%
Informationen und Angebote der NLPV	23,5%
Diskussion im Bekanntenkreis	12,9%
Infos von Gegnern oder Befürwortern des NLP	7,1%
Informationen auf der NLP-Homepage	9,6%
Social Media	6,4%
andere	2,6%

Quelle: eigene Darstellung

---

13 < 3 km

zusammen mit den Informationsquellen der Befürworter und Gegner die unteren Rangplätze ein (vgl. Abb. 20).

Zusätzliche Erkenntnis zum Informationsgrad der Anwohner über den Nationalpark Bayerischer Wald bietet die Nutzung der Informationseinrichtungen sowie der Veranstaltungen und der Informationsmaterialien des Nationalparks. Offenbar wird, dass 77,7% der Befragten im vergangenen Jahr mindestens eine der genannten Informations- und Bildungseinrichtungen des Nationalparks besucht haben. Dies stellt eine Verbesserung um knappe 10 Prozentpunkte im Vergleich zu 2007 dar (vgl. LIEBECKE et al. 2011: 19). An der Spitze steht hier mit 23,5% der Antworten das Tierfreigehege, gefolgt vom Haus zur Wildnis (20,0%) und dem Hans-Eisenmann-Haus (18,9%). Das Tierfreigehege erschien bereits in den Untersuchungen von RENTSCH (1988: 54) als beliebteste Informationseinrichtung, 2007 wurde es nur knapp vom Haus zur Wildnis übertroffen (vgl. LIEBECKE et al. 2011: 19). Veranstaltungen des Nationalparks Bayerischer Wald, wie etwa Führungen, Vorträge oder Bildungsveranstaltungen für Kinder, besuchten im Vorjahr mit 26,5% etwa ein Viertel aller Befragten. Auch dies ist im Vergleich zu 2007 eine leichte Verbesserung um 3,5 Prozentpunkte (vgl. LIEBECKE et al 2011: 19). Nach der aktuellen Befragung 2018 wurden die Informationsmöglichkeiten des Bayerischen Walds im Jahr 2017 von 86,9% der Befragten gelesen beziehungsweise benutzt. Dies gaben 2007 lediglich etwa 60% der Probanden an (vgl. LIEBECKE et al. 2011: 19). Mit 46,0% der Antworten war die Zeitungsbeilage „Unser Wilder Wald" die meistgenutzte Informationsmöglichkeit, so wie es bereits 2007 der Fall war.

Insgesamt fühlt sich mit 48,8% die Mehrheit der Befragten gut bis sehr gut informiert über die Arbeit der Nationalparkverwaltung, 24,0% schätzten ihren Informationsgrad schlecht ein. Auch LIEBECKE et al. (2011: 20) befanden, dass die Mehrheit der Probanden gut oder eher gut über die Arbeit der Nationalparkverwaltung Bescheid wusste. Dies bewerteten LIEBECKE et al. (2011: 56f.) jedoch als Selbstüberschätzung. Bei Wissensfragen gaben in der Studie von 2007 mehr als 35% der Befragten keine richtige Antwort. Die einzige Wissensfrage der aktuellen Studie bezog sich auf den

Abbildung 21: Abstimmungsverhalten zum Fortbestand des Nationalpark Bayerischer Wald in Abhängigkeit zum Informationsgrad über die Arbeit der Nationalparkverwaltung

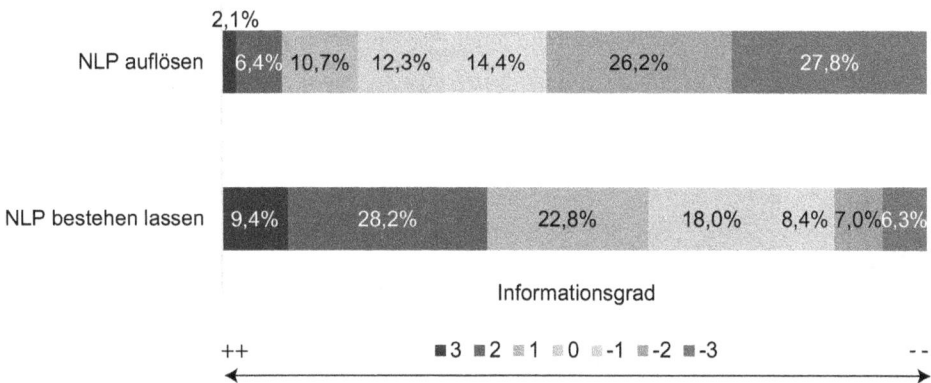

Quelle: eigene Darstellung

Namen des Nationalparkleiters und wurde von 42,4% der Befragten korrekt beantwortet.

Alles in allem ist ein klarer Zusammenhang zwischen der Selbsteinschätzung bezüglich des wahrgenommenen Informationsgrades und dem Abstimmungsverhalten zum Fortbestand des Nationalparks Bayerischer Wald zu erkennen. So schätzen sich die Probanden, die im Falle einer Abstimmung für den Erhalt des Nationalparks optierten, im Vergleich zu den Verfechtern einer Auflösung des Nationalparks deutlich häufiger als gut oder sehr gut informiert ein (vgl. Abb. 21).

6.1.4.2 Soziale Distanz

Ein weiterer entscheidender Faktor für gelungene Kommunikation ist die Wahrnehmung des Kommunikationspartners. Entsprechend stellt sich hier konkret die Frage: Wie ist die Einschätzung der Nationalparkanwohner von der Nationalparkverwaltung als vertrauenswürdiges und aufrichtiges Gegenüber? Einen Überblick bieten hier die Angaben der Probanden zu ihrem Vertrauen in die Arbeit der Nationalparkverwaltung. Insgesamt wird deren Tätigkeit von 63,0% der Befragten als vertrauenswürdig eingeschätzt, lediglich 14,9% hegen Misstrauen. Der letztgenannte Anteil ist jedoch unter den Bewohnern des Nahbereichs mit 22,9% um einiges höher.

Die Wahrnehmung der Nationalparkverwaltung stellte sich bereits als erklärendes Moment im Rahmen der einleitenden Faktorenanalyse heraus. Entsprechend sollen im Folgenden die fünf Statements betrachtet werden, die auf diesen Faktor am stärksten laden (vgl. Tab. 6). Innerhalb dieses Faktors scheinen erneut die Statements zur Partizipationswahrnehmung auf, deren Zustimmungswerte bereits unter dem Blickwinkel der emotionalen Prädiktoren betrachtet wurde (vgl. Abb. 10). Darüber hinaus spielt die Bewertung des Handelns der Nationalparkverwaltung eine entscheidende Rolle in der Gesamtwahrnehmung. Im Zeitvergleich zu den Zustimmungswerten von 2007 existiert hier eine tendenziell bessere Wahrnehmung. Dennoch ist weiterhin eine Mehrheit der Befragten (55,3%) davon überzeugt, dass die Nationalparkverwaltung die Interessen der Waldbesitzer nicht ausreichend wahrt (vgl. Abb. 22). Dieser Kritikpunkt war bereits von RENTSCH (1988: 42) untersucht worden, mit dem Ergebnis, dass damals noch über 70% der Befragten der Nationalparkverwaltung mangelnde Anstrengungen zum Schutz der benachbarten Privatforsten vorwarfen.

Tatsächlich werden durch die Nationalparkverwaltung zum Schutz der angrenzenden Wälder innerhalb eines mindestens 500 m breiten Randbereichs Maßnahmen zur Borkenkäferbekämpfung getroffen und lediglich in der Zone 1 (Naturzone: Wälder der Hochlagen zwischen Falkenstein und Rachel) wird die Ausbreitung des Borkenkäfers zugelassen (vgl. NATIONALPARKVERWALTUNG BAYERISCHER WALD 2010: 15).

Je nach Aussage zeigt die Zustimmung mit dem gesamten Spektrum der Statements (Partizipationswahrnehmung und Handeln der Nationalparkverwaltung) eine positive oder negative Wahrnehmung der Nationalparkverwaltung an. Um diesem Faktor eine einheitliche Aussage entnehmen zu können, werden die Werte der negativ formulierten Statements invertiert, sodass grundsätzlich gilt: 1 = sehr negative und 4 = sehr positive Wahrnehmung der Nationalparkverwaltung. Die Häufigkeiten der summierten Antworten aus den

Abbildung 22: Zustimmung mit Statements: „Handeln der Nationalparkverwaltung"

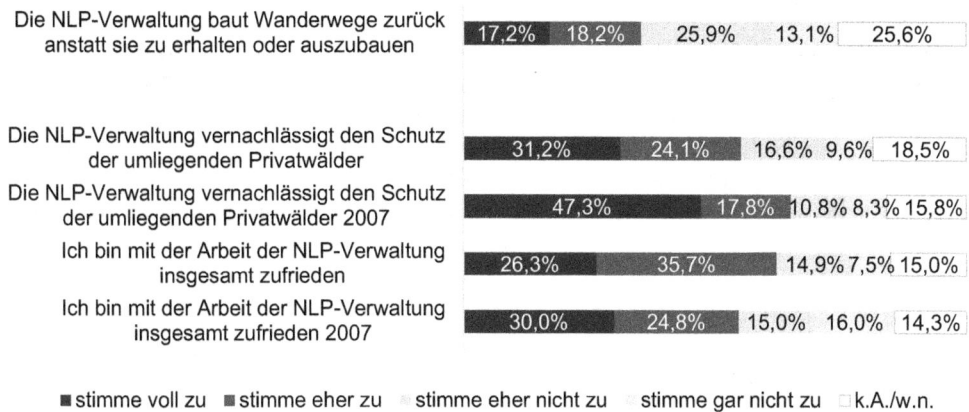

Die NLP-Verwaltung baut Wanderwege zurück anstatt sie zu erhalten oder auszubauen

| 17,2% | 18,2% | 25,9% | 13,1% | 25,6% |

Die NLP-Verwaltung vernachlässigt den Schutz der umliegenden Privatwälder

| 31,2% | 24,1% | 16,6% | 9,6% | 18,5% |

Die NLP-Verwaltung vernachlässigt den Schutz der umliegenden Privatwälder 2007

| 47,3% | 17,8% | 10,8% | 8,3% | 15,8% |

Ich bin mit der Arbeit der NLP-Verwaltung insgesamt zufrieden

| 26,3% | 35,7% | 14,9% | 7,5% | 15,0% |

Ich bin mit der Arbeit der NLP-Verwaltung insgesamt zufrieden 2007

| 30,0% | 24,8% | 15,0% | 16,0% | 14,3% |

■ stimme voll zu ■ stimme eher zu ■ stimme eher nicht zu ■ stimme gar nicht zu □ k.A./w.n.

Quelle: eigene Darstellung

Abbildung 23: LIKERT-Skala zu Faktor 3 – Wahrnehmung der Nationalparkverwaltung

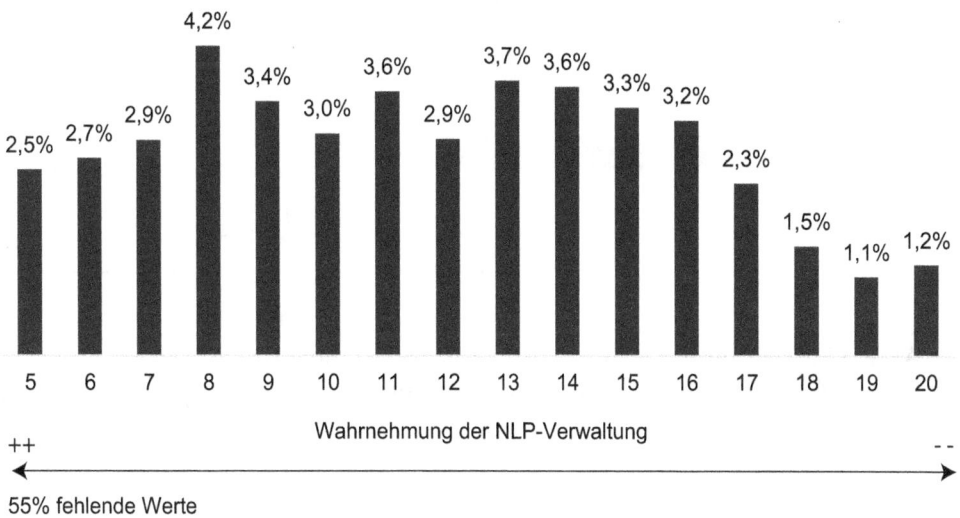

| 5 | 6 | 7 | 8 | 9 | 10 | 11 | 12 | 13 | 14 | 15 | 16 | 17 | 18 | 19 | 20 |
| 2,5% | 2,7% | 2,9% | 4,2% | 3,4% | 3,0% | 3,6% | 2,9% | 3,7% | 3,6% | 3,3% | 3,2% | 2,3% | 1,5% | 1,1% | 1,2% |

Wahrnehmung der NLP-Verwaltung

++ 　　　　　　　　　　　　　　　　　　　　　　　 - -

55% fehlende Werte

Quelle: eigene Darstellung

fünf Statements stellen sich entsprechend in Form einer LIKERT-Skala[14] wie folgt dar (vgl. Abb. 23).

Die Säulen der LIKERT-Skala repräsentieren die Gesamtwahrnehmung der Nationalparkverwaltung und deren Handelns seitens der Anwohner auf Basis ihrer Zustimmung mit den Statements des entsprechenden Faktors, wobei 20 der bestmögliche Wert und 5 der geringstmögliche Wert ist. Im Bereich der neutralen, aber auch negativen Wahrnehmung bestehen Häufungen und auch die Extremwerte sind am

---

14 Hier werden nur Fälle berücksichtigt, deren Antworten bezüglich aller relevanten Statements vollständig sind.

negativen Ende der Skala stärker besetzt als im positiven Bereich. Dies lässt vermuten, dass eine negative Grundeinstellung der Anwohner gegenüber der Nationalparkverwaltung häufiger zutage tritt als eine positive. Betrachtet man die summierten Antworten der Statements bezüglich der signifikanten Personengruppen, zeigt sich, dass sowohl die Einheimischen (inkl. der vor 1981 Zugezogenen) als auch die Bewohner des Nahbereichs im Vergleich zum Durchschnitt eine etwas negativere Gesamteinstellung aufweisen. Die nach 1981 Zugezogenen und die Bewohner des Fernbereichs nehmen die Nationalparkverwaltung erwartungsgemäß etwas positiver wahr (vgl. Abb. 24).

Abbildung 24: Wahrnehmung der Nationalparkverwaltung gemittelt nach Teilgruppen

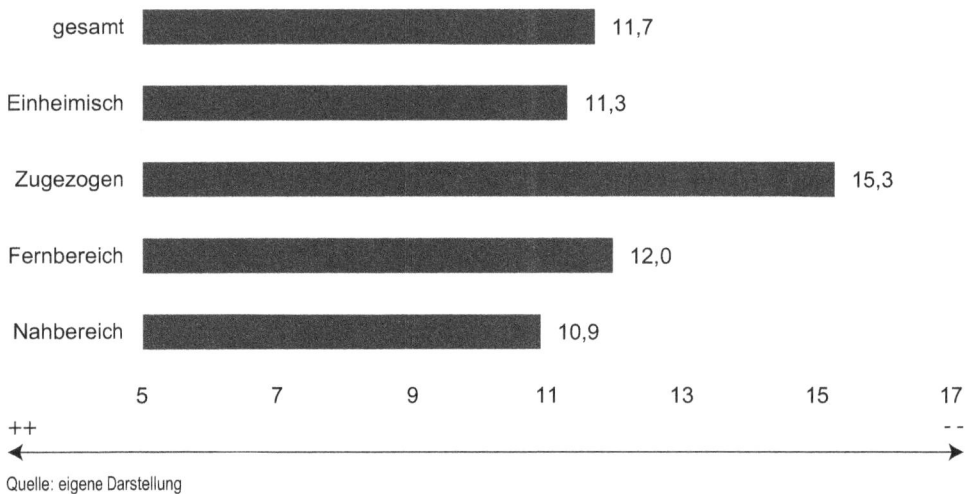

Quelle: eigene Darstellung

Als ein Sprachrohr der Nationalparkverwaltung sind auch die Ranger zu sehen, denen die Nationalparkanwohner im Gelände begegnen können. Diese Erfahrung hatten bereits 41,0% der Befragten gemacht. Darunter waren drei Viertel mit der Begegnung zufrieden und berichteten, der Eindruck sei „freundlich", „hilfsbereit" oder „kompetent" gewesen[15]. Dagegen äußerten 12,4% der Probanden, die einem Ranger begegnet waren, diese als „überheblich" oder „unfreundlich" empfunden zu haben. Die übrigen bewerteten ihre Begegnung im weiteren Sinne als „in Ordnung" (vgl. Abb. 25).

Zuletzt hatten die Befragten die Möglichkeit, der Nationalparkverwaltung eine freie Äußerung mitzuteilen. Insgesamt dominierte zwar mit 19,5% der Nennungen deutlich die Aussage „weiter so", jedoch schien insbesondere unter den aktiven Gegnern des Nationalparks auch der Vorwurf der Unehrlichkeit und Überheblichkeit gehäuft auf. Die Wahrnehmung des Parkmanagements und insbesondere das Vertrauen in dessen Arbeit beeinflussen die Gesamtakzeptanz offenbar sehr stark. Dies wird anhand der „Sonntagsfrage" deutlich, wenn man hier die Vertrauenswerte der Befürworter und Gegner gegenüberstellt (vgl. Abb. 26).

---

15 Kategorisierung von freien Äußerungen.

Abbildung 25: Ranger-Begegnungen Nationalpark Bayerischer Wald

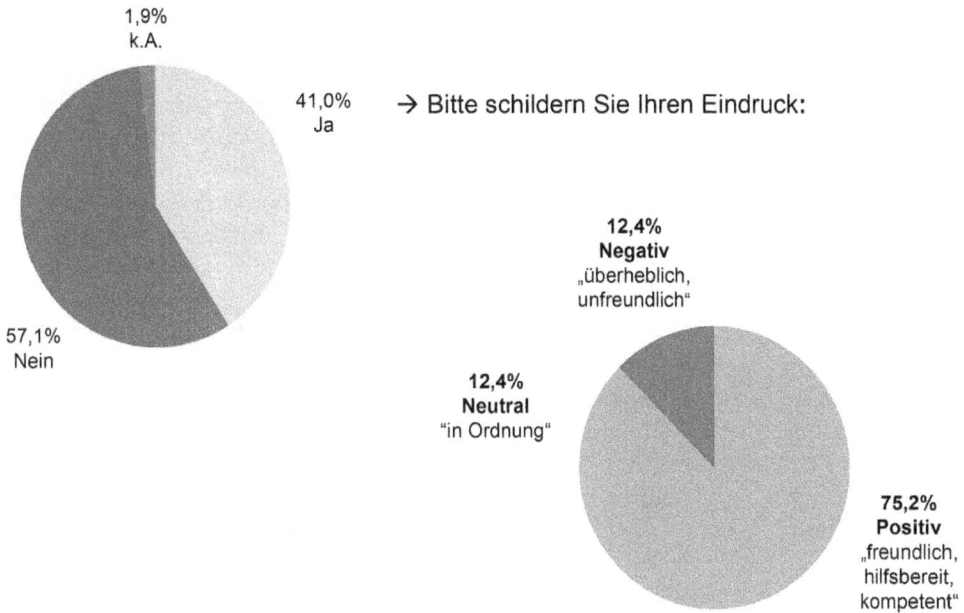

1,9%
k.A.

41,0%
Ja

→ Bitte schildern Sie Ihren Eindruck:

57,1%
Nein

12,4%
Negativ
„überheblich,
unfreundlich"

12,4%
Neutral
"in Ordnung"

75,2%
Positiv
„freundlich,
hilfsbereit,
kompetent"

Quelle: eigene Darstellung

Abbildung 26: Vertrauen in die Arbeit der Nationalparkverwaltung nach Abstimmungsverhalten in der „Sonntagsfrage"

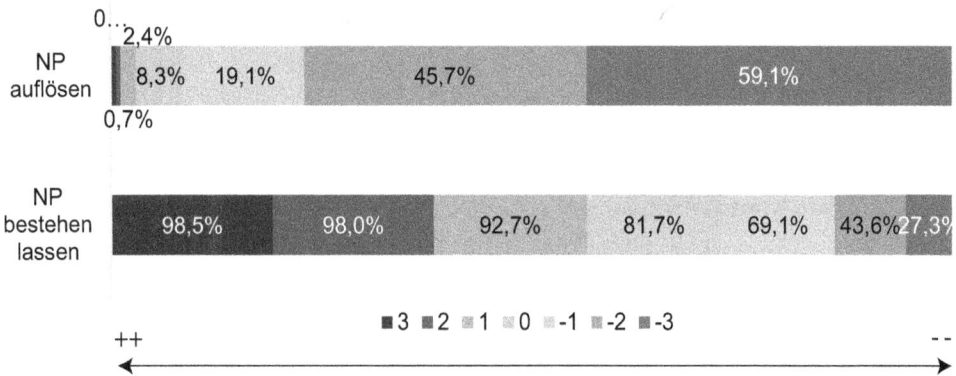

0...
2,4%

NP
auflösen

8,3%   19,1%   45,7%   59,1%

0,7%

NP
bestehen
lassen

98,5%   98,0%   92,7%   81,7%   69,1%   43,6% 27,3%

■3 ■2 ■1 ▨0 ▨-1 ■-2 ■-3

++   --

Quelle: eigene Darstellung

6.1.5 Soziokulturelle Prädiktoren

An dieser Stelle werden Prädiktoren betrachtet, die das Einstellungssubjekt selbst betreffen. Eigenschaften aus den Bereichen Soziodemographie, Freizeitverhalten und nicht zuletzt Wertevorstellungen hinsichtlich der Natur werden in ihrer Rolle als Prädiktor für die Akzeptanz des Nationalparks Bayerischer Wald herausgearbeitet.

71

6.1.5.1 Soziodemographie und Freizeitverhalten

Die Auswirkung soziodemographischer Eigenschaften auf die Akzeptanz des Nationalparks Bayerischer Wald lässt sich anhand des Anteils der jeweiligen Gruppe nachvollziehen, der im Falle einer Abstimmung gegen den Nationalpark votieren würde. Es wird evident, dass dieser Anteil unter den männlichen Probanden im Vergleich zu den Frauen fast doppelt so hoch ist (11,1% zu 5,7%). Auch unter den Haushalten mit Kindern sind die Nationalparkgegner etwas stärker vertreten als unter den Haushalten ohne Kinder (10,4% zu 7,1%). Bezüglich der Berufsgruppen findet sich insbesondere unter den Rentnern und Pensionären (10,1%) sowie unter den Selbstständigen (10,0%) ein relativ hoher Anteil an Nationalparkgegnern. Gemäß dem Kriterium „Bildungsgrad" zeigt sich ein Trend zu einer höheren Nationalparkgegnerschaft unter den Probanden mit höchstens einem Mittelschulabschluss oder Vergleichbarem (10,3%) sowie unter denjenigen ohne allgemeinbildenden Schulabschluss (12,5%). D. h., Personen mit einem höheren Bildungsabschluss sind in der Regel Befürworter des Nationalparks.

Nicht zuletzt treten die Befragten, deren Haushaltseinkommen über 5.000 Euro liegt, als Teilgruppe mit einem sehr hohen Anteil an Nationalparkgegnern hervor (14,8%). Diese Merkmale sind kaum erklärend für etwaige Akzeptanzdefizite, sie geben lediglich Hinweise darauf, welchem lebensweltlichen Milieu Nationalparkgegner vornehmlich angehören.

Weiterhin gaben die Befragten an, welchen Tätigkeiten sie in der Nationalparkregion nachgehen. Ein Zusammenhang zwischen präferierter Tätigkeit und der Akzeptanz des Nationalparks wurde ebenfalls anhand der „Sonntagsfrage" überprüft. Deutlich wird, dass unter den Befragten, die naturnahe Aktivitäten nachgehen, die Befürworter des Nationalparks überwiegen. Personen, die im Nationalpark arbeiten oder deren bevorzugte außerhäusliche Aktivitäten durch Restriktionen beschränkt sind (Pilze sammeln und Rad fahren), sind dem Nationalpark gegenüber mehrheitlich negativ eingestellt (vgl. Abb. 27).

Abbildung 27: Aktivitäten im Nationalpark nach Abstimmungsverhalten zum Fortbestand des Nationalparks Bayerischer Wald (Prozent der Antworten, Mehrfachantworten möglich)

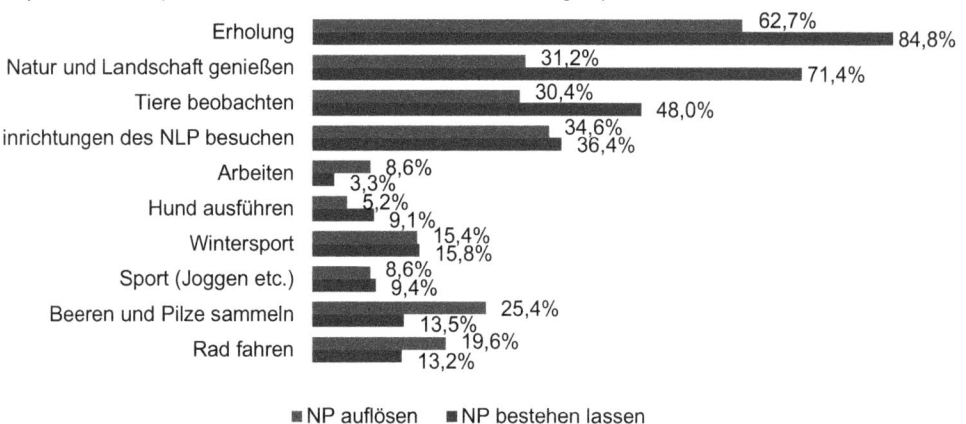

Quelle: eigene Darstellung

6.1.5.2 Wertevorstellungen: Naturverständnis und Naturbilder

Bereits Rentsch (1988: 36ff.) thematisierte in ihrer Studie ausführlich das Konfliktfeld der landschaftlichen Veränderungen, insbesondere bezogen auf das Thema Wald. Damals befanden 37,2% der Befragten den Anblick eines liegen gelassenen Windwurfs als „unordentlich" und forderten, diesen „aufzuräumen". Weiterhin werteten 26,7% diesen Anblick als „unschön" (vgl. Rentsch 1988: 38). Dennoch waren 58% der Probanden überzeugt, durch den Nationalpark würde „ihren Kindern ein Stück unberührte Natur bewahrt" (Rentsch 1988: 40). Das Naturverständnis schwankte augenscheinlich zwischen genereller Befürwortung von Naturschutz bei gleichzeitiger Verankerung in der forstwirtschaftlichen Tradition mit dem gewohnten Bild des Wirtschaftswaldes.

Im Folgenden wird erörtert, welches Naturverständnis mittlerweile dem Wertesystem der Nationalparkanwohner entspricht. Dabei wird zunächst die Bewertung der Eigenschaften von Natur selbst anhand der Naturmythen der Cultural Theory betrachtet und ergänzt durch die Untersuchung der Mensch-Umwelt-Beziehungen im Sinne des NEP. Anschließend werden diese Erkenntnisse konkretisiert durch die Betrachtung des Konfliktfelds „Umgang mit dem Wald", insbesondere der regionsspezifischen Totholz-Debatte. An dieser Stelle ist es möglich, einen Vergleich zu den Ergebnissen von 2007 aufzuzeigen.

Wahrnehmung der Eigenschaften von Natur
Zunächst gilt es, die Aussagen der Befragten über das Wesen von Natur zu betrachten. Die Bewertung der Stabilität und Resilienz von Natur bilden die Naturmythen der Cultural Theory nach Thompson (1990) ab. Die Probanden wählten entlang einer vierstufigen Skala von stabil bis labil sowie von verzeihend bis nachtragend. Gemäß diesen Angaben wird Natur von den Befragten zu 55,2% mehrheitlich als „stabil" angesehen. Immerhin 36,5% sehen Natur als empfindlich gegenüber menschlichen Eingriffen an. Sofern eine Störung der Natur stattfindet, sind die Befragten mit 50,8% mehrheitlich davon überzeugt, dass Natur als „nachtragend" bewertet werden kann. Die Natur findet demnach in Folge menschlicher Eingriffe nur schwer in ihren ursprünglichen Zustand zurück. Das Gesamtergebnis entspricht somit vornehmlich dem Naturmythos der „toleranten Natur", welche nicht ohne Weiteres aus dem Gleichgewicht gebracht werden kann, dann jedoch kaum wieder in ihren Ursprungszustand zurückfindet. Auf die Akzeptanz des Nationalparks hat das Naturverständnis im Sinne der Cultural Theory jedoch scheinbar keine direkten Auswirkungen, da die Gruppen, die über das Fortbestehen des Nationalparks gegensätzlich abstimmen würden, sich bezüglich des Naturverständnisses nicht unterscheiden.

Wahrnehmung der Mensch-Umwelt-Beziehungen
Die Kernfragen des NEP nach Dunlap/Van Liere (1978), konkret die Frage nach dem Störpotential menschlichen Handelns, die Frage nach natürlichen Wachstumsgrenzen und die Frage nach dem Recht der Menschen, in die Natur einzugreifen, stellen sich in der Zustimmung der Befragten mit Statements zu Mensch-Umwelt-Beziehungen dar. Eine Mehrheit der Befragten teilt die Ansicht, dass eine Überbeanspruchung der Ressourcen auf der Erde besteht, die kaum durch menschliche

Erfindungskraft ausgeglichen werden kann und das natürliche Gleichgewicht stört. In der Frage nach dem Recht der Menschen, in die Umwelt einzugreifen, sind die Befragten geteilter Meinung (vgl. Abb. 28).

Abbildung 28: Zustimmung mit Statements zu Mensch-Umwelt-Beziehungen

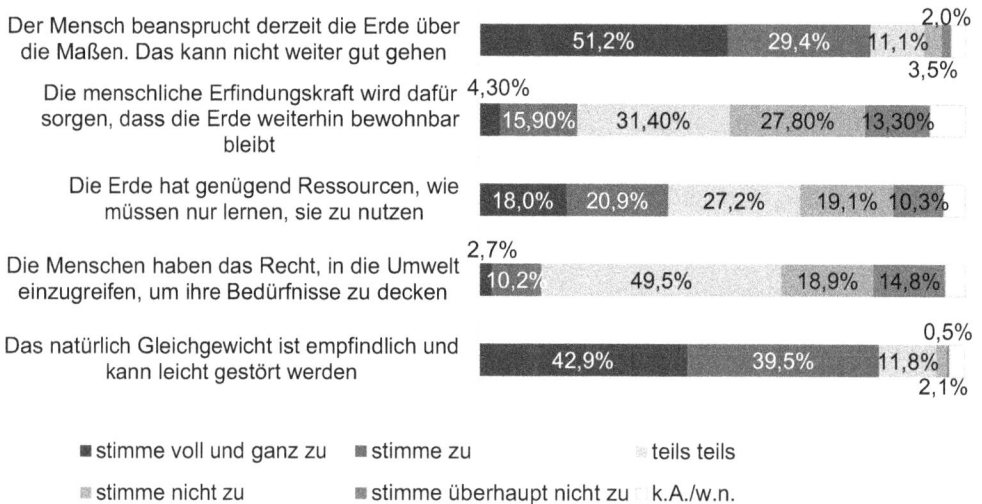

Quelle: eigene Darstellung

Setzt man die gemittelten Zustimmungswerte zu den Statements bezüglich der Mensch-Umwelt-Beziehungen (1 = „stimme gar nicht zu" bis 5 = „stimme voll zu") in Zusammenhang mit dem Antwortverhalten der Befragten über das Fortbestehen des Nationalparks, so zeigt sich eine Tendenz der Nationalparkgegner zu einem eher anthropozentrischen Naturverständnis (vgl. Abb. 29).

Abbildung 29: Zustimmung mit Statements zu Mensch-Umwelt-Beziehung nach Abstimmungsverhalten über das Fortbestehen des Nationalparks

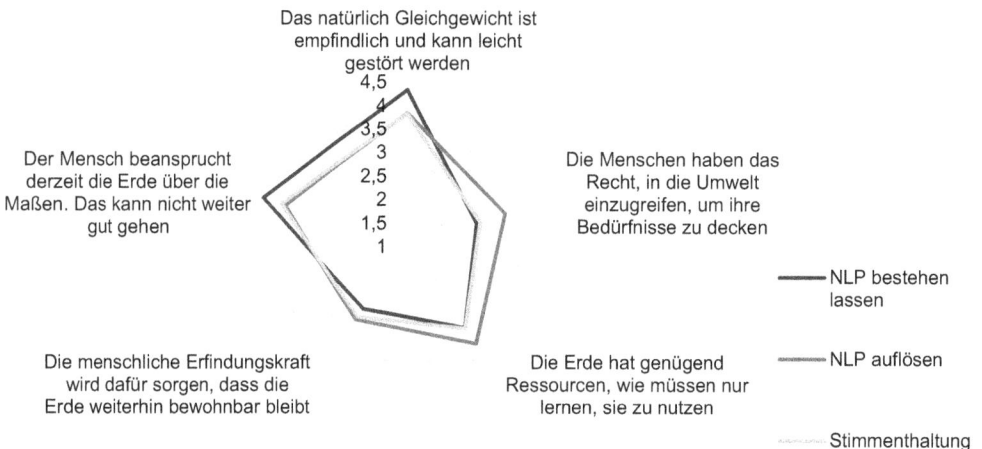

Quelle: eigene Darstellung

Kritik am Umgang mit dem Wald

In der Faktorenanalyse stellte sich der Umgang mit dem Wald als eigener Themenbereich heraus. So besteht im Vergleich zu den Zustimmungswerten der Studie von LIEBECKE et al. (2011: 81) ein deutlicher Trend zu weniger Unmut bezüglich der Totholzflächen. Von der touristischen Rezeption über die Konnotation des Nationalparks mit „Verwüstung" bis hin zur persönlichen Wahrnehmung der Totholzflächen seitens der Anwohner ist durchweg ein viel positiveres Stimmungsbild im Vergleich zu den Daten von 2007 erkennbar. Jedoch wird trotz des positiven Trends ersichtlich, dass weiterhin ein nicht unerheblicher Teil der Befragten Verärgerung gegenüber dem Umgang mit dem Wald signalisiert (vgl. Abb. 30).

Abbildung 30: Zustimmung mit den Statements des Faktors „Kritik am Umgang mit dem Wald" im Vergleich zu 2007

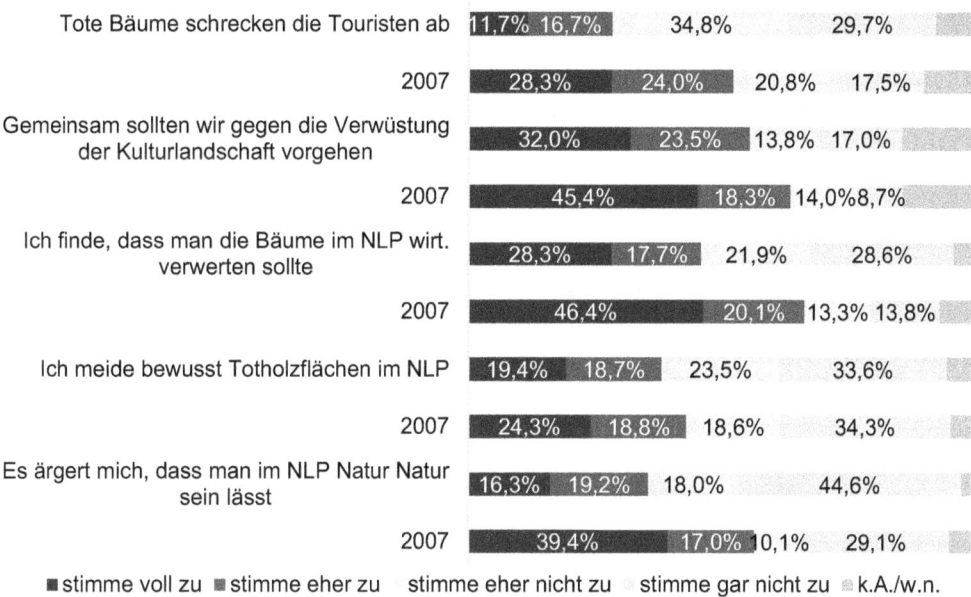

	stimme voll zu	stimme eher zu	stimme eher nicht zu	stimme gar nicht zu	k.A./w.n.
Tote Bäume schrecken die Touristen ab	11,7%	16,7%	34,8%	29,7%	
2007	28,3%	24,0%	20,8%	17,5%	
Gemeinsam sollten wir gegen die Verwüstung der Kulturlandschaft vorgehen	32,0%	23,5%	13,8%	17,0%	
2007	45,4%	18,3%	14,0%	8,7%	
Ich finde, dass man die Bäume im NLP wirt. verwerten sollte	28,3%	17,7%	21,9%	28,6%	
2007	46,4%	20,1%	13,3%	13,8%	
Ich meide bewusst Totholzflächen im NLP	19,4%	18,7%	23,5%	33,6%	
2007	24,3%	18,8%	18,6%	34,3%	
Es ärgert mich, dass man im NLP Natur Natur sein lässt	16,3%	19,2%	18,0%	44,6%	
2007	39,4%	17,0%	10,1%	29,1%	

Quelle: eigene Darstellung

Sowohl RENTSCH (1988) als auch LIEBECKE et al. (2011) thematisierten die Frage, ob die Wahrnehmung des Landschaftsbildes als eine Generationenfrage gewertet werden kann. RENTSCH (1988: 35f.) kam zu dem Ergebnis, dass die betagten Altersgruppen den Nationalparkwald häufiger als „unordentlich" oder „unschön" bewerten. LIEBECKE et al. (2011: 65) stellten ebenfalls fest, dass die älteren Generationen das traditionelle Waldbild aufgrund des persönlichen Erfahrungswertes bevorzugen. Es zeigt sich erneut anhand des Faktors „Kritik am Umgang mit dem Wald" (gemittelt mit 1 = „stimme gar nicht zu" bis 4 = „stimme voll zu"), dass die Altersgruppe 65+ eine kritischere Haltung gegenüber dem Waldmanagement des Nationalparks aufweist (vgl. Abb. 31).

Abbildung 31: Mittelwerte des Faktors „Umgang mit dem Wald" nach Altersgruppen

18 - 35   10,9

36 - 50   10,9

51 - 65   11,1

65+   12,7

++   - -

Quelle: eigene Darstellung

Aufschluss in der Frage, ob und inwieweit sich die Kritik am Waldmanagement auf die Akzeptanz auswirkt, zeigen die Mittelwerte der Zustimmung anhand der „Sonntagsfrage". Hier wird evident, dass der Unmut über den Umgang mit dem Wald unter den Nationalparkgegnern deutlich stärker vertreten ist (vgl. Abb. 32).

Abbildung 32: Zustimmung mit den Statements des Faktors „Kritik am Umgang mit dem Wald" nach Abstimmungsverhalten „Sonntagsfrage"

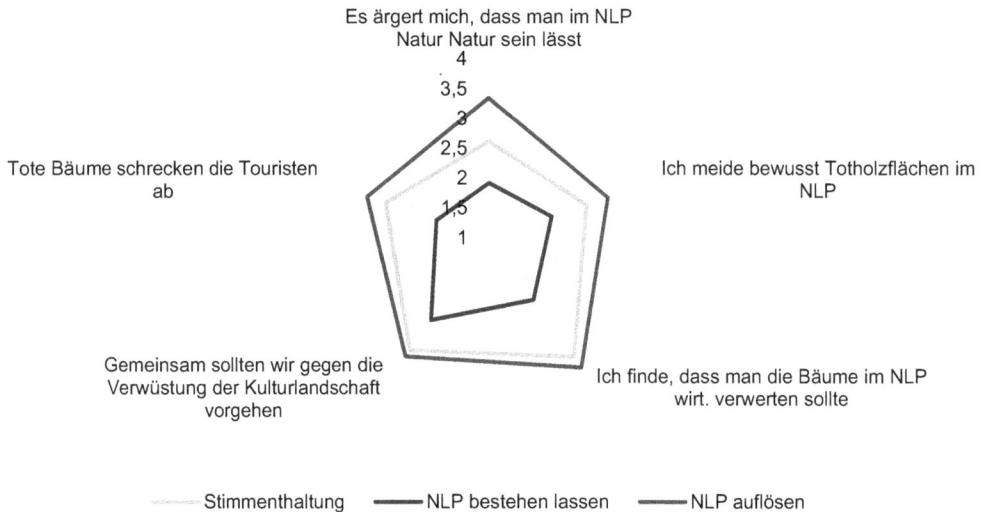

Es ärgert mich, dass man im NLP
Natur Natur sein lässt
4
3,5
3
2,5
2
1,5
1

Tote Bäume schrecken die Touristen ab

Ich meide bewusst Totholzflächen im NLP

Gemeinsam sollten wir gegen die Verwüstung der Kulturlandschaft vorgehen

Ich finde, dass man die Bäume im NLP wirt. verwerten sollte

——— Stimmenthaltung   ——— NLP bestehen lassen   ——— NLP auflösen

Quelle: eigene Darstellung

Wahrnehmung von Totholz

Der Stellenwert der Totholzproblematik wird deutlich anhand des Anteils der Befragten, die den Nationalpark Bayerischer Wald spontan mit Begriffen assoziieren, die der Kategorie „Totholz und Borkenkäfer" zuzuordnen sind. Waren dies 2007 noch 28,7% (vgl. LIEBECKE et al. 2011: 22), so werden dieser Kategorie in der vorliegenden Studie lediglich 15,1% zuteil. Damit fällt die Rubrik von Platz eins auf den dritten Rangplatz von sieben (vgl. Abb. 33). Daraus folgt, dass derzeit das Borkenkäferthema in der öffentlichen Wahrnehmung eine untergeordnete Rolle spielt.

Abbildung 33: Spontane Assoziationen im Zeitvergleich

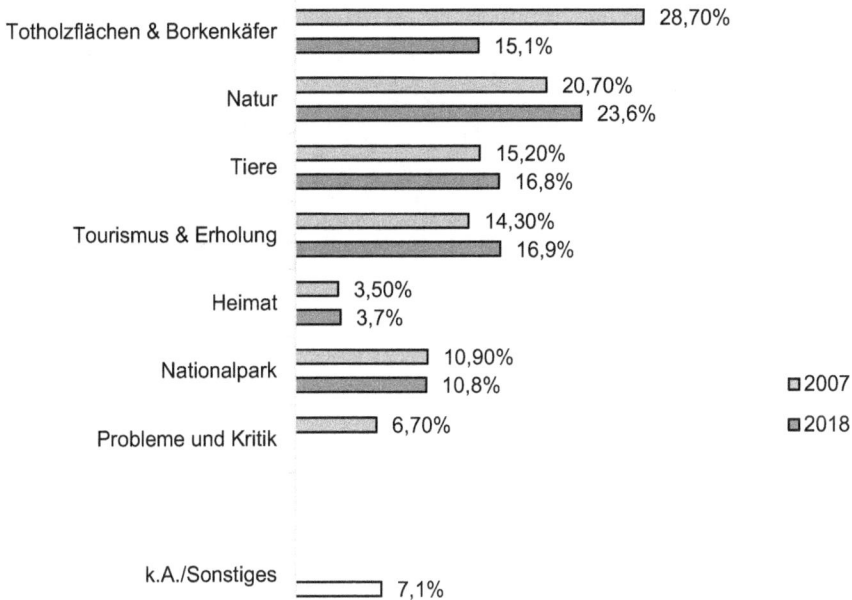

Quelle: eigene Darstellung

Ein weiterer Hinweis auf die Bedeutung der Totholz- und Borkenkäferfrage für die Akzeptanz des Nationalparks ist deren Aufscheinen unter den freien Mitteilungen der Befragten an die Nationalparkverwaltung. Hier nimmt diese Kategorie den zweiten Rangplatz ein, nach „weiter so" (vgl. Abb. 34). Die Materie hat im Vergleich zu 2007 also an Brisanz verloren, ist jedoch weiterhin ein wichtiges Anliegen der Nationalparkanwohner.

Betrachtet man die allgemeine Einstellung zu Totholz anhand der Zustimmungswerte zu den entsprechenden Statements, so wird eine insgesamt positive Wahrnehmung ersichtlich (vgl. Abb. 35). Trotz der mäßigen Selbsteinschätzung bezüglich des Informationsgrades zu Totholz befinden die Befragten zu 50,7%, dass ihnen Totholz gefällt. Die ökologischen Funktionen von Totholz werden ebenfalls von der Mehrheit der Befragten erkannt und 72,3% konkludieren, dass finanzielle Unterstützung für den Biodiversitätsschutz auch auf Kosten der Gewinne aus Staatsforsten stattfinden sollte.

Als zusätzliche Information, insbesondere aufgrund des möglichen Zeitvergleichs zu der Studie von 2007, bietet sich das Antwortverhalten der Befragten auf die Nationalparkleiterfragen an (vgl. Abb. 36/37). Hier wird evident, dass der Anteil der Nationalparkanwohner, die es vorziehen würden den Borkenkäfer „mit allen

Abbildung 34: Kategorisierte Antworten: „Wollen Sie der Nationalparkverwaltung noch etwas mitteilen?“

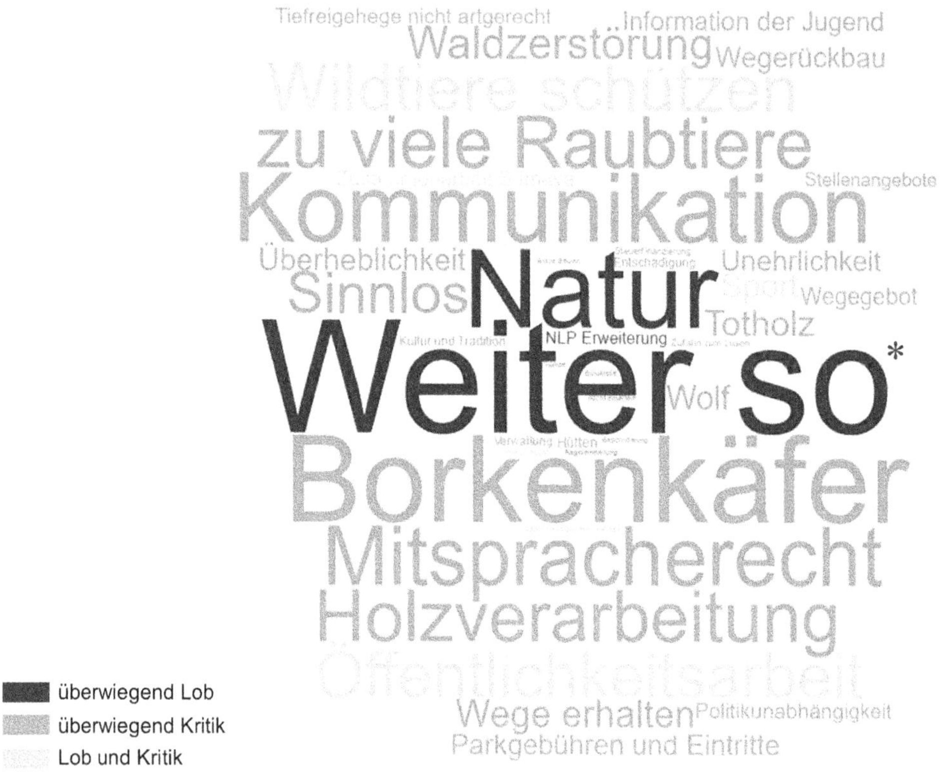
Tiefreigehege nicht artgerecht
Information der Jugend
Waldzerstörung
Wegerückbau
Wildtiere schützen
zu viele Raubtiere
Stellenangebote
Kommunikation
Überheblichkeit
Entschädigung
Unehrlichkeit
Sinnlos
Natur
Sport
Wegegebot
Totholz
Kultur und Tradition
NLP Erweiterung
Weiter so*
Wolf
Verwaltung
Hütten
Borkenkäfer
Mitspracherecht
Holzverarbeitung
Öffentlichkeitsarbeit
Wege erhalten
Politikunabhängigkeit
Parkgebühren und Eintritte
überwiegend Lob
überwiegend Kritik
Lob und Kritik

*Die Kategorie „Weiter so“ steht allein für 19,5% aller Nennungen.

Quelle: eigene Darstellung

Abbildung 35: Zustimmung zu Statements über Totholz

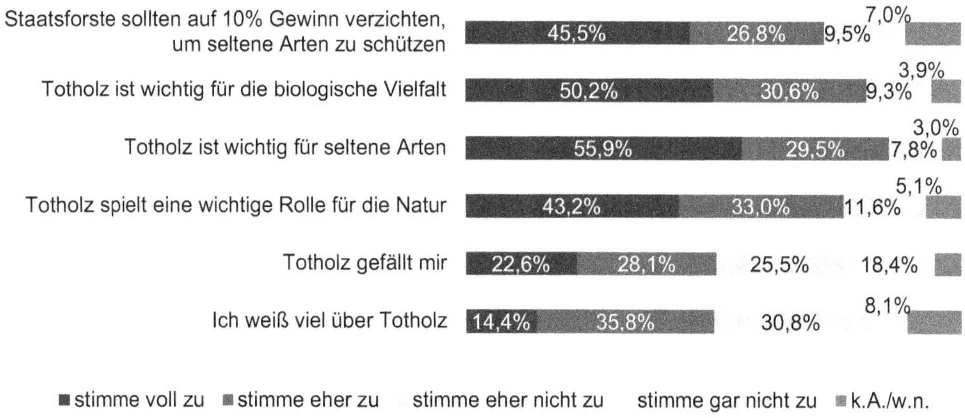
Staatsforste sollten auf 10% Gewinn verzichten, um seltene Arten zu schützen
45,5%
26,8%
9,5%
7,0%
Totholz ist wichtig für die biologische Vielfalt
50,2%
30,6%
9,3%
3,9%
Totholz ist wichtig für seltene Arten
55,9%
29,5%
7,8%
3,0%
Totholz spielt eine wichtige Rolle für die Natur
43,2%
33,0%
11,6%
5,1%
Totholz gefällt mir
22,6%
28,1%
25,5%
18,4%
Ich weiß viel über Totholz
14,4%
35,8%
30,8%
8,1%
stimme voll zu
stimme eher zu
stimme eher nicht zu
stimme gar nicht zu
k.A./w.n.

Quelle: eigene Darstellung

Mitteln zu bekämpfen", seit 2007 um 25 Prozentpunkte zurückgegangen ist. Auch das grundsätzliche Wegräumen/Entfernen umgestürzter Bäume bevorzugt ein deutlich geringerer Anteil der Befragten, wohingegen sich der Anteil derer verdoppelt hat, die den Gedanken des Prozessnaturschutzes im Nationalpark gänzlich unterstützen.

Abbildung 36: Antwortverhalten: „Als Nationalparkleiter würde ich Borkenkäfer im Nationalpark..."

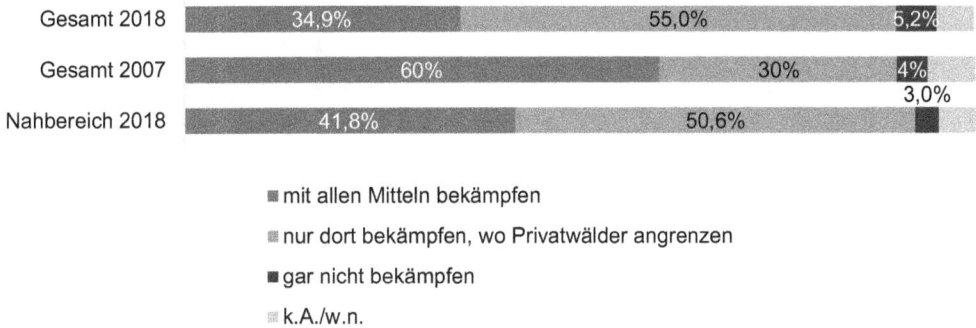

Gesamt 2018	34,9%	55,0%	5,2%
Gesamt 2007	60%	30%	4%
Nahbereich 2018	41,8%	50,6%	3,0%

■ mit allen Mitteln bekämpfen
▨ nur dort bekämpfen, wo Privatwälder angrenzen
■ gar nicht bekämpfen
▨ k.A./w.n.

Quelle: eigene Darstellung

Abbildung 37: Antwortverhalten: „Als Nationalparkleiter würde ich umgestürzte Bäume und Totholz im Nationalpark..."

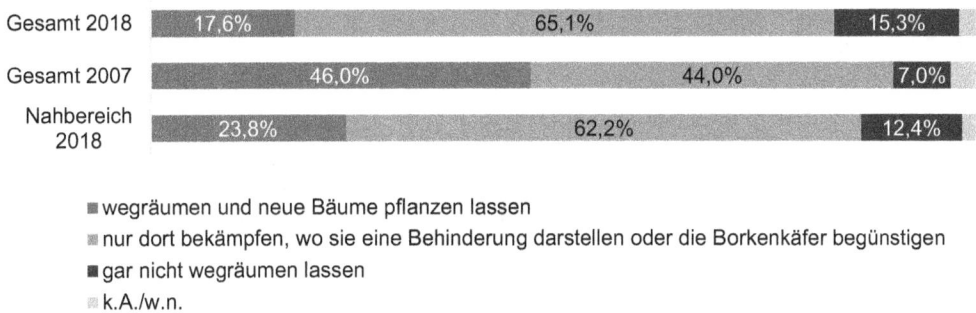

Gesamt 2018	17,6%	65,1%	15,3%
Gesamt 2007	46,0%	44,0%	7,0%
Nahbereich 2018	23,8%	62,2%	12,4%

■ wegräumen und neue Bäume pflanzen lassen
▨ nur dort bekämpfen, wo sie eine Behinderung darstellen oder die Borkenkäfer begünstigen
■ gar nicht wegräumen lassen
▨ k.A./w.n.

Quelle: eigene Darstellung

Die Wahrnehmung und Bewertung des Waldmanagements, insbesondere der Totholzflächen, seitens der Nationalparkanwohner zeigt sich zudem durch deren freie Ergänzungen des Teilsatzes: „Den Wald sich selbst zu überlassen, führt zu…" (vgl. Abb. 38/39).

Noch 2007 beendeten über 60% der Befragten diesen Satz mit Vermutungen über negative Folgen wie etwa „Waldsterben", „Chaos" o. Ä. (vgl. Liebecke et al. 2011: 33). Die aktuellen Ergebnisse zeigen hier einen deutlichen Wandel. So prognostizierten nur noch 36,8% der Befragten negative Effekte, wohingegen 54,1% positive Folgen für den Wald und die Natur vermuteten, wie etwa „Vielfalt", „ursprüngliche Natur" oder „Erneuerung". Ähnliches wird in der freien Bewertung eines „Kreuz

Abbildung 38: Satzergänzungsfrage „Den Wald sich selbst zu überlassen führt zu..." Häufigkeiten

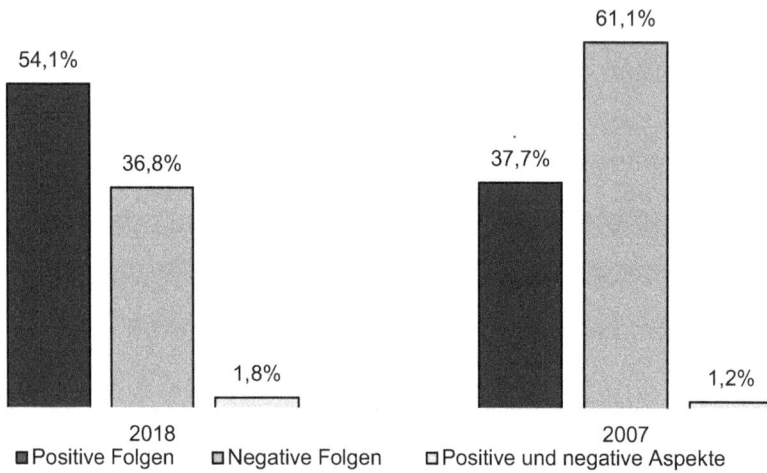

■Positive Folgen   □Negative Folgen   □Positive und negative Aspekte

Quelle: eigene Darstellung

Abbildung 39: Satzergänzungsfrage „Den Wald sich selbst zu überlassen führt zu..." Kategorien

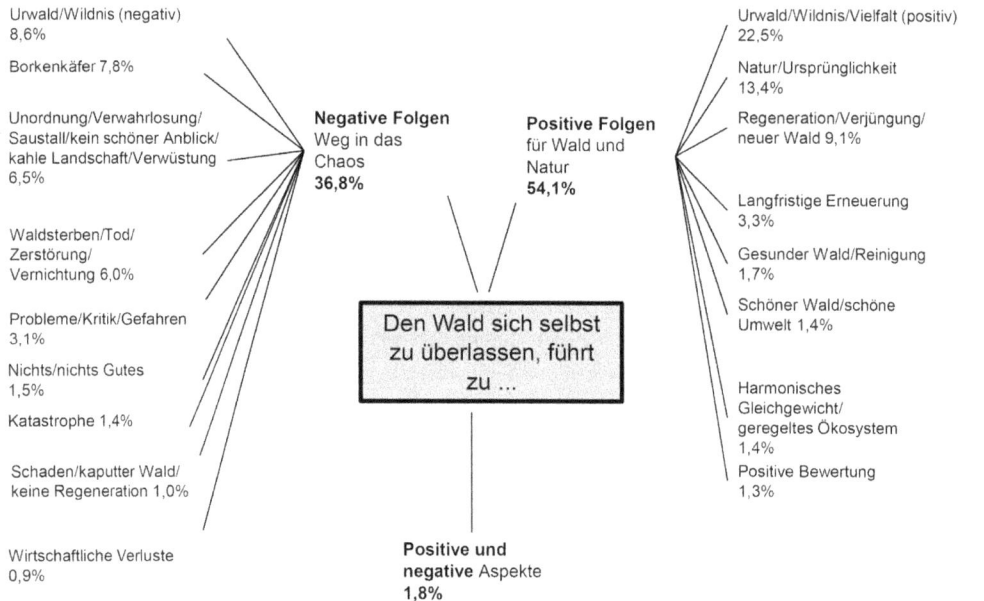

Urwald/Wildnis (negativ) 8,6%

Borkenkäfer 7,8%

Unordnung/Verwahrlosung/ Saustall/kein schöner Anblick/ kahle Landschaft/Verwüstung 6,5%

Waldsterben/Tod/ Zerstörung/ Vernichtung 6,0%

Probleme/Kritik/Gefahren 3,1%

Nichts/nichts Gutes 1,5%

Katastrophe 1,4%

Schaden/kaputter Wald/ keine Regeneration 1,0%

Wirtschaftliche Verluste 0,9%

Negative Folgen Weg in das Chaos **36,8%**

Positive Folgen für Wald und Natur **54,1%**

Den Wald sich selbst zu überlassen, führt zu ...

Positive und negative Aspekte **1,8%**

Urwald/Wildnis/Vielfalt (positiv) 22,5%

Natur/Ursprünglichkeit 13,4%

Regeneration/Verjüngung/ neuer Wald 9,1%

Langfristige Erneuerung 3,3%

Gesunder Wald/Reinigung 1,7%

Schöner Wald/schöne Umwelt 1,4%

Harmonisches Gleichgewicht/ geregeltes Ökosystem 1,4%

Positive Bewertung 1,3%

Keine Angabe: 7,2%

Quelle: eigene Darstellung

und Quer an Bäumen im Wald" seitens der Befragten deutlich. Dies befanden 2007 lediglich 40% im weiteren Sinne als positiv. In der aktuellen Studie äußerten 50,3% der Probanden ein positives Werturteil bezüglich eines „unordentlichen" Waldes (vgl. Abb. 40/41).

Abbildung 40: Satzergänzungsfrage „Ein Kreuz und Quer an Bäumen im Wald ist…" Häufigkeiten

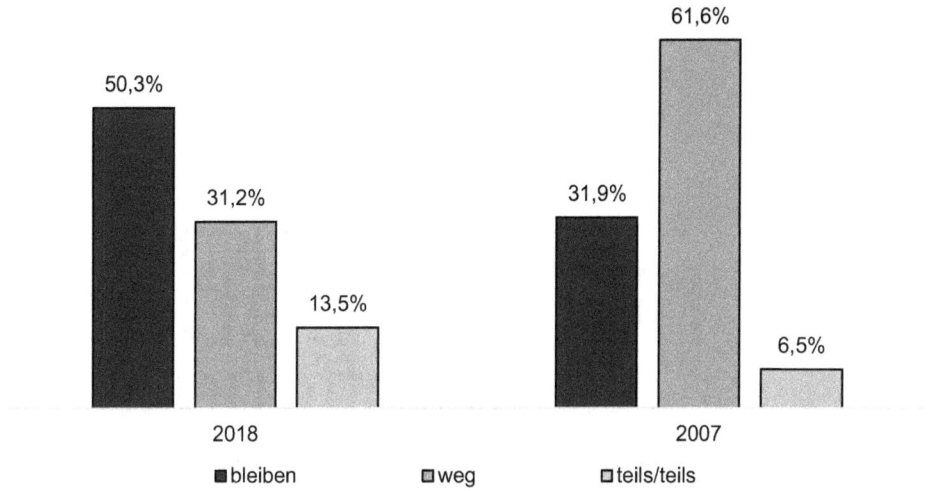

61,6%

50,3%

31,2%   31,9%

13,5%

6,5%

2018   2007

■ bleiben   ▣ weg   ▢ teils/teils

Quelle: eigene Darstellung

Abbildung 41: Satzergänzungsfrage „Ein Kreuz und Quer an Bäumen im Wald ist…" Kategorien

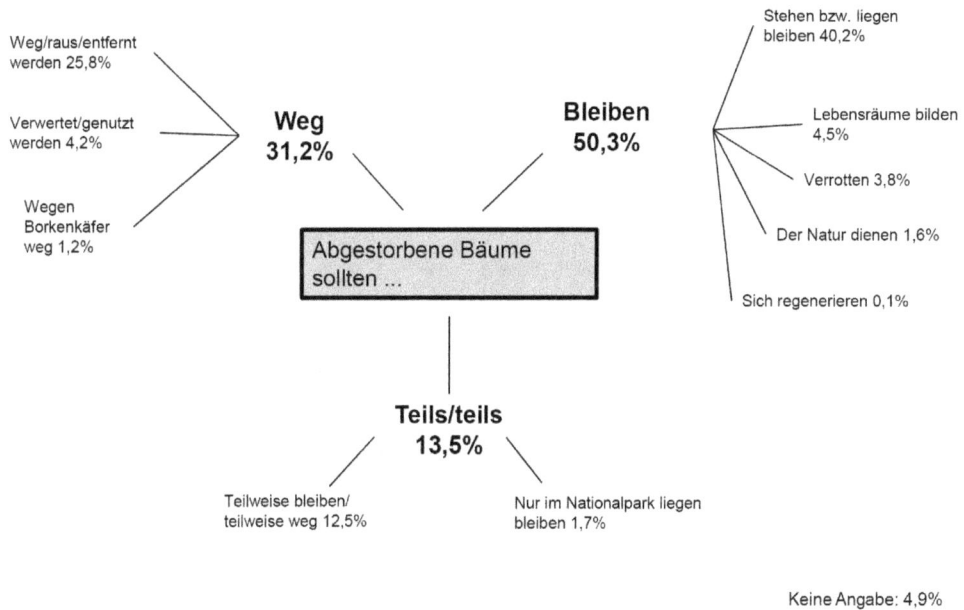

Weg/raus/entfernt
werden 25,8%

Verwertet/genutzt
werden 4,2%

Wegen
Borkenkäfer
weg 1,2%

**Weg
31,2%**

**Bleiben
50,3%**

Stehen bzw. liegen
bleiben 40,2%

Lebensräume bilden
4,5%

Verrotten 3,8%

Der Natur dienen 1,6%

Sich regenerieren 0,1%

Abgestorbene Bäume
sollten …

**Teils/teils
13,5%**

Teilweise bleiben/
teilweise weg 12,5%

Nur im Nationalpark liegen
bleiben 1,7%

Keine Angabe: 4,9%

Quelle: eigene Darstellung

Abbildung 42: Wortwolke „Was verbinden Sie mit dem Begriff Totholz"

Nationalpark
abgestorbene Flächen
stark negative Emotionen
Ressourcenverschwendung
zu viel Borkenkäfer
Lebensraum
neues Leben
Nährstoffquelle
schön Artenvielfalt
natürliche Entwicklung
Urwald Verwüstung
hässlich

■ überwiegend Lob
▨ überwiegend Kritik

Quelle: eigene Darstellung

Abbildung 43: Wortwolke Vermutete Entwicklung von Totholzflächen

erneuter Borkenkäferbefall
Keine Regeneration
Urwald Chaos
Regeneration dauert zu lange
Artenvielfalt
robuster
Erosion   Pflanzung notwendig
gut Urwald hässlich
Vergrößerung Mischwald
Regeneration
Gestrüpp Stauden

■ überwiegend Lob
▨ überwiegend Kritik

Quelle: eigene Darstellung

82

Gemäß den Antworten auf die unterstützte Frage nach den Konnotationen der Befragten mit Totholz verbinden dies 38,7% mit Begriffen wie „Neues Leben" oder „Artenvielfalt" (vgl. Abb. 42).

Der Diskurs und die Rezeption von Totholz wird mittlerweile augenscheinlich zunehmend durch dessen Funktion für den Biodiversitätserhalt bestimmt. Dies bestätigt sich auch durch die Antworten der Probanden auf die Frage nach der vermuteten Entwicklung der bestehenden Totholzflächen (vgl. Abb. 43). Scheinbar sind die Einheimischen mittlerweile besser informiert über diese landschaftsökologischen Zusammenhänge. Gemeinsam mit einem Gewöhnungseffekt an das veränderte Waldbild und der vor Ort erfahrenen Erkenntnis, dass der großflächig zerstörte Bergfichtenwald mit je nach Gelände strukturreichen Ausformungen nachwächst, hat dies zu einer deutlichen Umbewertung geführt.

Die Verbesserung der Wahrnehmung von Totholz und Borkenkäfer, die aktuell kaum als problematisch angesehen werden kann, hängt auch mit der Entwicklung der Totholzflächen zusammen.

Synopse zur Entwicklung von Totholzflächen im Nationalpark Bayerischer Wald:

– 1983/84 bleiben nach Sturmereignissen 87 ha Windwürfe liegen; in der Folge kommt es bis Ende der 1980er Jahre zu einer ersten Massenvermehrung des Buchdruckers *(Ips typographus)* im Altpark (siehe Abb. 44a/1989, vgl. BAYERISCHE LANDESANSTALT FÜR WALD- UND FORSTWIRTSCHAFT 2000).

– Trocken-warme Witterungsverläufe führen Anfang der 1990er Jahre zu einer zweiten Welle des sich hauptsächlich in Nachbarschaftsdiffusion verbreitenden Fichtenborkenkäfers. Im Jahr 1995 sind etwa 95% des Bergfichtenwaldes befallen; knapp ein Viertel der Altbestände im Rachel-Lusen-Gebiet sind abgestorben. Nur im 500 m breiten Randbereich wird der Buchdrucker bekämpft (siehe Abb. 44a/1989 bis 1997, vgl. SEIDL et al. 2015).

– 1997 wird der 1970 gegründete, 13.300 ha große Nationalpark nach Norden ins Falkensteingebiet erweitert auf jetzt 24.250 ha. Die meisten Einheimischen, besonders im Umfeld des neuen Nationalparkareals, sind dagegen. Eine teilweise Ausdehnung des Randbereichs auf einen Kilometer geht damit einher.

– 2001 nehmen die Totholzflächen 3.610 ha im Altpark ein, im Erweiterungsgebiet sind es zu der Zeit 26 ha.

– 2006/07 sind etwa 5.000 ha Holzbodenfläche vom Fichtenborkenkäfer befallen bzw. abgestorben. Das 75%-Ziel des Nationalparks wird wegen massiver Proteste in der Bevölkerung auf das Jahr 2027 prolongiert. Der Orkan Kyrill wirft in diesem Winter weitere 200.000 qm Bäume. Im Erweiterungsgebiet werden erstmals 110 ha Windwurffläche im Hochlagenfichtenwald nahe der Grenze zu Tschechien liegen gelassen (siehe Abb. 44b/1989 bis 2007).

– 2009 verwirft der Bayerische Verfassungsgerichtshof die Popularklage der organisierten Nationalparkgegner hinsichtlich der Erweiterung der Naturzone (vgl. BAYERISCHER VERFASSUNGSGERICHTSHOF 2008).

– 2011 finden weitere Windwürfe statt, besonders im Norden; ca. 100 ha Sturmwurfholz bleiben im Erweiterungsgebiet liegen. Die Hochlagenwald-Inventur erbringt den Nachweis von reichlich Naturverjüngung in den Totholzarealen: 4.363 Jungbäume (über 20 cm) je ha, davon 89% Fichte, 7% Vogelbeere und 3% Buche sowie 1% Sonstige (vgl. NATIONALPARK BAYERISCHER WALD 2010ff.).

– In den Folgejahren wird die Naturzone naturgemäß besonders im Erweiterungsgebiet sukzessive ausgedehnt; 2013 umfasst sie 57,3 % der Nationalparkfläche, auch im Gebiet des Altparks gibt es diesbezügliche Arrondierungen. Im Jahr 2017 umgreift die Naturzone etwas mehr als 68%; die Totholzareale (Sturmwurf und Borkenkäfer, liegen gelassene und geräumte Waldflächen) insgesamt bringen es kumulativ auf über 7.000 ha, wobei in den letzten Jahren die Zuwächse bescheiden ausfallen und erwartungsgemäß in der Hauptsache im Falkensteingebiet passieren (siehe Abb. 44b/1989 bis 2017, vgl. SEIDL et al. 2015, HOTES et al. 2018).

6.1.6 Raumzeitliche Prädiktoren

Im Folgenden werden die Auswirkungen räumlicher Distanz vom Nationalpark und der Aspekt der Zeitdauer des Bestehens mit Hinblick auf deren Auswirkungen auf die Akzeptanz des Nationalparks bei der lokalen Bevölkerung betrachtet.

6.1.6.1 Räumliche Distanz zum Nationalpark

RENTSCH (1988: 56) stellte erstmals einen Akzeptanzkrater um den Nationalpark Bayerischer Wald fest. Diesen Befund bestätigten LIEBECKE et al. (2011: 29) erneut, insbesondere im Nahbereich, besonders des Erweiterungsgebiets von 1997. Auch in dieser Arbeit zeigte sich bereits die erhöhte Betroffenheit der Bewohner des Nahbereichs anhand des etwas größeren Einschränkungsempfindens, dem höheren Misstrauen gegenüber der Arbeit der Nationalparkverwaltung, sowie anhand der negativeren Gesamteinstellung gegenüber der Nationalparkverwaltung. Der augenscheinliche Effekt der räumlichen Distanz auf die Einstellung der Befragten zum Nationalpark wird zudem anhand der Unterschiede im Abstimmungsverhalten in der „Sonntagsfrage" zwischen Nah- und Fernbereich deutlich. So ist der Anteil

Abbildung 44a: Altpark

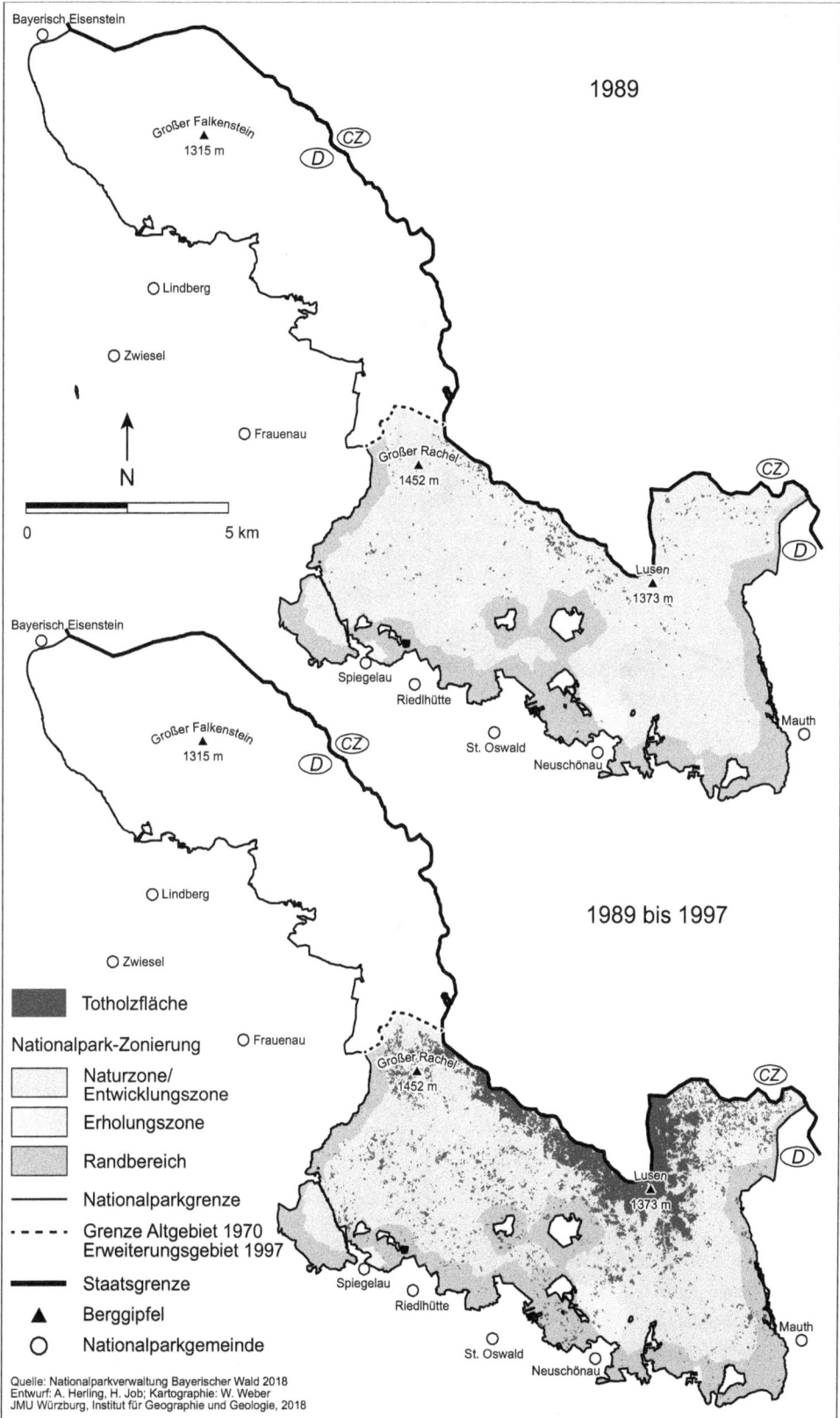

1989

1989 bis 1997

Bayerisch Eisenstein

Großer Falkenstein
▲
1315 m

CZ
D

○ Lindberg

○ Zwiesel

N

0   5 km

○ Frauenau

Großer Rachel
▲
1452 m

CZ
D

Lusen
▲
1373 m

Spiegelau ○
Riedlhütte ○

○ St. Oswald

Neuschönau ○

Mauth ○

Bayerisch Eisenstein

Großer Falkenstein
▲
1315 m

CZ
D

○ Lindberg

○ Zwiesel

Totholzfläche

Nationalpark-Zonierung

○ Frauenau

Großer Rachel
▲
1452 m

Naturzone/
Entwicklungszone

Erholungszone

Randbereich

Nationalparkgrenze

Grenze Altgebiet 1970
Erweiterungsgebiet 1997

Staatsgrenze

▲   Berggipfel

○   Nationalparkgemeinde

CZ
D

Lusen
▲
1373 m

Spiegelau ○
Riedlhütte ○

○ St. Oswald

Neuschönau ○

Mauth ○

Quelle: Nationalparkverwaltung Bayerischer Wald 2018
Entwurf: A. Herling, H. Job; Kartographie: W. Weber
JMU Würzburg, Institut für Geographie und Geologie, 2018

Abbildung 44b: Erweiterter Nationalpark

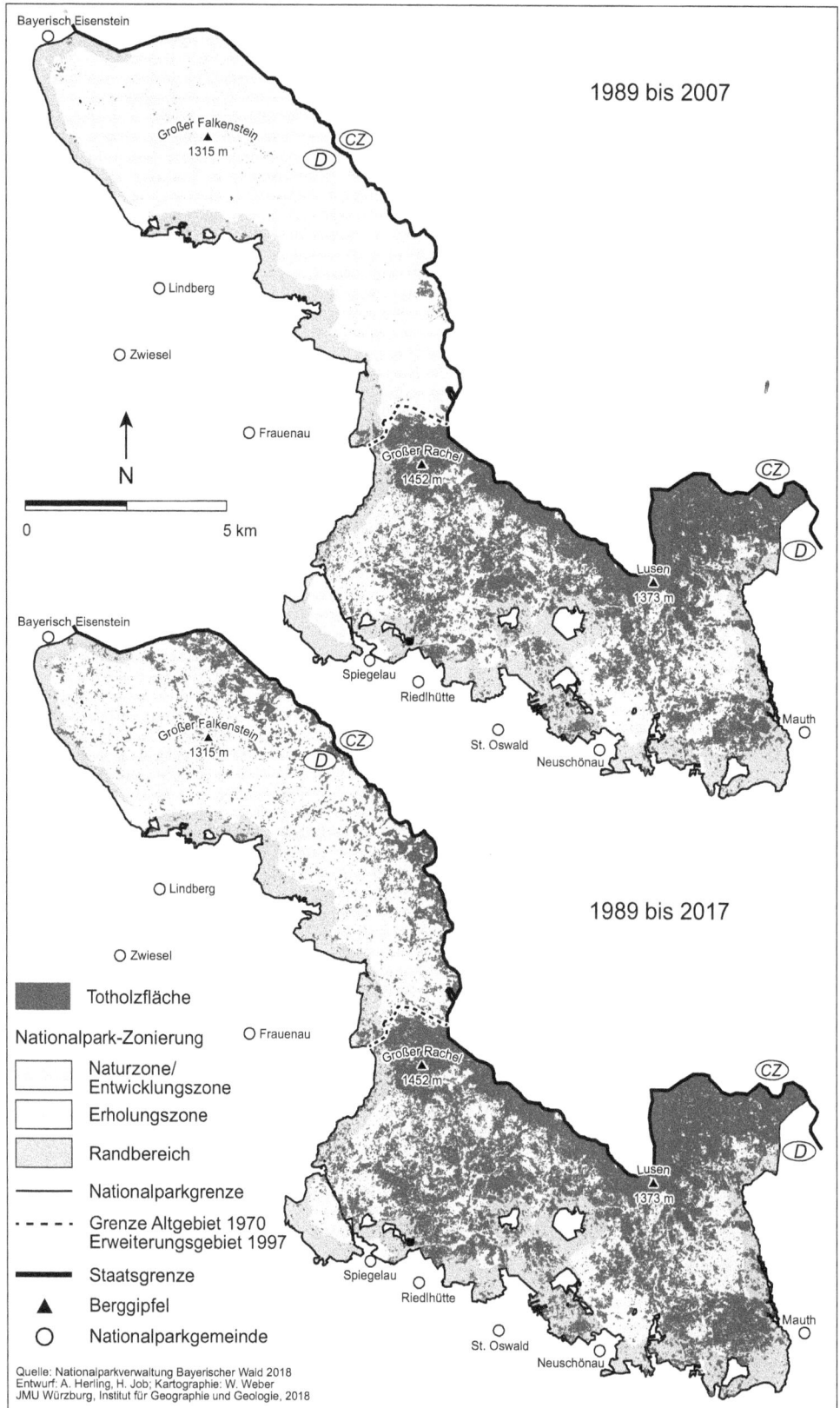

1989 bis 2007

1989 bis 2017

N

0   5 km

Bayerisch Eisenstein

Großer Falkenstein
1315 m

Lindberg

Zwiesel

Frauenau

Großer Rachel
1452 m

Lusen
1373 m

CZ
D

Spiegelau
Riedlhütte

St. Oswald

Neuschönau

Mauth

Totholzfläche

Nationalpark-Zonierung

Naturzone/
Entwicklungszone

Erholungszone

Randbereich

Nationalparkgrenze

Grenze Altgebiet 1970
Erweiterungsgebiet 1997

Staatsgrenze

Berggipfel

Nationalparkgemeinde

Quelle: Nationalparkverwaltung Bayerischer Wald 2018
Entwurf: A. Herling, H. Job; Kartographie: W. Weber
JMU Würzburg, Institut für Geographie und Geologie, 2018

derer, die gegen den Fortbestand des Nationalparks votieren würden, im Nahbereich mit 14,4% immer noch genau doppelt so hoch wie im Fernbereich. In den Außengrenzen des Nationalparks und seinen Enklaven, wie z.B. in Waldhäuser, Guglöd o. ä., tun sich die Einheimischen schwerer mit dem Park, seinen naturschutzfachlichen Zielen, den sich daraus ergebenden teilweisen Auflagen sowie dem Management, was diese implementiert und kontrolliert (vgl. Abb. 45).

Abbildung 45: Ergebnisse der Sonntagsfrage räumlich differenziert

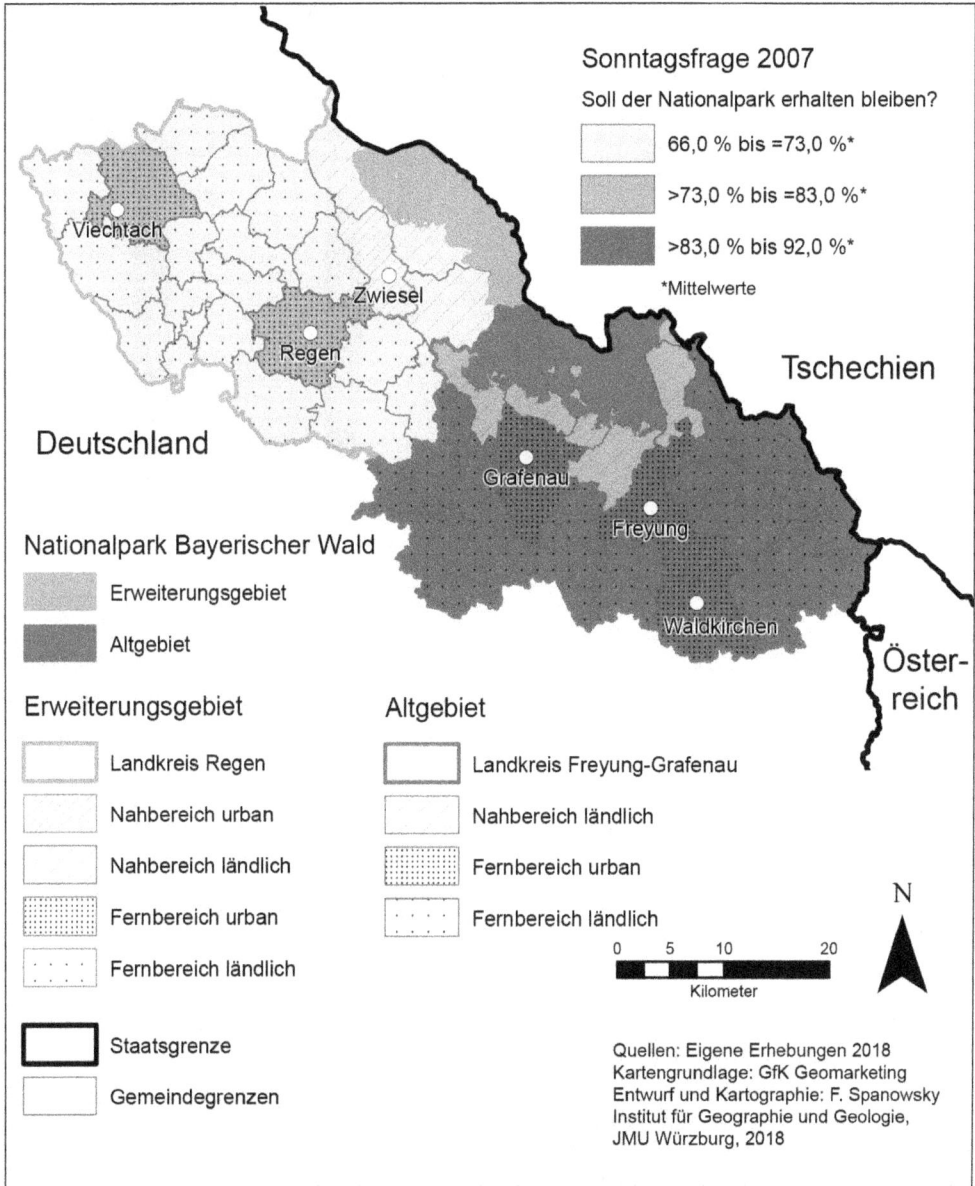

Quelle: eigene Darstellung

Eine detailliertere Auskunft über die Auswirkung der räumlichen Distanz zum Nationalpark auf die Akzeptanz bieten die Angaben der Befragten über die Entfernung ihres Wohnsitzes von der Grenze des Nationalparks. Setzt man diese in Bezug zum Antwortverhalten in der Sonntagsfrage, wird eine kontinuierliche Zunahme der Akzeptanz evident. Ab einer Entfernung von über 10 km zeigt sich die Akzeptanzsteigerung bereits deutlich, und ab 20 km ist der Anteil der Nationalparkgegner bereits verschwindend gering (vgl. Abb. 46). Aus dem ehedem konstatierten Akzeptanzkrater ist jedoch zwischenzeitlich naturgemäß eher eine Akzeptanzmulde geworden, die dem Grenzverlauf des Parks folgt, deutlicher entlang des jüngeren Nationalparkteiles im Landkreis Regen.

Abbildung 46: Abstimmungsverhalten Sonntagsfrage nach Entfernung zur Grenze des Nationalparks in km

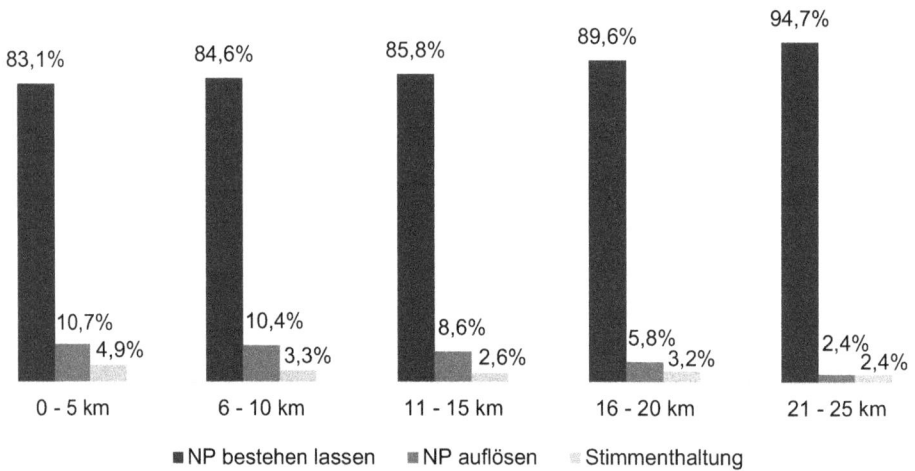

	0 - 5 km	6 - 10 km	11 - 15 km	16 - 20 km	21 - 25 km
NP bestehen lassen	83,1%	84,6%	85,8%	89,6%	94,7%
NP auflösen	10,7%	10,4%	8,6%	5,8%	2,4%
Stimmenthaltung	4,9%	3,3%	2,6%	3,2%	2,4%

Quelle: eigene Darstellung

Das Vorhandensein einer Akzeptanzschere, wie es HILLEBRAND/ERDMANN (2015) im Nationalpark Eifel konstatierten, kann für das Untersuchungsgebiets des Bayerischen Waldes nicht bestätigt werden. Die Teilräume mit geringeren Akzeptanzwerten in den Vorgängerstudien (Nahbereich und Altgebiet) haben in der vorliegenden Studie ebenfalls an Akzeptanz hinzugewonnen und nicht weiter zusätzlich an Akzeptanz eingebüßt. So stieg der Anteil der Nationalparkbefürworter im Nahbereich von 34,2% in 1988 auf 78,9% in 2018. Für das Altgebiet wurde 2007 ein Anteil von 81,0% Nationalparkfürsprechern ermittelt. In der vorliegenden Studie ist dieser Wert deutlich auf 90,4% angestiegen.

6.1.6.2 Seniorität des Bestehens des Nationalparks

Bezüglich des Faktors Zeit konstatierte bereits LIEBECKE et al. (2011: 65): „Die junge Generation wächst mit dem Nationalpark auf. Sie wird ihn in Zukunft wohl weit weniger stark in Frage stellen." Hinsichtlich des Teilaspekts „Kritik am Umgang mit dem Wald" konnte dies auch in der vorliegenden Studie festgestellt werden. Das Abstimmungsverhalten in der „Sonntagsfrage" zeigte unter der Altersklasse der 18- bis 35-Jährigen den geringsten Anteil an Nationalparkgegnern auf. Jedoch stimmte mit den 36- bis 50-Jährigen die nächstältere Altersklasse zum gleichen Teil gegen den Fortbestand des Nationalparks wie die Kohorte 65+. Eine Akzeptanzsteigerung durch Gewöhnung an den Nationalpark scheint also bestenfalls unter der jüngsten Altersklasse auf. Das ist nachvollziehbar, denn im Nordteil ist der Nationalpark ja gerade einmal 20 Jahre alt.

Die Akzeptanzentwicklung in Abhängigkeit von der Zeit des Bestehens des Nationalparks ist offensichtlich im Vergleich zu den Akzeptanzwerten, die in den beiden Vorgängerstudien ermittelt wurden. Hier ist ein deutlicher Trend zur Akzeptanzsteigerung zu erkennen. Die zeitlichen Auswirkungen können für den Nationalpark Bayerischer Wald zusätzlich aufgezeigt werden, da sowohl Anwohner des Erweiterungsgebiets (Lkr. Regen) als auch des Altgebiets (Lkr. Freyung-Grafenau) befragt wurden. Damit sind zwei Gruppen vertreten, zwischen deren „Gewöhnungszeiten" an den Nationalpark eine Differenz von 27 Jahren (fast einer Generation) liegt. Entsprechend divergieren die Akzeptanzwerte der beiden Landkreise merklich. Würden derzeit von den Anwohnern des Nationalparkaltgebiets lediglich 5,1% gegen den Fortbestand des Nationalparks votieren, so liegt dieser Anteil unter den Anwohnern des Erweiterungsgebiets bei 12,2% (vgl. Abb. 47).

Abbildung 47: Abstimmungsverhalten „Sonntagsfrage" in Abhängigkeit von der Zeit des Bestehens des Nationalparks

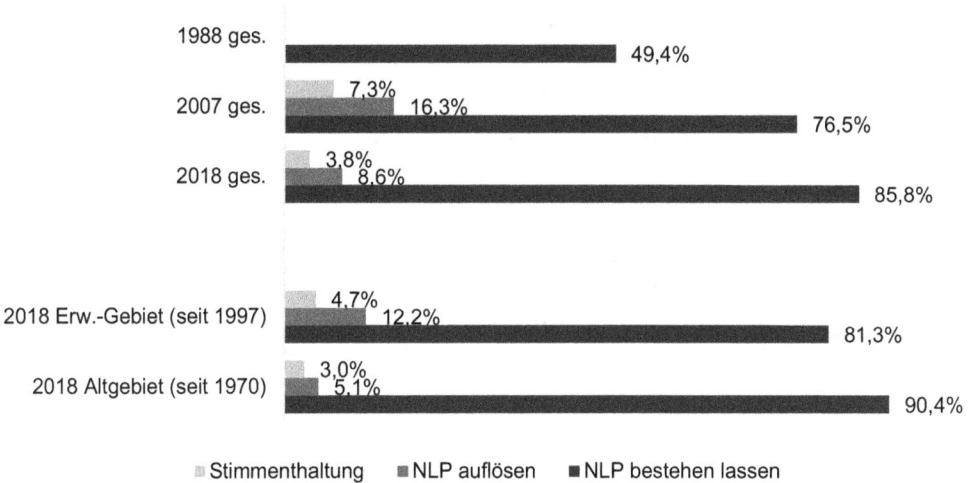

Quelle: eigene Darstellung

6.2 Nationalpark Berchtesgaden

Die Akzeptanz des Nationalparks Berchtesgaden wird mit dem Ziel einer größtmöglichen Vergleichbarkeit der beiden bayerischen Nationalparks in ähnlicher Weise wie die Akzeptanz des Nationalparks Bayerischer Wald anhand der zuvor definierten Prädiktoren der Einstellung und der daraus abgeleiteten Untersuchungskriterien dargestellt.

6.2.1 Grundlegende Werte

Die Tabelle 13 zeigt Details zur Stichprobe der vorliegenden Studie sowie der Vorgängerstudie. Ebenso sind Vergleichsdaten abgebildet für den gesamten Landkreis Berchtesgadener Land. Die Stichprobe weist eine Überrepräsentation der Beschäftigten in der Land- und Forstwirtschaft, der Altersgruppen 65+ sowie der männlichen Probanden auf. Das Abstimmungsverhalten in der Sonntagsfrage indiziert, dass die Gesamteinstellung der Befragten zum Nationalpark bereits ausgezeichnet ist, da 96,1% der Befragten den Nationalpark befürworten (vgl. Tab. 13).

Tabelle 13: Stichprobenstruktur Nationalpark Berchtesgaden

Stichprobe Nationalpark Berchtesgaden	2018	1990	Regionalstatistik[*] Lkr. BGL 2018
N	1582	316	-
Durchschnittsalter	54,9 Jahre	-	46,9 Jahre
Geschlecht	männlich: 46,3 % weiblich: 51,5 %	43,5 % 55,9 %	51,3% 48,7%
Beruflicher Hintergrund	Forstwirtschaft: 7,8 % Landwirtschaft: 13,6 % Tour.-Gastgewerbe: 19,1 %	Land- und Forstwirtschaft: 7,6 %	Land- und Forstwirtschaft, Fischerei: 0.9%
Wirtschaftlicher Hintergrund	Gastgewerbe: 9,6 %	26,3 %	-
Herkunft	Einheimische (inkl. vor 1981 Zugezogener): 70,3 %	56,8 %	-
Sonntagsfrage	bestehen lassen: 96,1% auflösen: 1,6%		

* vgl. Fortschreibung des Bevölkerungsstandes 31.12.2017 BAYERISCHES LANDESAMT FÜR STATISTIK (2018)

Quelle: eigene Darstellung

Ebenso wie für den Nationalpark Bayerischer Wald werden die in Berchtesgaden abgefragten 14 Statements anhand einer Faktorenanalyse zu Themenbereichen zusammengefasst (vgl. Tab. 14). Faktor eins stellt den Effekt des Nationalparks auf die Landschaftsentwicklung und deren Rezeption ins Zentrum und gibt somit Einblick in das Naturverständnis der Nationalparkanwohner als Bestandteil der soziokulturellen Prädiktoren. Das Themenfeld Tourismus gliedert sich auf zwei Prädiktoren auf. Faktor zwei bezieht sich auf die qualitätssteigernden Maßnahmen im Tourismus und Faktor drei zielt auf Nachhaltigkeit in der Tourismusentwicklung ab. Inhaltlich ergänzen diese Prädiktoren die Erkenntnisse über die Effekte des Nationalparktourismus auf die Akzeptanz. Der vierte Faktor beinhaltet eine Reihe von positiven Aussagen über den Nationalpark sowie die Nationalparkverwaltung und bildet somit eine mögliche Argumentationslinie von Nationalparkfürsprechern ab. Als umfangreicher Indikator für Akzeptanz eignet sich dieser für die Überprüfung ausgewählter Einflussfaktoren. Faktor fünf wiederum bezieht sich vornehmlich auf das Handeln der Nationalparkverwaltung und dessen Wahrnehmung seitens der Nationalparkanwohner. Diese Information ist insbesondere hinsichtlich der sozialen Distanz als Bestandteil der interpersonellen Prädiktoren entscheidend.

Tabelle 14: Statements nach Faktor auf Basis einer Faktorenanalyse

Faktor	Statements
1. Rezeption der nationalparkinduzierten Landschaftsentwicklung	1. „Es ärgert mich, dass man im Nationalpark Natur Natur sein lässt."
	2. „Der Nationalpark erhöht unsere Lebensqualität."
	3. „Ohne den Nationalpark wäre die Landschaft nicht so schön."
	4. „Tote Bäume im Nationalpark schrecken die Touristen ab."
	5. „Gerade die entstehende Waldwildnis lockt viele Touristen in die Region."
	6. „Es war eine schlechte Idee in unserer Kulturlandschaft Berchtesgadener Land einen Nationalpark zu errichten."
2a) Qualitätssteigerung im Tourismus	17. „Ich denke, dass man im Nationalpark mehr barrierefreie Einrichtungen braucht."
	18. „Eine Berghütte im Nationalpark braucht kein modernes Badezimmer."
	19. „Auf den Ortsschildern sollte der Zusatz „Nationalparkgemeinde" angebracht werden."
2b) Nachhaltiger Tourismus	15. „In anderen Nationalparks bestehen zeitweise Wegegebote. Die Nationalpark-Verwaltung sollte sich daran ein Beispiel nehmen."
	16. „Höhere Parkplatzgebühren und ein erweitertes Zug/Bus-Netz sollten den ÖPNV für Touristen attraktiver machen."
4. Nationalpark Fürsprache	7. „Ich finde, dass die Wege im Nationalpark gut ausgebaut und beschildert sind."
	8. „Ich glaube, dass durch den Nationalpark mehr Touristen in die Region kommen."
	9. „Ich bewege mich bewusst im Nationalpark und mir ist es wichtig, naturverträglich unterwegs zu sein."
	10. „Ich bin mit der Arbeit der Nationalpark-Verwaltung insgesamt zufrieden."
5. Wahrnehmung der Arbeit der Nationalpark-Verwaltung	11. „Die Nationalpark-Verwaltung trifft ihre Entscheidungen fast immer über die Köpfe der betroffenen Bevölkerung hinweg."
	12. „Der Nationalpark hat ein Müllproblem."
	13. „Durch die Maßnahmen zum Waldumbau gewinnt die Natur mehr Vielfalt."
	14. „Die Nationalparkverwaltung baut Wanderwege eher zurück anstatt sie gut zu unterhalten oder auszubauen."

Quelle: eigene Darstellung

6.2.2 Ökonomische Prädiktoren

Bezüglich der Auswirkungen ökonomischer Anreize auf die Akzeptanz stellten RENTSCH/KUHN (1990: 44) fest, dass wirtschaftliche Vorteile durch den Nationalpark Berchtesgaden in erster Linie Betrieben und Beschäftigten aus dem Fremdenverkehr zugeschrieben wurden. Wie sich die Wahrnehmung der ökonomischen Effekte des Nationalparks seitens der Anwohner, insbesondere bezüglich der Tourismusentwicklung, heute darstellt, wird im Folgenden aufgezeigt.

Zunächst stellt sich die Frage, inwiefern die Probanden den Nationalpark mit seiner Funktion für die Tourismusentwicklung gedanklich verknüpfen. Die Antworten auf die Frage nach spontanen Assoziationen (drei mögliche Nennungen) der Befragten mit dem Nationalpark Berchtesgaden zeigt: Zu 19,8% assoziieren die Befragten den Nationalpark mit dem Themenbereich Tourismus und Erholung. Diese Kategorie belegt damit insgesamt den dritten Rangplatz.

Anschließend gilt es, die Frage zu beantworten, welche Tourismusentwicklung von den Anwohnern gewünscht wird, um adäquat feststellen zu können, ob die wahrgenommenen Effekte des Nationalparks auch den Wünschen der Nationalparkanwohner entsprechen. Auf eine offene Frage bezüglich der allgemeinen gewünschten Entwicklung des Tourismus im Berchtesgadener Land äußerten sich die Befragten vorwiegend zugunsten einer gleichbleibenden Quantität bei steigender Qualität, insbesondere hinsichtlich nachhaltigem Tourismus (vgl. Abb. 48).

Abbildung 48: Satzergänzungsfrage „Tourismus im Berchtesgadener Land sollte..."

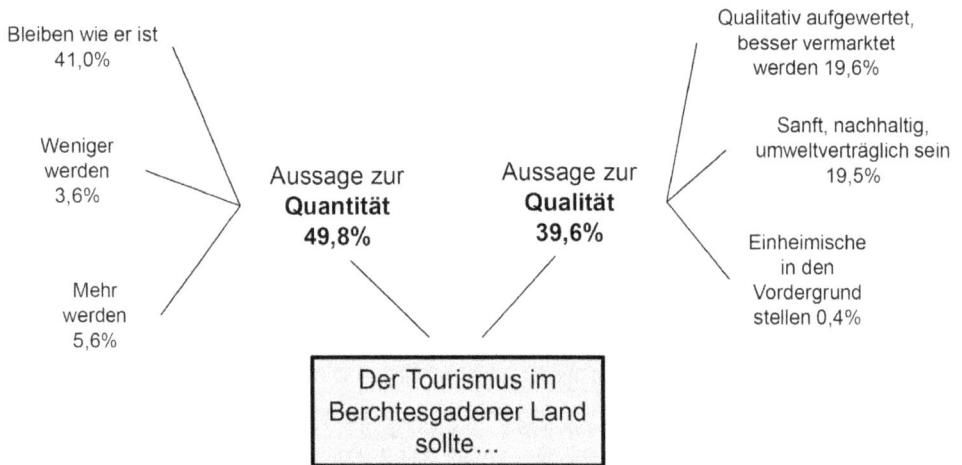

Bleiben wie er ist 41,0%

Weniger werden 3,6%

Mehr werden 5,6%

Aussage zur **Quantität** 49,8%

Aussage zur **Qualität** 39,6%

Qualitativ aufgewertet, besser vermarktet werden 19,6%

Sanft, nachhaltig, umweltverträglich sein 19,5%

Einheimische in den Vordergrund stellen 0,4%

Der Tourismus im Berchtesgadener Land sollte...

Keine Angabe: 10,3%

Quelle: eigene Darstellung

Der Wunsch nach einer gleichbleibenden Quantität des Tourismus bestätigt sich auch durch die geschlossene Frage nach der Einschätzung der Touristenanzahl im Nationalpark Berchtesgaden. Hier überwiegt mehrheitlich das Urteil, die Touristenzahl sei „gerade richtig". Ein Übermaß an Touristen empfinden insbesondere die Bewohner des Nahbereichs und der ländlichen Gegenden. Selbst die Gastwirte und die Beschäftigten im Tourismus wünschen nur zu 5,4% beziehungsweise zu 6,4% einen Zuwachs der Touristenzahlen (vgl. Abb. 49).

Abbildung 49: Einschätzung der Touristenanzahl im Nationalpark Berchtesgaden räumlich differenziert und nach Tourismus-Berufsgruppe

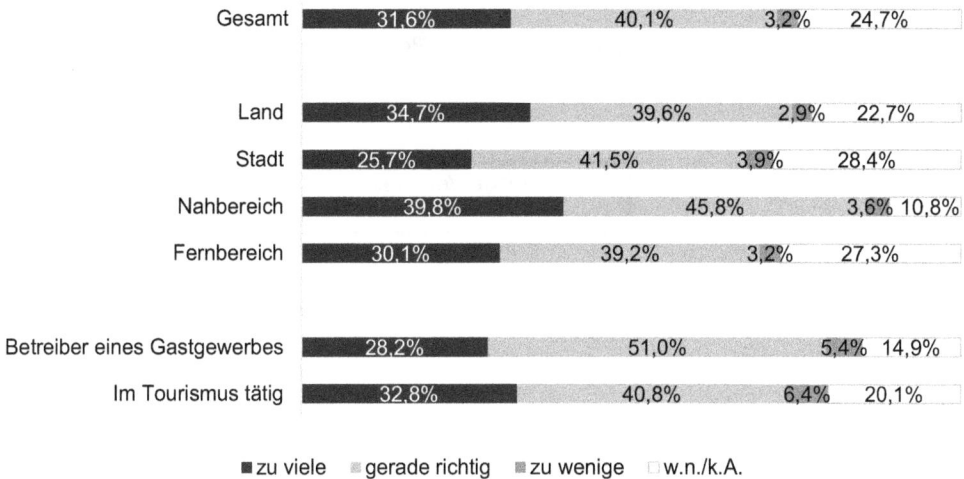

	zu viele	gerade richtig	zu wenige	w.n./k.A.
Gesamt	31,6%	40,1%	3,2%	24,7%
Land	34,7%	39,6%	2,9%	22,7%
Stadt	25,7%	41,5%	3,9%	28,4%
Nahbereich	39,8%	45,8%	3,6%	10,8%
Fernbereich	30,1%	39,2%	3,2%	27,3%
Betreiber eines Gastgewerbes	28,2%	51,0%	5,4%	14,9%
Im Tourismus tätig	32,8%	40,8%	6,4%	20,1%

■ zu viele　■ gerade richtig　■ zu wenige　▢ w.n./k.A.

Quelle: eigene Darstellung

Eine naheliegende Begründung für den Wunsch nach einer gleichbleibenden Touristenzahl liegt darin, dass Tendenzen zum an bestimmten Standorten saisonal vorhandenen Massentourismus im Berchtesgadener Land (z.B. Wimbachklamm) unter anderem Probleme verstärken, wie etwa die Verkehrssituation, die von 47,1% der Probanden auf eine offene Frage hin mit negativen Assoziationen konnotiert wurde (vgl. Abb. 50). Der gleichbleibend sehr hohe Anteil derjenigen Besucher, die per motorisiertem Individualverkehr anreisen und vor Ort verkehren, führt zu Staus, Parkplatz-Suchfahrten und wildem Parken im Gelände des Parkumfeldes. Dies stellt auch eine landschaftsästhetische Belastung dar, etwa entlang der Straße durch die Ramsau zum Besucherparkplatz Klausbachtal und Hintersee, wo die bereits hohe Besucherzahl perspektivisch ansteigen wird. Ähnliches gilt nicht zuletzt wegen der Aufrüstung der Jennerbahn mitsamt der touristifizierten Bergstation unter dem Gipfel für den Zuweg zum Königssee und dessen Großparkplatz (vgl. BUTZMANN 2017; SCHAMEL 2017; BERCHTESGADENER ANZEIGER 2017).

Auch touristische Hubschrauberflüge, die neuerdings vermehrt von Gästen der Mozartstadt Salzburg und deren Flughafen ausgehen,[16] werden ebenfalls auf eine Satzergänzungsfrage hin, von 89,9% der Befragten im weiteren Sinne als „unnötige" und „einzuschränkende" Auswüchse des Tourismus bewertet (vgl. Abb. 51).

Die gewünschte Aufwertung des Tourismus im Berchtesgadener Land hinsichtlich Qualität, darunter insbesondere der Wunsch nach mehr Nachhaltigkeit, spiegelt sich auch im ermittelten zweiten Faktor wider. Die Zustimmungswerte mit den

---

16 Solange Hubschrauber auf der österreichischen Seite entlang der Staatsgrenze fliegen, entziehen sich diese dem Einflussbereich des Nationalparks Berchtesgaden.

Abbildung 50: Satzergänzungsfrage zur Verkehrssituation

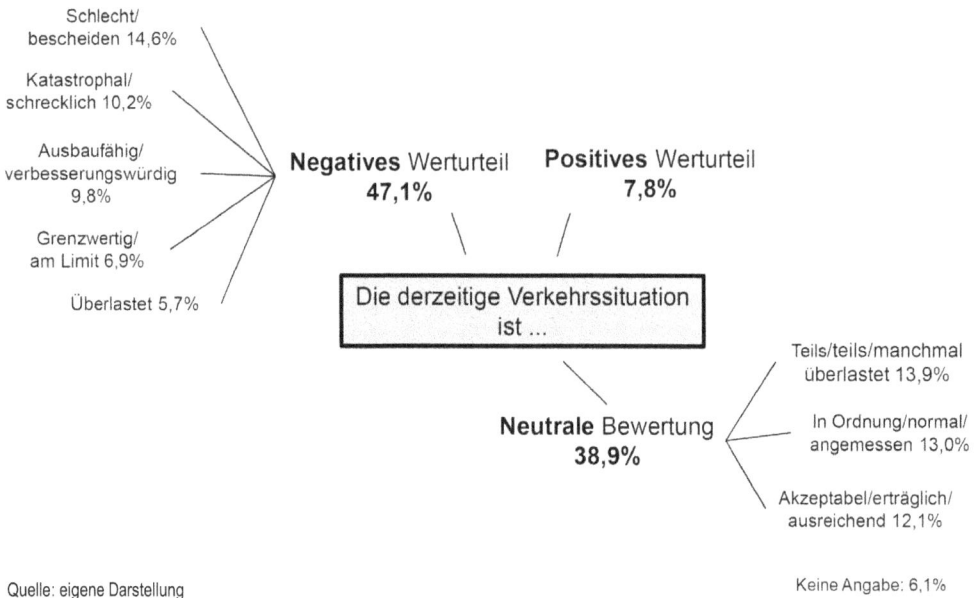

Schlecht/
bescheiden 14,6%

Katastrophal/
schrecklich 10,2%

Ausbaufähig/
verbesserungswürdig
9,8%

Grenzwertig/
am Limit 6,9%

Überlastet 5,7%

Negatives Werturteil
47,1%

Positives Werturteil
7,8%

Die derzeitige Verkehrssituation
ist ...

Neutrale Bewertung
38,9%

Teils/teils/manchmal
überlastet 13,9%

In Ordnung/normal/
angemessen 13,0%

Akzeptabel/erträglich/
ausreichend 12,1%

Quelle: eigene Darstellung

Keine Angabe: 6,1%

Abbildung 51: Satzergänzungsfrage zu touristischen Hubschrauberflügen

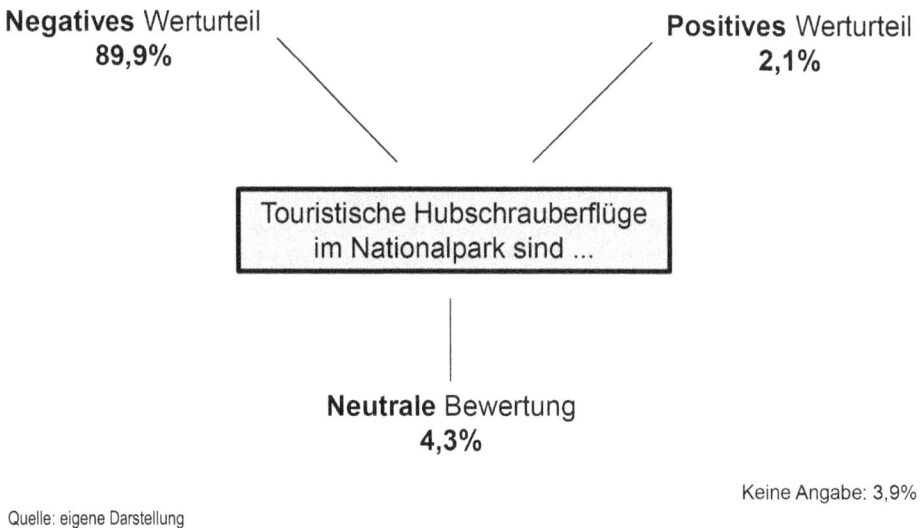

Negatives Werturteil
89,9%

Positives Werturteil
2,1%

Touristische Hubschrauberflüge
im Nationalpark sind ...

Neutrale Bewertung
4,3%

Keine Angabe: 3,9%

Quelle: eigene Darstellung

entsprechenden Statements zeigen, dass Qualitätssteigerung wie etwa Barrierefrei-
heit, von 37,7% der Anwohner befürwortet wird. Zulasten von Tradition (alpinis-
tische Berghüttennutzung) sind Modernisierungen jedoch nicht gewünscht. Trotz
der persönlichen Einschränkungen spricht sich mit 42,4% ein Großteil der Befragten

für zeitweise Wegegebote[17] im Nationalpark aus, was eine hohe Wertschätzung von naturverträglichem Tourismus vermuten lässt. Eine Attraktivitätssteigerung von nachhaltiger Mobilität für Gäste im Sinne eines besseren ÖPNV-Angebots unterstützt immerhin ein gutes Drittel der Probanden (vgl. Abb. 52/53).

Abbildung 52: Qualitätssteigerung im Tourismus

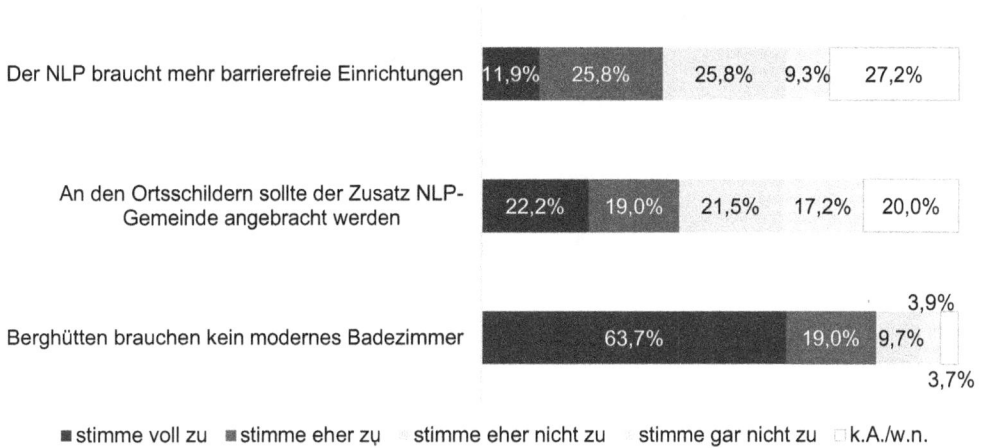

	stimme voll zu	stimme eher zu	stimme eher nicht zu	stimme gar nicht zu	k.A./w.n.
Der NLP braucht mehr barrierefreie Einrichtungen	11,9%	25,8%	25,8%	9,3%	27,2%
An den Ortsschildern sollte der Zusatz NLP-Gemeinde angebracht werden	22,2%	19,0%	21,5%	17,2%	20,0%
Berghütten brauchen kein modernes Badezimmer	63,7%	19,0%	9,7%	3,9%	3,7%

■ stimme voll zu ■ stimme eher zu stimme eher nicht zu stimme gar nicht zu □ k.A./w.n.
Quelle: eigene Darstellung

Abbildung 53: Tourismus und Nachhaltigkeit

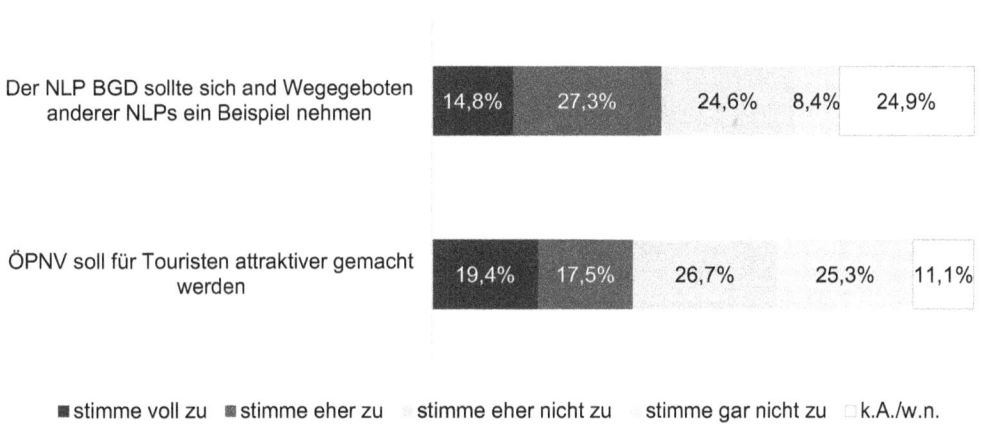

	stimme voll zu	stimme eher zu	stimme eher nicht zu	stimme gar nicht zu	k.A./w.n.
Der NLP BGD sollte sich and Wegegeboten anderer NLPs ein Beispiel nehmen	14,8%	27,3%	24,6%	8,4%	24,9%
ÖPNV soll für Touristen attraktiver gemacht werden	19,4%	17,5%	26,7%	25,3%	11,1%

■ stimme voll zu ■ stimme eher zu stimme eher nicht zu stimme gar nicht zu □ k.A./w.n.
Quelle: eigene Darstellung

Betrachtet man die Gastwirte und Beschäftigten im Tourismus, denen ein direkter wirtschaftlicher Vorteil durch den nationalparkinduzierten Naturtourismus unterstellt werden kann, so zeigt sich, dass darunter keine erhöhte Nationalparkaffinität festgestellt werden kann. Zwar würde die bei weitem überwiegende Mehrheit der genannten Gruppen bei einer Abstimmung über das Fortbestehen des Nationalparks Berchtesgaden mit „bestehen lassen" optieren, im Vergleich zum

---

17 Solche Wegegebote existieren bislang noch nicht.

Durchschnitt sind die Zustimmungswerte jedoch etwas niedriger (vgl. Abb. 54). Die etwas geringere Akzeptanz des Nationalparks seitens der Tourismusbranche zeigt sich ebenfalls anhand des Faktors vier „Nationalpark Fürsprache", dessen Mittelwert[18] unter den einschlägigen Berufsgruppen mit 13,4 von 16 einen halben Punkt niedriger liegt als im Durchschnitt (14,1 von 16).

Abbildung 54: Abstimmungsverhalten Fortbestand Nationalpark nach Tourismus-Berufsgruppen

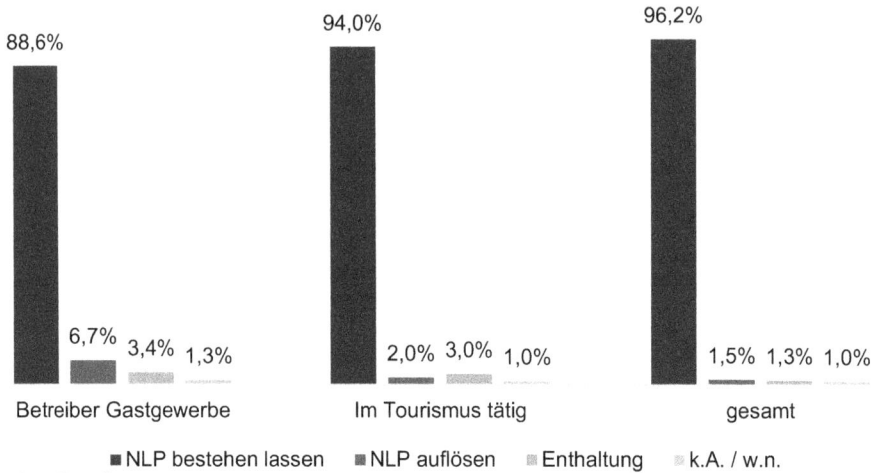

Quelle: eigene Darstellung

Ein detaillierteres Bild über die Bewertung der Zusammenhänge zwischen Nationalpark Berchtesgaden und Tourismus, insbesondere seitens der Tourismustreibenden, bieten die Zustimmungswerte der Befragten mit den einschlägigen Statements. In Anlehnung an die Erkenntnisse von JOB et al. (2008: 16) sollen hier insbesondere solche Statements betrachtet werden, die den positiven Effekt des Nationalparks auf Tourismus allgemein („Nationalpark bringt mehr Touristen in die Region."), sowie die touristische Rezeption von Totholz im Speziellen („Waldwildnis lockt Touristen an." und „Totholz schreckt Touristen ab.") aufzeigen. Bezüglich des positiven Zusammenhangs zwischen Nationalpark und Touristenzahl ist die Zustimmung unter den Beschäftigten im Tourismus etwas höher als der Durchschnitt. Die Gastwirte stimmen dieser Aussage zwar überwiegend zu, liegen jedoch hinter der Allgemeinheit. Die Sorge um eine abschreckende Wirkung von Totholz gegenüber Touristen teilt zwar insgesamt nur eine Minderheit, unter den Betreibern eines Gastgewerbes scheint sie jedoch etwas stärker vertreten zu sein (vgl. Abb. 55).

In der Studie von RENTSCH/KUHN (1999: 44) zeigte sich bereits, dass die Wahrnehmung des Nationalparks als „gutes Aushängeschild für den Tourismus" von 50,9% (N=153) der Befragten voll und ganz oder weitestgehend geteilt wurde. Ähnliche Zustimmungswerte ermittelten RENTSCH/KUHN (1990: 45) für das Statement, dass

---

18 Vier Statements mit je 1 = „stimme gar nicht zu" bis 4 = „stimme voll zu", summiert zu 4 = „sehr geringe Fürsprache" bis 16 = „sehr hohe Fürsprache".

Abbildung 55: Zustimmung mit Statements zum Zusammenhang Nationalparktourismus nach Tourismus-Berufsgruppe

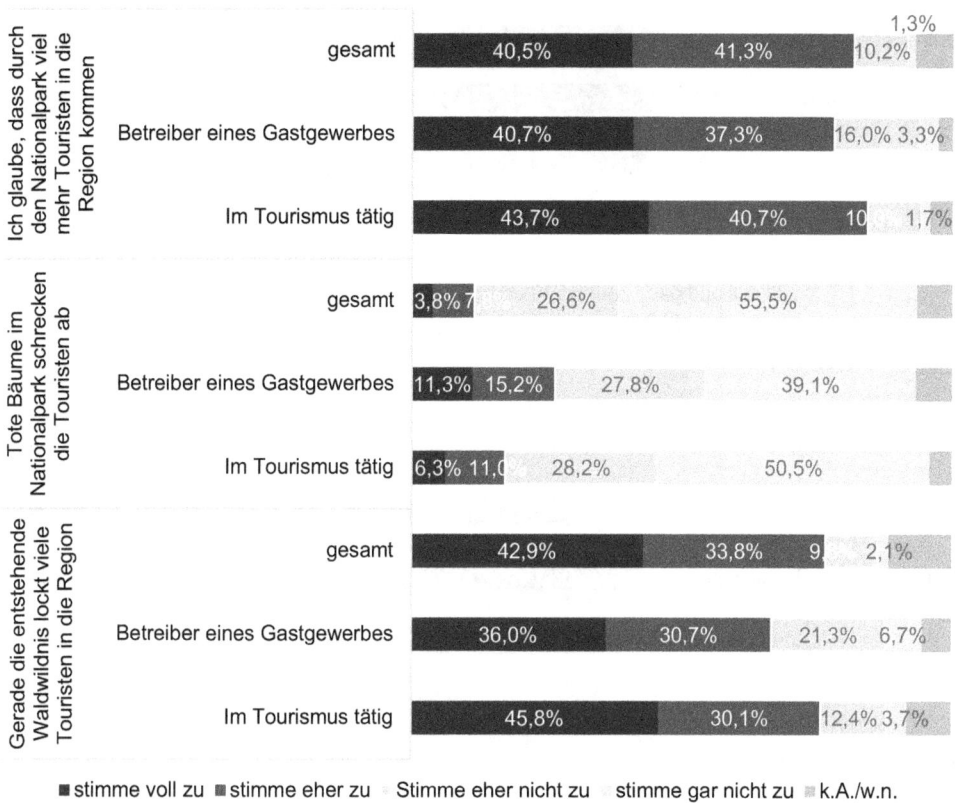

Ich glaube, dass durch den Nationalpark viel mehr Touristen in die Region kommen

- gesamt: 40,5% | 41,3% | 10,2% | 1,3%
- Betreiber eines Gastgewerbes: 40,7% | 37,3% | 16,0% | 3,3%
- Im Tourismus tätig: 43,7% | 40,7% | 10 | 1,7%

Tote Bäume im Nationalpark schrecken die Touristen ab

- gesamt: 3,8% 7 | 26,6% | 55,5%
- Betreiber eines Gastgewerbes: 11,3% | 15,2% | 27,8% | 39,1%
- Im Tourismus tätig: 6,3% 11,0 | 28,2% | 50,5%

Gerade die entstehende Waldwildnis lockt viele Touristen in die Region

- gesamt: 42,9% | 33,8% | 9. | 2,1%
- Betreiber eines Gastgewerbes: 36,0% | 30,7% | 21,3% | 6,7%
- Im Tourismus tätig: 45,8% | 30,1% | 12,4% | 3,7%

■ stimme voll zu ■ stimme eher zu   Stimme eher nicht zu   stimme gar nicht zu ▨ k.A./w.n.

Quelle: eigene Darstellung

„durch den Nationalpark [..] Berchtesgaden noch bekannter geworden" ist. Diesbezüglich stellte sich jedoch heraus, dass diese Zustimmung durch die „Mehrheit der am Fremdenverkehr als Vermieter unmittelbar Beteiligten nicht geteilt" wird. In vergleichbarer Form wurde die Zustimmung zu diesem Statement 2018 wieder ermittelt mit dem Zusatz der „bundesweiten und internationalen Bekanntheit". Hier zeigt sich, dass auch die Betreiber eines Gastgewerbes und die Beschäftigten im Tourismus der positiven Wirkung des Nationalparks auf den Bekanntheitsgrad der Region zustimmen, obschon die Zustimmungswerte unter den Gastwirten marginal geringer sind als im gesamten Durchschnitt (vgl. Abb. 56).

Die Tourismusbranche hat nach 40-jähriger Nationalparkerfahrung augenscheinlich erkannt, dass die Destination Nationalpark Berchtesgaden als naturtouristische Marke genutzt werden kann. Dies zeigt sich auch darin, dass die Tourismus-Berufsgruppen mehrheitlich den Zusatz „Nationalparkgemeinde" auf Ortsschildern wünschen. Insbesondere die Betreiber eines Gastgewerbes stimmen zu 50% dieser Aussage voll oder eher zu und liegen damit 14,8 Prozentpunkte vor dem Durchschnitt, der diesem Statement zu 38,2% zustimmt. Auch die Beschäftigten aus der Tourismusbranche sind dem Zusatz „Nationalparkgemeinde" durchaus zugeneigt (vgl. Abb. 57).

Abbildung 56: Zustimmung mit „Nationalpark erhöht Bekanntheitsgrad der Region"

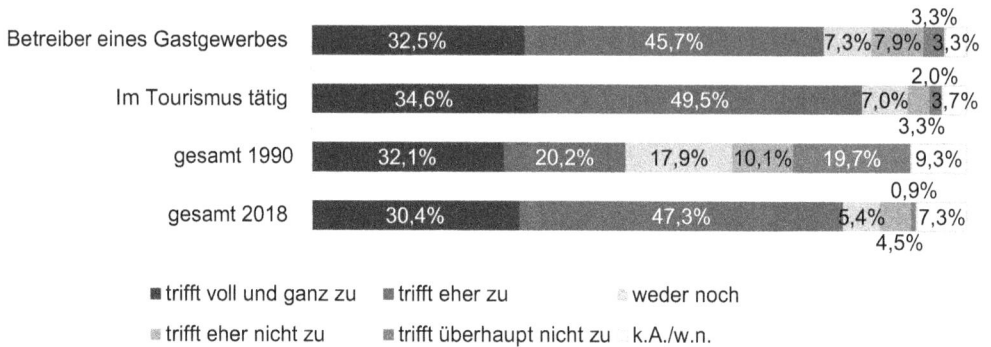

Betreiber eines Gastgewerbes	32,5%	45,7%	7,3%	7,9%	3,3%	3,3%
Im Tourismus tätig	34,6%	49,5%	7,0%	3,7%	2,0%	
gesamt 1990	32,1%	20,2%	17,9%	10,1%	19,7%	9,3% / 3,3%
gesamt 2018	30,4%	47,3%	5,4%	7,3%	0,9% / 4,5%	

■ trifft voll und ganz zu   ■ trifft eher zu   weder noch

■ trifft eher nicht zu   ■ trifft überhaupt nicht zu   k.A./w.n.

Quelle: eigene Darstellung

Abbildung 57: Zustimmung mit „Nationalparkgemeinde" als Zusatz auf Ortsschildern nach Tourismus-Berufsgruppen

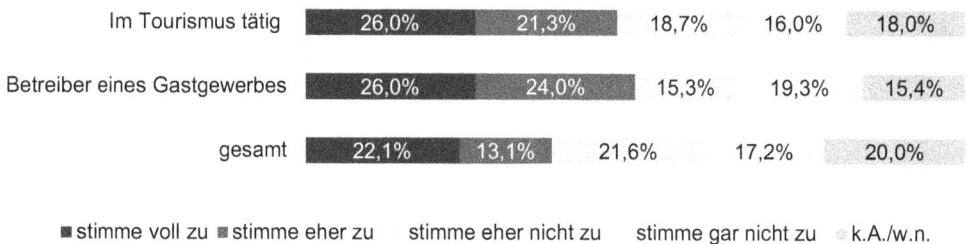

Im Tourismus tätig	26,0%	21,3%	18,7%	16,0%	18,0%
Betreiber eines Gastgewerbes	26,0%	24,0%	15,3%	19,3%	15,4%
gesamt	22,1%	13,1%	21,6%	17,2%	20,0%

■ stimme voll zu   ■ stimme eher zu   stimme eher nicht zu   stimme gar nicht zu   k.A./w.n.

Quelle: eigene Darstellung

Abbildung 58: Zustimmung mit positiven Effekten des Nationalparks auf Tourismus nach Abstimmungsverhalten in der „Sonntagsfrage"

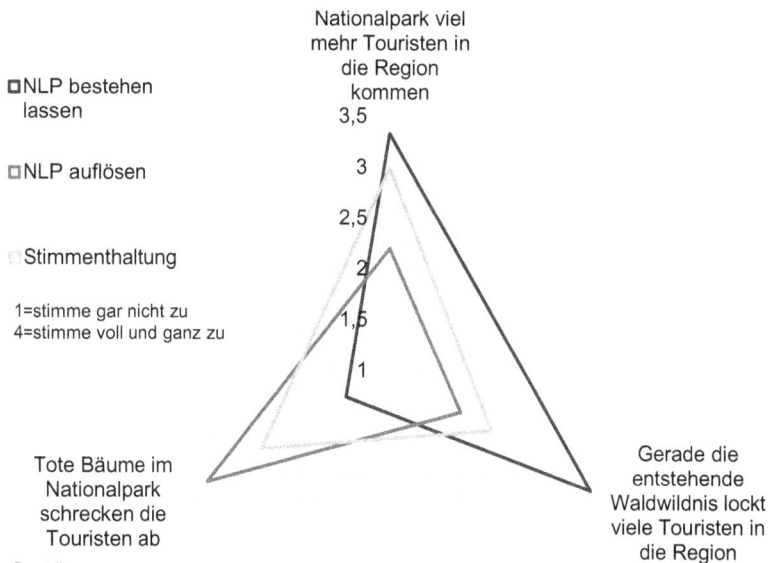

□ NLP bestehen lassen

□ NLP auflösen

Stimmenthaltung

1=stimme gar nicht zu
4=stimme voll und ganz zu

Nationalpark viel mehr Touristen in die Region kommen

Tote Bäume im Nationalpark schrecken die Touristen ab

Gerade die entstehende Waldwildnis lockt viele Touristen in die Region

Quelle: eigene Darstellung

Es wird zudem offenbar, dass die Zustimmung mit der positiven Wirkung des Nationalparks und des natürlich belassenen Waldbildes auf den Tourismus vornehmlich von Befragten geäußert wird, die im Falle einer Abstimmung für das Fortbestehen des Nationalparks optieren würden. Unter den Befragten, die eine Auflösung des Nationalparks präferieren, wird umgekehrt die abschreckende Wirkung von Totholz wie zu erwarten stärker eingeschätzt (vgl. Abb. 58).

6.2.3 Emotionale Prädiktoren

Entsprechend der Theorie der psychologischen Reaktanz sollen im Folgenden in erster Linie Emotionen seitens der Befragten im Hinblick auf Einschränkungen durch den Nationalpark betrachtet werden. Welche Regeln oder Ge- und Verbote den Anwohnern des Nationalparks Berchtesgaden besonders präsent sind, zeigen die spontanen Nennungen der Befragten. Mit insgesamt 39,8% fallen die meisten Nennungen unter die Kategorie der Betretungs- und Fahrverbote, gefolgt vom allgemeinen Gebot des Schutzes von Flora und Fauna (30,6%). Des Weiteren wurden Camping-Verbot (22,8%), Feuer- und Rauchverbot (21,0%), Müllvermeidung (15,6%) und Leinenpflicht für Hunde (14,6%) häufig genannt.

Das allgemeine Empfinden der Restriktionen durch den Nationalpark Berchtesgaden stellen die Zustimmungswerte mit der Aussage „Im Nationalpark Berchtesgaden ist vieles verboten, was erlaubt sein sollte", dar. Insgesamt bewerten lediglich 16,4% diese Aussage als voll oder eher zutreffend. Einige Teilgruppen nehmen die Verbotslage jedoch intensiver wahr. Knappe acht Prozentpunkte höher als im Durchschnitt sind die Zustimmungswerte zu dem Statement in der Altersklasse der über 65-Jährigen. Dies weist möglicherweise darauf hin, dass die mit der Zeit erworbene Gewohnheit an vorhandene Ge- und Verbote eine Rolle spielt. Auch im Nahbereich liegt die Zustimmung etwa sechs Prozentpunkte über dem Mittel. Durch das erhöhte Einschränkungsempfinden wird die Rolle der räumlichen Betroffenheit besonders deutlich. Der Zusammenhang zwischen Einschränkungsempfinden und Akzeptanz wird anhand der Sonntagsfrage offenbar. So würden die Personen, die ein Übermaß an Verboten im Nationalpark erkennen, zu 5,3% eine Auflösung des Nationalparks favorisieren. Im Mittel dagegen sind es lediglich 1,6%, die gegen ein Weiterbestehen des Nationalparks stimmten.

Zudem gaben die Probanden anhand einer Entscheidungsfrage an, ob sich für sie im Alltag durch die Nähe zum Nationalpark Einschränkungen ergeben. Insgesamt antwortete mit 91,6% eine deutlich überwiegende Mehrheit der Befragten hier mit „nein". Lediglich 4,9% sehen sich im alltäglichen Leben beeinträchtigt. Dieser Wert ist im Nahbereich des Nationalparks zwar mit 11,2% mehr als doppelt so hoch, doch auch hier sieht sich die Mehrheit der Befragten (86,3%) im Alltag keinen Einschränkungen ausgesetzt (vgl. Abb. 59).

Detailliertere Information zum Einschränkungsempfinden bieten die Bewertungen der einzelnen Reglementierungen. Die Befragten beurteilten hier die Angemessenheit einzelner Verbote und den Grad der empfundenen Einschränkung. Es zeigt sich, dass keine der hier genannten Restriktionen von einer Mehrheit der Befragten überwiegend als unangemessen beziehungsweise einschränkend empfunden wird.

Abbildung 59: Einschränkungsempfinden im Alltag, räumlich differenziert

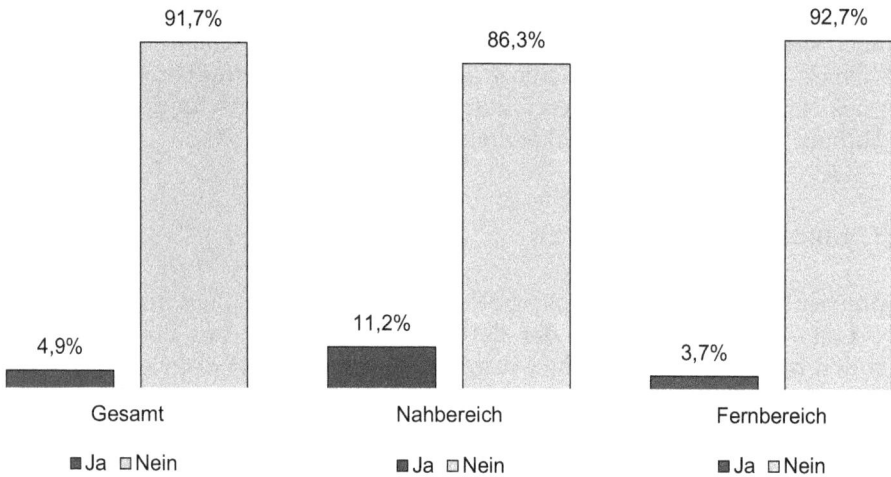

	91,7%		86,3%		92,7%
4,9%		11,2%		3,7%	
Gesamt		Nahbereich		Fernbereich	
■ Ja ☐ Nein		■ Ja ☐ Nein		■ Ja ☐ Nein	

Quelle: eigene Darstellung

Das geringste Verständnis wird dem Verbot der Nutzungserweiterung von Berghütten sowie dem Verbot von Wegeneu- und -ausbauten entgegengebracht (vgl. Abb. 60). Ein großer Teil der Befragten empfindet gerade die Sperrung von Wanderwegen für den Radverkehr als einschränkend. Auch das Verbot von Wegeneu- und -ausbauten, sowie das Verbot der Nutzungserweiterung von Berghütten erscheint jeweils einem knappen Fünftel der Befragten etwas oder sogar sehr einschränkend (vgl. Abb. 61). Das Mittel der summierten Einschränkungsbewertungen der jeweiligen Ge- und Verbote[19] beträgt im Nahbereich 8,6 und im Fernbereich 8,1. Es zeigt sich somit erneut ein erwartetes marginal erhöhtes Einschränkungsempfinden unter den direkten Nationalparkanwohnern.

Abbildung 60: Angemessenheitsempfinden von Ge- und Verboten im Nationalpark Berchtesgaden

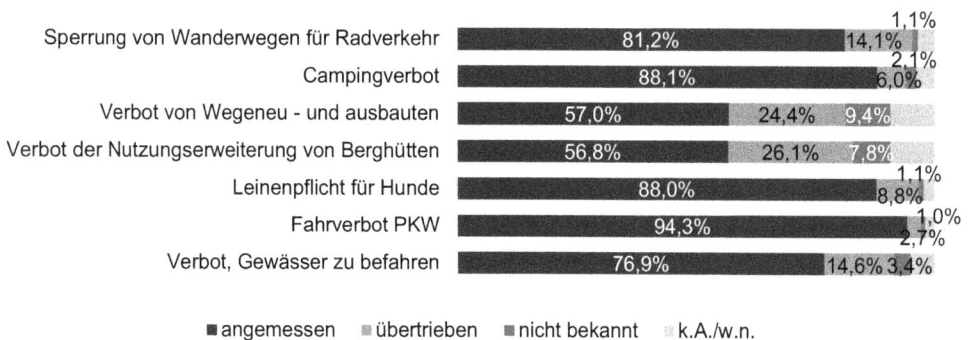

	angemessen	übertrieben	nicht bekannt	k.A./w.n.
Sperrung von Wanderwegen für Radverkehr	81,2%	14,1%		1,1%
Campingverbot	88,1%	6,0%		2,1%
Verbot von Wegeneu - und ausbauten	57,0%	24,4%	9,4%	
Verbot der Nutzungserweiterung von Berghütten	56,8%	26,1%	7,8%	
Leinenpflicht für Hunde	88,0%	8,8%		1,1%
Fahrverbot PKW	94,3%	2,7%		1,0%
Verbot, Gewässer zu befahren	76,9%	14,6%	3,4%	

Quelle: eigene Darstellung

19 Fünf Verbote mit 1 = „gar nicht eingeschränkt" bis 3 = „sehr eingeschränkt", addiert und gemittelt ergibt: 3 = „gar nicht eingeschränkt" bis 15 = „sehr eingeschränkt".

Abbildung 61: Einschränkungsempfinden von Ge- und Verboten im Nationalpark Berchtesgaden

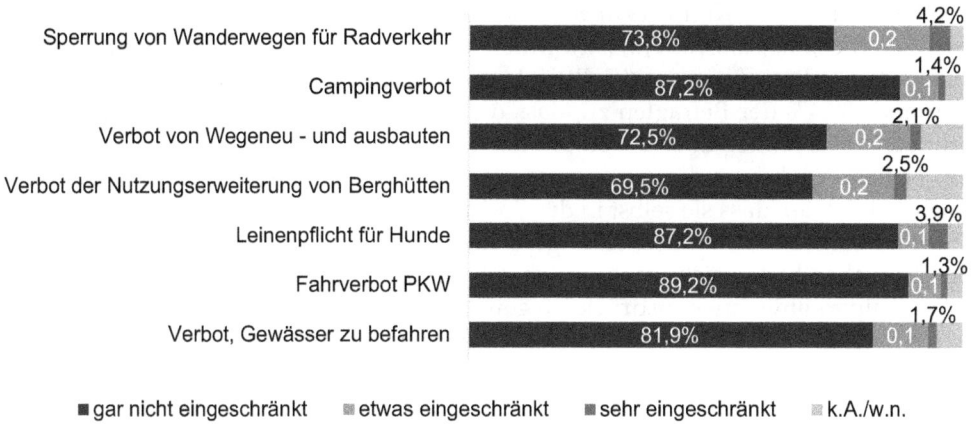

Ge-/Verbot	gar nicht eingeschränkt	etwas eingeschränkt	sehr eingeschränkt	k.A./w.n.
Sperrung von Wanderwegen für Radverkehr	73,8%	0,2		4,2%
Campingverbot	87,2%	0,1		1,4%
Verbot von Wegeneu - und ausbauten	72,5%	0,2		2,1%
Verbot der Nutzungserweiterung von Berghütten	69,5%	0,2		2,5%
Leinenpflicht für Hunde	87,2%	0,1		3,9%
Fahrverbot PKW	89,2%	0,1		1,3%
Verbot, Gewässer zu befahren	81,9%	0,1		1,7%

■ gar nicht eingeschränkt   ■ etwas eingeschränkt   ■ sehr eingeschränkt   ▪ k.A./w.n.

Quelle: eigene Darstellung

Ge- und Verbote lösen vornehmlich dann Reaktanz aus, wenn sie als oktroyiert empfunden werden (s. Abschnitt 3.2.2). Um zu überprüfen, ob auch hier ein Zusammenhang zwischen Teilhabe und Reaktanz besteht, wird im Folgenden untersucht, wie sich die Partizipationswahrnehmung auf das Einschränkungsempfinden auswirkt. Die Mittelwerte der summierten Einschränkung durch einzelne Ge- und Verbote seitens der Befragten werden zu diesem Zweck in Zusammenhang gesetzt mit der Zustimmung zu dem Statement „Die Nationalparkverwaltung trifft ihre Entscheidung über die Köpfe der Bevölkerung hinweg" (vgl. Abb. 62). Ein mangelndes Partizipationsempfinden ist augenscheinlich auch im Kontext des Nationalparks Berchtesgaden negativ mit der Wahrnehmung von Einschränkungen durch die Anwohner verknüpft.

Abbildung 62: Zusammenhang zwischen Einschränkungsempfinden (gemittelt) und Partizipationswahrnehmung

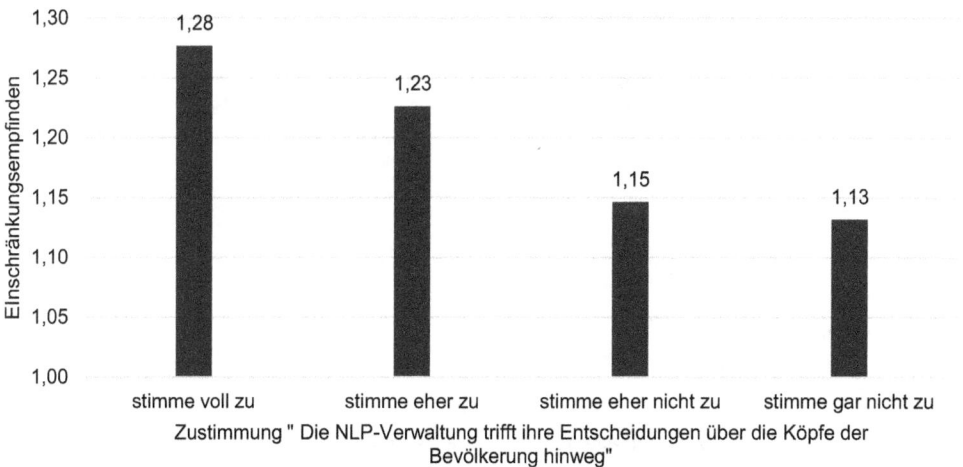

Zustimmung	Einschränkungsempfinden
stimme voll zu	1,28
stimme eher zu	1,23
stimme eher nicht zu	1,15
stimme gar nicht zu	1,13

Zustimmung " Die NLP-Verwaltung trifft ihre Entscheidungen über die Köpfe der Bevölkerung hinweg"

Quelle: eigene Darstellung

Partizipationsdefizite zwischen Nationalparkanwohnern und Verwaltung stellten bereits Rentsch/Kuhn (1990: 37) fest. So stimmten damals 79,0% der Probanden zu, dass die *„Einheimischen [..] mehr Mitbestimmungsrecht bei Entscheidungen der Nationalparkverwaltung bekommen"* sollten. In der vorliegenden Studie stimmten immerhin noch 37,4% der Befragten zu, dass die Nationalparkverwaltung ihre Entscheidungen „fast immer über die Köpfe der betroffenen Bevölkerung hinweg" treffe. Im Nahbereich betrug die Zustimmung sogar 68,9%. Weiterhin gaben die Befragten mehrheitlich an, dass sie selbst in der Position des Nationalparkleiters die Meinung der Einheimischen im Entscheidungsprozess einholen und neben den internationalen Vorgaben berücksichtigen würden. Klar ist also, dass echte Teilhabe seitens der Nationalparkanwohner ausdrücklich gewünscht wird und insbesondere im Nahbereich nach wie vor Partizipationsdefizite gesehen werden.

6.2.4 Interpersonelle Prädiktoren

Bereits in der Vorgängerstudie stellten Rentsch/Kuhn (1990: 35) fest, dass zwei Drittel der Probanden ganz oder weitestgehend der Ansicht waren, die Nationalparkverwaltung würde ihr Vorgehen nicht frühzeitig kommunizieren. Lediglich 20% der Befragten fühlten sich rechtzeitig informiert. Eine gemeinsame Kommunikationsgrundlage war also aufgrund (tatsächlicher oder wahrgenommener) Informa-

Abbildung 63: Wortwolke „Wollen Sie der Nationalparkverwaltung noch etwas mitteilen?"

■■■ überwiegend Lob

▨▨▨ überwiegend Kritik

░░░ Lob und Kritik

*Die Kategorie „Weiter so" steht allein für 15% aller Nennungen.

Quelle: eigene Darstellung

tionslücken seitens der Anwohner nicht gegeben. Die soziale Distanz zwischen den Anwohnern und der Nationalparkverwaltung schien eine weitere Kommunikations-barriere darzustellen. So sah nicht mal ein Fünftel der Anwohner die Nationalpark-verwaltung als eine *„bei uns anerkannte und beliebte Institution"* und etwa die Hälfte befand, dass *„Manche in der Nationalparkverwaltung glauben, sie [seien] etwas Besonde-res"* (vgl. RENTSCH/KUHN 1990: 33f.). Die Bedeutung des Themas Kommunikation für die Anwohner des Nationalparks Berchtesgaden zeigt sich bereits in den freien Mit-teilungen der Befragten an die Nationalparkverwaltung. Dort tauchen Schlagworte der Kategorien Kommunikation und Öffentlichkeitsarbeit sehr prominent auf (vgl. Abb. 63).

Wie sich die Beziehung zwischen Anwohnern und Nationalparkverwaltung in der vorliegenden Studie darstellt, wird im Folgenden anhand der gemeinsamen Kommunikationsbasis und der Wahrnehmung der Nationalparkverwaltung aufge-zeigt.

6.2.4.1 Kommunikationsbasis

Grundlegend für eine gemeinsame Kommunikationsbasis für die Anwohner und die Nationalparkverwaltung ist die von allen Parteien geteilte Information. Dies-bezüglich gilt es zunächst zu klären, über welche Medien die Nationalparkanwoh-ner sich bevorzugt über den Nationalpark informieren (vgl. Abb. 64). Hier liegt die Tageszeitung mit 33,9% der Antworten klar vorne, gefolgt von Informationen über die Nationalparkverwaltung (26,2%) und deren Homepage (14,8%).

Abbildung 64: Antwortverhalten „Welche Informationsquellen sind für Sie am wichtigsten?" (Prozent der Antworten, Mehrfachantworten möglich)

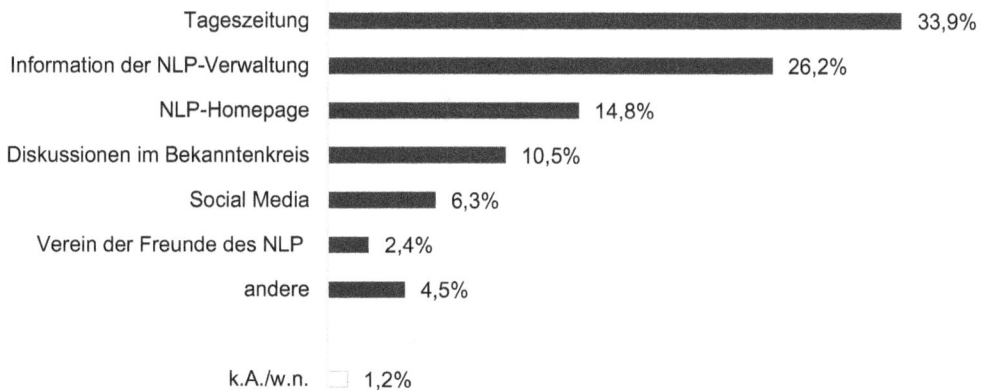

Tageszeitung	33,9%
Information der NLP-Verwaltung	26,2%
NLP-Homepage	14,8%
Diskussionen im Bekanntenkreis	10,5%
Social Media	6,3%
Verein der Freunde des NLP	2,4%
andere	4,5%
k.A./w.n.	1,2%

Quelle: eigene Darstellung

Einen zusätzlichen Einblick in die Informationsquellen der Nationalparkanwoh-ner bietet die Frequentierung von Bildungseinrichtungen und Veranstaltungen so-wie die Rezeption von Informationsschriften des Nationalparks. Davon wurden die Einrichtungen am besten angenommen, da diese im Vorjahr der Befragung von 82%

aller Probanden besucht worden waren, darunter wiederum am häufigsten die Bildungseinrichtung des Nationalparkzentrums „Haus der Berge" (vgl. Abb. 65).

Abbildung 65: Frequentierung von Bildungseinrichtungen

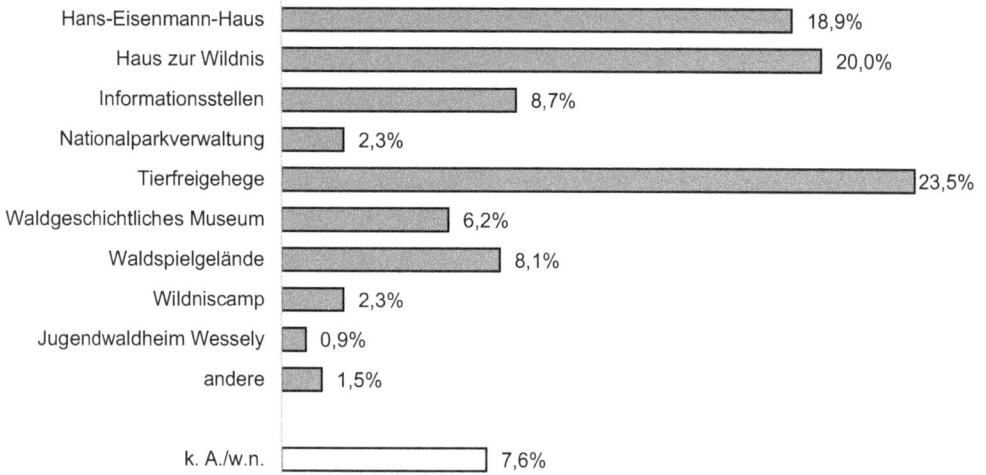

Quelle: eigene Darstellung

Die Informationsschriften erreichten im gleichen Zeitraum mit 64,5% ebenfalls einen Großteil der Befragten. Neben Prospekten und Faltblättern wurde insbesondere das Nationalparkmagazin „Vertikale Wildnis" gelesen. Veranstaltungen des Nationalparks Berchtesgaden wurden lediglich von 23% der Befragten besucht (vgl. Abb. 66).

Abbildung 66: Nutzung von Informationsschriften des Nationalparks

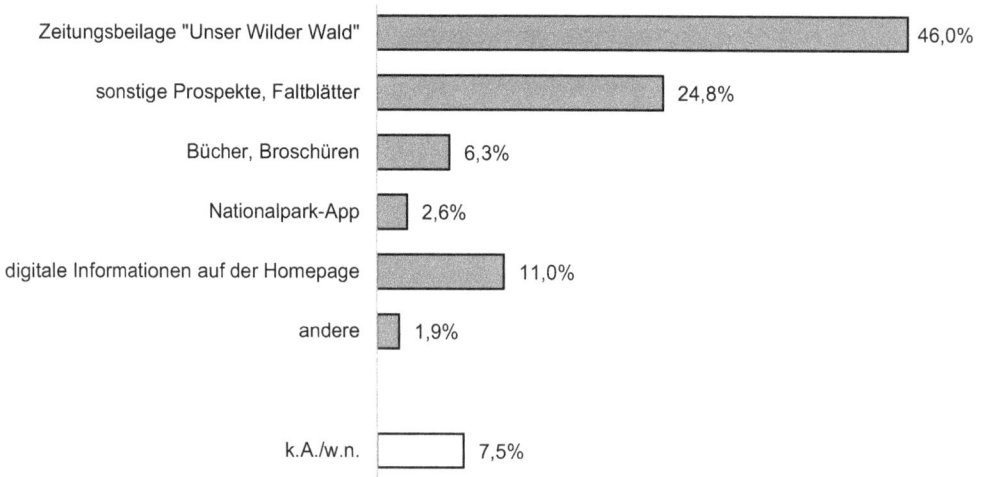

Quelle: eigene Darstellung

104

Insgesamt fühlen sich etwa 37,2% der Probanden gut bis sehr gut über die Arbeit der Nationalparkverwaltung informiert, mit 28,4% schätzt sich jedoch auch knapp jeder Dritte als schlecht bis sehr schlecht informiert ein. Die Bewohner des Nahbereichs bewerten ihre Informationslage deutlich besser. So sehen sich dort 50,6% als gut bis sehr gut über die Arbeit der Nationalparkverwaltung informiert. Insbesondere bezüglich der Bereiche Natur und Landschaft sowie Freizeit und Erholung fühlen sich die Befragten gut ins Bild gesetzt. Diese Themen liegen deutlich vor den Forschungsarbeiten des Nationalparks, über welche sich nur ein Drittel der Probanden gut oder sehr gut informiert fühlt. Lediglich 40,9% der Befragten konnten eigenständig einen Forschungsschwerpunkt nennen. Am präsentesten erschien hier die Wildtierforschung. Dies liegt nahe, da insbesondere die Adlerforschung im Nationalpark Berchtesgaden ein weithin bekannter Forschungsschwerpunkt ist und der Steinadler die emblematische Tierart des Nationalparks verkörpert (vgl. Abb. 67; NATIONALPARK BERCHTESGADEN 2018: 6).

Abbildung 67: Informationsgrad über Themen im Zusammenhang mit Nationalpark

	sehr gut	eher gut	eher schlecht	sehr schlecht	k.A./w.n.
Forschung	7,0%	23,6%	33,2%	12,6%	23,7%
Umweltbildungsangebote für Erwachsene	11,4%	32,7%	32,4%	5,5%	18,1%
Umweltbildungsangebote für Kinder und Jugendliche	15,6%	31,4%	26,9%	5,7%	20,4%
Freizeitaktivitäten und Erholungsmöglichkeiten	19,7%	49,3%	19,2%	2,0%	9,7%
Natur und Landschaft	20,3%	49,7%	20,1%	1,5%	8,3%

Quelle: eigene Darstellung

6.2.4.2 Soziale Distanz

Wie die Nationalparkanwohner „ihre" Nationalparkverwaltung und deren Arbeit beurteilen, bietet einen Anhaltspunkt für deren Gesamtwahrnehmung als Institution und somit auch als potentieller Kommunikationspartner. Die Wahrnehmung des Handelns der Nationalparkverwaltung kristallisierte sich auch als ein Erklärungsfaktor in der einführenden Faktorenanalyse heraus. Sollte hier bereits Missfallen oder auch Misstrauen herrschen, so wäre dies als eine potenzielle Kommunikationsbarriere einzustufen. Die Einschätzung der Befragten über ihr Vertrauen in die Arbeit der Nationalparkverwaltung zeigt jedoch: 68,1% der Befragten bewerten diese als vertrauenswürdig, lediglich 4,3% hegen ihr gegenüber Misstrauen.

Abbildung 68: Zustimmung mit Statements zum Faktor 5 „Wahrnehmung des Handelns der Nationalparkverwaltung"

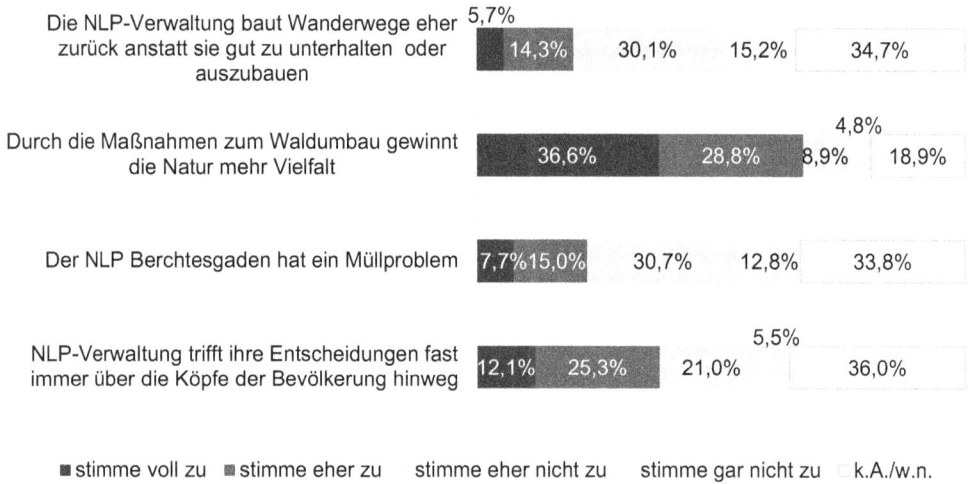

Die NLP-Verwaltung baut Wanderwege eher zurück anstatt sie gut zu unterhalten oder auszubauen: 5,7% | 14,3% | 30,1% | 15,2% | 34,7%

Durch die Maßnahmen zum Waldumbau gewinnt die Natur mehr Vielfalt: 36,6% | 28,8% | 8,9% | 4,8% | 18,9%

Der NLP Berchtesgaden hat ein Müllproblem: 7,7% | 15,0% | 30,7% | 12,8% | 33,8%

NLP-Verwaltung trifft ihre Entscheidungen fast immer über die Köpfe der Bevölkerung hinweg: 12,1% | 25,3% | 21,0% | 5,5% | 36,0%

■ stimme voll zu ■ stimme eher zu   stimme eher nicht zu   stimme gar nicht zu   k.A./w.n.

Quelle: eigene Darstellung

Abbildung 69: Rangerbegegnungen Nationalpark Berchtesgaden

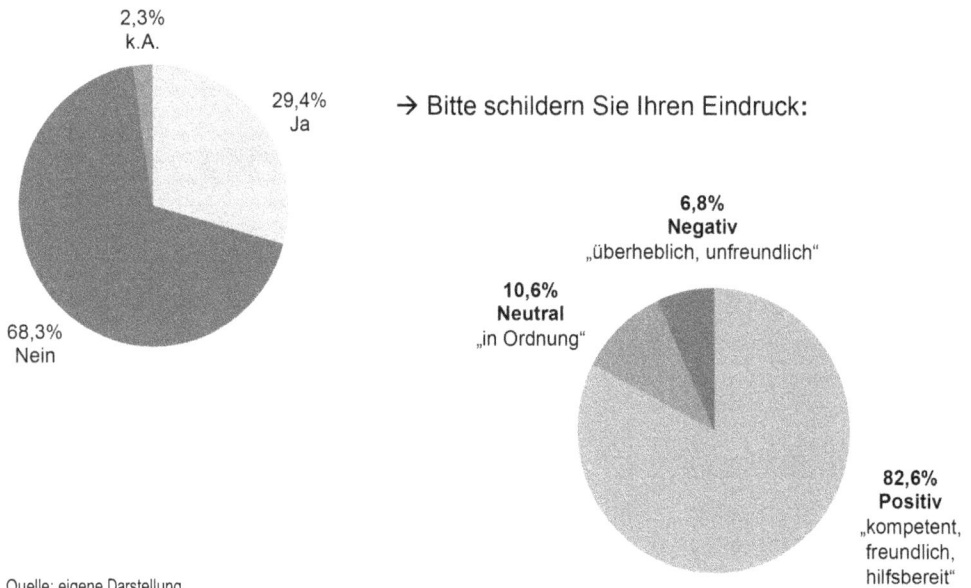

2,3%
k.A.

29,4%
Ja

68,3%
Nein

→ Bitte schildern Sie Ihren Eindruck:

6,8%
Negativ
„überheblich, unfreundlich"

10,6%
Neutral
„in Ordnung"

82,6%
Positiv
„kompetent,
freundlich,
hilfsbereit"

Quelle: eigene Darstellung

Betrachtet man die einschlägigen Statements, die am höchsten auf den Faktor „Wahrnehmung des Handelns der Nationalparkverwaltung" laden, zeigt sich ebenfalls ein tendenziell positives Bild. Die im Sinne der Nationalparkverwaltung positiv formulierte Aussage bezüglich der Maßnahmen zum Waldumbau stimmte mit

65,4% eine deutliche Mehrheit der Probanden zu. Die negativ formulierten Aussagen zum Ausbau der Wanderwege und dem Müllmanagement werden von 20,0% bzw. 22,7% unterstützt. Es herrscht also teilweise Unmut, die Mehrheit der Befragten teilt diesen jedoch nicht. Die Partizipationswahrnehmung, die bereits im Kontext der psychologischen Reaktanz thematisiert wurde, scheint an dieser Stelle erneut als Einflussfaktor auf. Hier kann aufgrund der hohen Zustimmungswerte (37,4%) mit dem entsprechenden Statement eine Kommunikationsbarriere bezüglich der unterstellten Kommunikationsabsicht abgeleitet werden (vgl. Abb. 68).

Die Außenwahrnehmung der Nationalparkverwaltung wird bekanntermaßen beeinflusst durch Ranger in ihrer Rolle als Repräsentanten des Nationalparks im Gelände. Jedoch begegnete lediglich ein knappes Drittel der Befragten bislang einem solchen. Dies ist gerade deshalb als kritisch anzusehen, da ein Nationalpark naturgemäß draußen in der „Wildnis" stattfindet, wo die naturdynamischen Vorgänge den Besuchern begreiflich erscheinen und im Gelände erfahrbar gemacht werden. Sofern eine Begegnung stattfand, wurde der Eindruck mehrheitlich positiv bewertet. Lediglich 6,8% der Probanden, die einem Ranger begegneten, empfanden diesen als „überheblich" oder „unfreundlich"[20] (vgl. Abb. 69).

6.2.5 Soziokulturelle Prädiktoren

Im Folgenden werden Eigenschaften der Akzeptanzsubjekte selbst betrachtet. Neben soziodemographischen Gesichtspunkten und Aspekten des Freizeitverhaltens, wird insbesondere die Wertehaltung gegenüber Natur und Mensch-Umwelt-Beziehungen hinsichtlich der Auswirkungen auf die Wahrnehmung und Bewertung des Nationalparks Berchtesgaden untersucht.

6.2.5.1 Soziodemographie und Freizeitverhalten

Ein Zusammenhang zwischen soziodemographischen Eigenschaften und Akzeptanz wird durch den Anteil der Stimmen gegen ein Fortbestehen des Nationalparks innerhalb der jeweiligen Gruppe evident. Ein diesbezügliches Resultat lautet, dass unter den männlichen Befragten dieser Anteil beinahe viermal so hoch ist wie unter den Frauen (2,2% zu 0,6%). Ähnliches stellt sich mit Bezug auf die Familienverhältnisse dar: Haushalte mit Kindern sind mehr als doppelt so häufig gegen ein Fortbestehen des Nationalparks als solche ohne Kinder (2,2% zu 0,9%). Auch unter der Berufsgruppe der Selbstständigen ist der Anteil der Nationalparkgegner mit 3,6% in Vergleich zu allen anderen Berufsgruppen am höchsten. Die Akzeptanzdefizite dieser Gruppen sind nur schwer allein aufgrund der genannten Merkmale zu begründen. Insbesondere für die gezielte Ausrichtung von Akzeptanzschaffungsmaßnahmen ist es jedoch hilfreich, sich derartiger Wahrnehmungsdefizite bewusst zu sein.

Die bevorzugten Aktivitäten der Befragten im Nationalpark sind ebenfalls ein Anhaltspunkt für deren Einstellung zum Nationalpark. So sind Personen, die zu

---

20 Kategorisierung von freien Äußerungen.

naturverträglichen Freizeitaktivitäten wie Erholung oder Genuss der Landschaft tendieren, dem Nationalpark als solchem eher zugeneigt. Bergsteiger, Wintersportler und Radfahrer sind hingegen häufiger kritisch eingestellt, vermutlich da diese Aktivitäten durch den Nationalpark teilweise unterbunden werden (vgl. Abb. 70).

Abbildung 70: Aktivitäten im Nationalpark nach Abstimmungsverhalten zum Fortbestand des Nationalparks Berchtesgaden (Prozent der Antworten, Mehrfachantworten möglich)

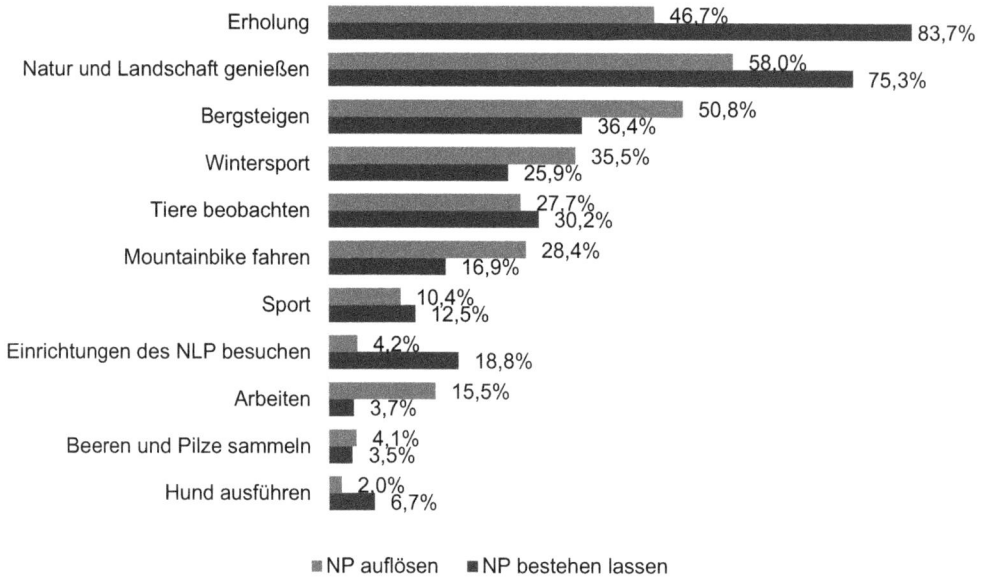

Quelle: eigene Darstellung

Ebenfalls wurde die Vereinsmitgliedschaft der Befragten erörtert. Deren Bedeutung als Ort der regionalen Identifikation, der gelebten Heimat und Meinungsbildung, insbesondere der ländlichen Bevölkerung, beschrieben bereits RENTSCH/KUHN (1990: 52). Damals war noch über die Hälfte der Probanden Vereinsmitglied. In der vorliegenden Studie trifft dies auf 35,4% der Befragten zu, was bekanntlich einem allgemeinen Trend der zunehmend individualisierten Gesellschaft entspricht. Insgesamt stellten RENTSCH/KUHN (1990: 54) ein Akzeptanzdefizit unter Vereinsmitgliedern fest. Anhand dem Abstimmungsverhalten über den Fortbestand des Nationalparks lässt sich dieses Defizit, wenn auch in geringem Maße, erneut feststellen. Hätten unter den Probanden, die keinem Verein angehören, lediglich 0,7% gegen den Nationalpark gestimmt, so ist der Anteil unter den Vereinsmitgliedern mit 2,9% viermal so hoch.

6.2.4.2 Wertevorstellungen: Naturverständnis und Naturbilder

Die Wahrnehmung der Landschafts- und insbesondere Waldentwicklung sind inhärente Bestandteile der Debatte um den Nationalpark Berchtesgaden. Dies ergibt sich unter anderem durch die forstwirtschaftliche Historie der Kulturlandschaft, die mit der Ansiedlung des Nationalparks einen tiefgreifenden Wandel erfahren hat (vgl. Abschnitt 3.3.2). Auch RENTSCH/KUHN (1990: 20) erkannten das Thema Wald und Waldpflege als Konfliktpunkt der öffentlichen Meinung. Aufgrund der spontanen Assoziationen der Befragten mit dem Nationalpark Berchtesgaden scheint jedoch auf, dass Totholz und Borkenkäfer mit nur 1,7% der Antworten einen relativ geringen Stellenwert einnehmen. Stattdessen dominieren hier Nennungen von lokalen Naturmonumenten wie etwa „Watzmann" oder „Königssee" (21,8%). Diese Nennungen weisen auf eine hohe regionale Identifikation hin und wurden entsprechend unter der Kategorie „Heimat" zusammengefasst. Inwiefern sich die konkrete Wahrnehmung der heimatlichen Landschaft im Kontext des Nationalparks gestaltet, wird im Folgenden dargestellt. Einleitend wird die übergeordnete Ebene der Naturwahrnehmung im Sinne der Cultural Theory (Eigenschaften von Natur) und des New Environmental Paradigm (Mensch-Umwelt-Beziehungen) aufgezeigt.

Wahrnehmung der Eigenschaften von Natur
Die Befragten bewerteten unter anderem die Stabilität und die Resilienz von Natur. Diese Eigenschaften sind maßgeblich für die Einordnung des Naturverständnisses der Nationalparkanwohner gemäß den Naturmythen nach Thompson (1990). Die Ergebnisse stellen dar, dass Natur von den Anwohnern des Nationalparks Berchtesgaden mehrheitlich als „labil" angesehen wird (48,8%). Weiterhin bewerten 57,1% der Probanden Natur als „nachtragend". Insgesamt weist dies auf ein Naturverständnis hin, welches durch den Naturmythos der empfindlichen Natur repräsentiert wird. Dieser Naturmythos unterstellt, dass menschliches Eingreifen unmittelbar Störungen hervorruft, deren Effekt nicht ohne Weiteres ausgeglichen werden kann. Entsprechend könnte eine Übereinstimmung mit der Grundhaltung des Prozessnaturschutzes unterstellt werden. Setzt man die Wahrnehmung der Stabilität und Resilienz von Natur jedoch in Zusammenhang mit dem Antwortverhalten in der „Sonntagsfrage", zeigt sich ein ambivalentes Bild. So ist der Anteil der Nationalparkgegner, welcher Natur als „nachtragend" bewertet, im Vergleich zu den Fürsprechern höher. Unter den Befürwortern ist zwar die Ansicht einer labi-

Abbildung 71: Wahrnehmung der Stabilität und Resilienz von Natur nach Antwortverhalten in der „Sonntagsfrage"

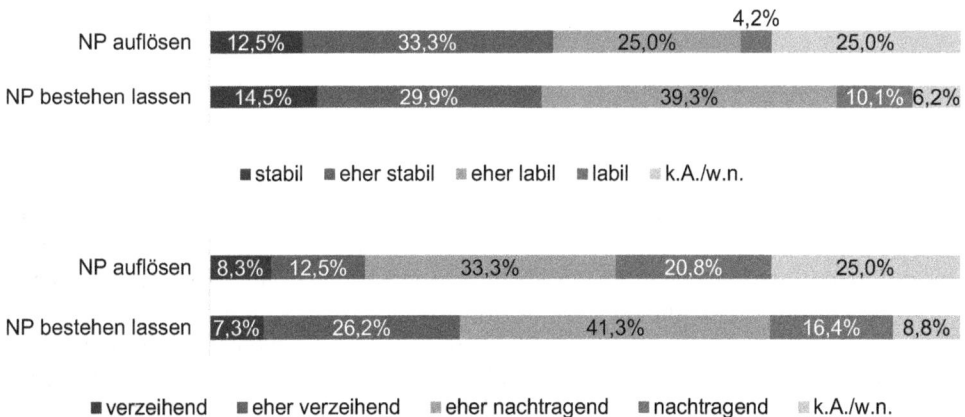

Quelle: eigene Darstellung

109

len Natur stärker vertreten, jedoch traute sich hier ein Viertel der Nationalpark-opponenten kein Urteil zu (vgl. Abb. 71). Eine klare Aussage bezüglich eines potenziellen Zusammenhangs von Wahrnehmung der Eigenschaften von Natur und Akzeptanz des Nationalparks lässt sich anhand dieser Ergebnisse nicht treffen.

Wahrnehmung der Mensch-Umwelt-Beziehungen
Die Zustimmungswerte der Nationalparkanwohner mit den Statements über Mensch-Umwelt-Beziehungen geben Aufschluss über deren Naturverständnis im Sinne des NEP nach Dunlap/Van Liere (1978). Es ist ersichtlich, dass die überragende Mehrheit der Befragten den Statements zustimmt, die ein holistisch-ökozentrisches Naturverständnis indizieren. So sehen 78,1% die Notwendigkeit, menschliche Bedürfnisse für eine dauerhaft durchhaltbare Lebensweise zurückzustellen. Lediglich 8,2% sind von einem Recht der Menschen, zu ihren Gunsten in die natürliche Umwelt einzugreifen, überzeugt. Immerhin 21,4% vertrauen auf die menschliche Erfindungskraft, die Mehrheit (40,7%) teilt dieses Vertrauen jedoch nicht (vgl. Abb. 72).

Abbildung 72: Zustimmung mit Statements über Mensch-Umwelt-Beziehungen

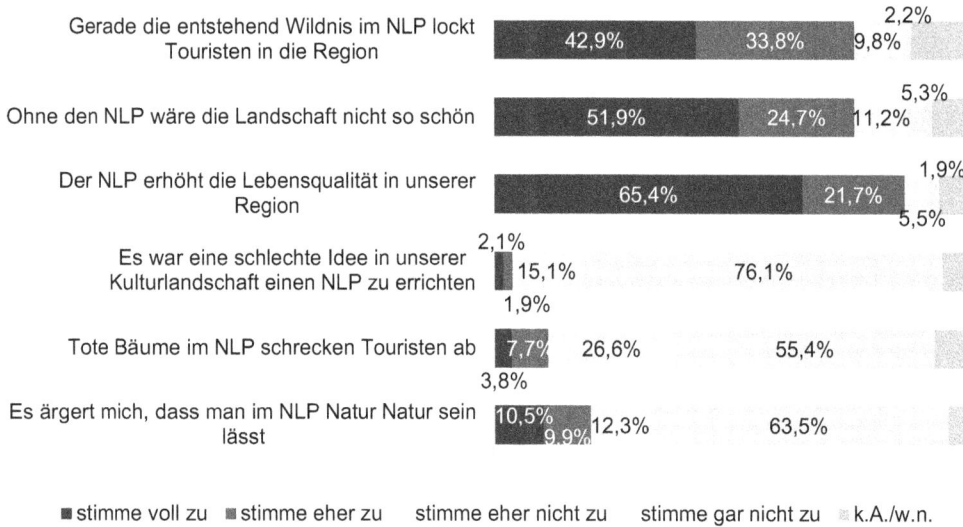

Quelle: eigene Darstellung

Betrachtet man wiederum die Zustimmung mit den Statements über Mensch-Umwelt-Beziehungen (gemittelt mit 1 = „stimme gar nicht zu" bis 5 = „stimme voll zu") nach dem Abstimmungsverhalten bezüglich der „Sonntagsfrage", zeigt sich unter den Nationalparkgegnern ein leichter Trend zu einem anthropozentrischeren Naturverständnis. So liegen die Zustimmungswerte insbesondere zu dem Statement über das Recht der Menschen, für ihren Nutzen in die Umwelt einzugreifen, unter den Nationalparkopponenten höher, wohingegen die Statements zu der Empfindlichkeit und Überbeanspruchung des Erdsystems um einen halben Punkt weniger bejaht werden (vgl. Abb. 73).

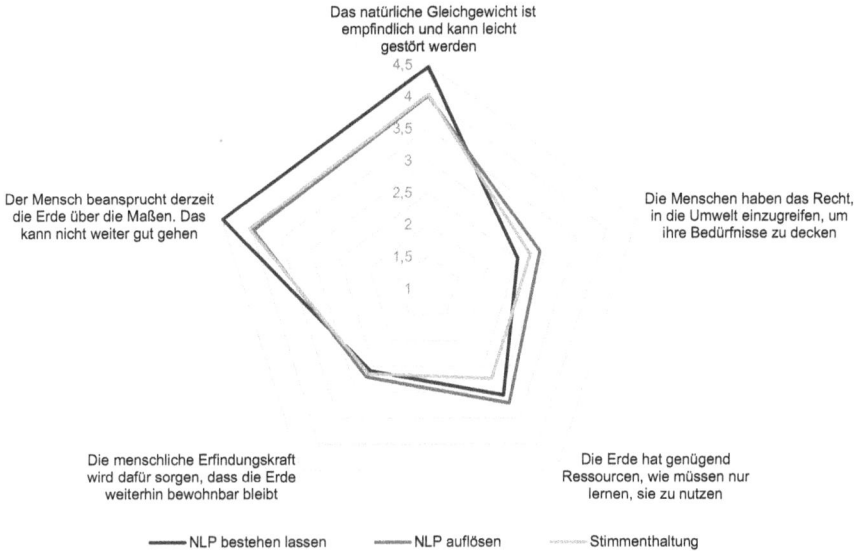

Das natürliche Gleichgewicht ist empfindlich und kann leicht gestört werden

Der Mensch beansprucht derzeit die Erde über die Maßen. Das kann nicht weiter gut gehen

Die Menschen haben das Recht, in die Umwelt einzugreifen, um ihre Bedürfnisse zu decken

Die menschliche Erfindungskraft wird dafür sorgen, dass die Erde weiterhin bewohnbar bleibt

Die Erde hat genügend Ressourcen, wie müssen nur lernen, sie zu nutzen

——— NLP bestehen lassen ——— NLP auflösen ········ Stimmenthaltung

Quelle: eigene Darstellung

Rezeption der nationalparkinduzierten Landschaftsentwicklung

Die einleitende Faktorenanalyse zeigt als einen Themenbereich die „Rezeption der Landschaftsentwicklung" auf. Hier wird evident, dass die Zustimmungswerte zu den drei positiven Statements bezüglich der Effekte des Nationalparks auf das Landschaftsbild überragend hoch sind. Jeweils knapp 77% sind der Ansicht, dass die Landschaft ohne den Nationalpark weniger schön wäre und dass dem Wildnisbegriff eine positive touristische Rezeption unterstellt werden kann. Die Zustimmungswerte zu den negativen Statements sind hingegen durchweg gering. Lediglich der Ärger über die Prozessnaturschutzmaßnahmen des Nationalparks wird von etwas über 20% der Befragten geteilt (vgl. Abb. 74). Es kann also konkludiert werden, dass die nationalparkinduzierte Landschaftsentwicklung im Wesentlichen als positiv wahrgenommen wird.

Abbildung 74: Zustimmung mit Statements zum Faktor „Rezeption der nationalparkinduzierten Landschaftsentwicklung"

Gerade die entstehend Wildnis im NLP lockt… 42,9% 33,8% 9,8% 2,2%

Ohne den NLP wäre die Landschaft nicht so schön 51,9% 24,7% 11,2% 5,3%

Der NLP erhöht die Lebensqualität in unserer… 65,4% 21,7% 1,9% 5,5%

Es war eine schlechte Idee in unserer… 2,1% 15,1% 76,1% 1,9%

Tote Bäume im NLP schrecken Touristen ab 7,7% 26,6% 55,4% 3,8%

Es ärgert mich, dass man im NLP Natur Natur sein… 10,5% 9,9% 12,3% 63,5%

■ stimme voll zu ■ stimme eher zu ■ stimme eher nicht zu ■ stimme gar nicht zu ■ k.A./w.n.

Quelle: eigene Darstellung

Klar ist jedoch, dass Personen, die die Landschaftsentwicklung aufgrund des Nationalparks weniger positiv wahrnehmen, dem Nationalpark gegenüber negativ eingestellt sind. So liegen die Zustimmungswerte der Nationalparkgegner zu den Statements, die einem kritischen Blick auf die Veränderungen des Landschaftsbilds entsprechen, deutlich höher (vgl. Abb. 75).

Abbildung 75: Zustimmung mit Statements zum Faktor „Rezeption der nationalparkinduzierten Landschaftsentwicklung" nach Abstimmungsverhalten in der „Sonntagsfrage"

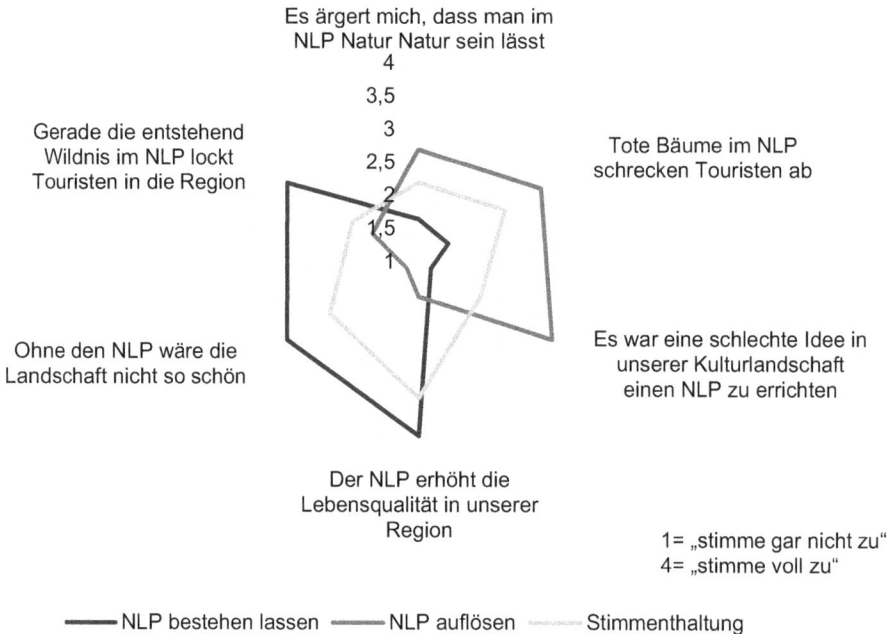

Quelle: eigene Darstellung

Wahrnehmung von Totholz
Im Kontext des zuvor betrachteten Faktors scheint erneut der Totholzbegriff auf. Trotz dessen geringeren Stellenwerts im Vergleich zum Untersuchungsgebiet Bayerischer Wald sind auch in Berchtesgaden Wald und damit Totholz elementare Bestandteile nicht nur der Kulturlandschaft, sondern insbesondere auch des Diskurses um den Nationalpark (vgl. Abschnitt 3.3.2). Entsprechend ist es ein für den Nationalpark erfreuliches Ergebnis, dass 74,5% der Befragten die Aussage „Totholz gefällt mir" bejahen. Ebenso erkennen 88,3% der Probanden an, dass Totholz eine „wichtige Rolle für den Naturschutz" spielt. Jeweils über 90% räumen Totholz eine bedeutsame Funktion für seltene Arten und die biologische Vielfalt ein. In Folge dieser hohen Befürwortung von Totholz ist es nicht verwunderlich, dass 81,5% der Befragten einen Gewinnverzicht der Staatsforste von 10% zugunsten der Totholzförderung unterstützen würden. All diese Aussagen sind jedoch vor dem Hintergrund zu sehen, dass sich lediglich 53,1% der Probanden zuschreiben, viel über Totholz zu wissen. Zwar scheint die Totholzdebatte lediglich bei einer Minderheit Unmut her-

vorzurufen, dieser wirkt sich jedoch unmittelbar auf die Akzeptanz des National-parks aus. Der Zusammenhang wird anhand der summierten Zustimmungswerte mit den Totholz-Statements evident (6 Statements mit jeweils 4 = „stimme voll zu" bis 1 = „stimme gar nicht zu"). Die summierten Zustimmungswerte betragen unter den Nationalparkbefürwortern gemäß Sonntagsfrage im Mittel 21 Punkte von 24. Unter den Nationalparkopponenten beträgt die summierte Zustimmung im Mittel lediglich 15,2 Punkte von maximal 24.

6.2.6 Raumzeitliche Prädiktoren

6.2.6.1 Räumliche Distanz zum Nationalpark

Anhand der bisherigen Untersuchungen zeigte sich bereits die besondere Betroffen-heit der unmittelbaren Nationalparkanrainer. So fühlen sich diese zwar besser über die Arbeit der Nationalparkverwaltung informiert, sie weisen jedoch ein erhöhtes

Abbildung 76: Sonntagsfrage, räumlich differenziert

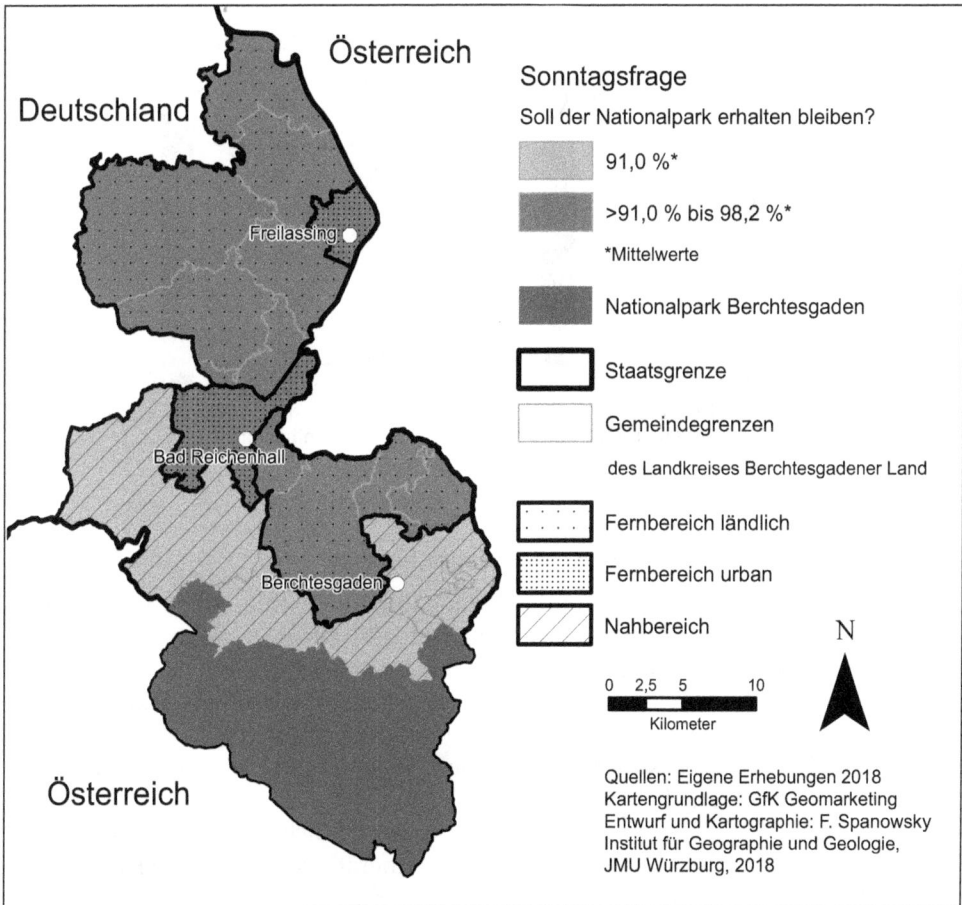

Einschränkungsempfinden ebenso wie ein stärkeres Defizit in der Partizipations-wahrnehmung auf. Auch scheinen die Bewohner des Nahbereichs in besonderem Maße betroffen von einem Übermaß an Touristen (vgl. Abb. 76).

Der Effekt der räumlichen Distanz auf die Einstellung der Anwohner zum Nati-onalpark zeigt sich zudem anhand des Antwortverhaltens der Bewohner des Nah- und des Fernbereichs im Nationalpark Berchtesgaden.. Der Anteil der Probanden, die für eine Auflösung des Nationalparks votieren würden, liegt im Fernbereich bei lediglich 0,9%. Im Nahbereich würden hingegen 4,8% der Befragten eine Auflösung des Nationalparks favorisieren. Auch ist der Anteil der Befürworter des Fortbeste-hens mit 91,1% im Nahbereich geringer als im Fernbereich, wo 97,1% für den Erhalt des Nationalparks stimmen würden. Die Zunahme der Akzeptanz mit der Entfer-nung zum Nationalpark bestätigt sich auch anhand der Distanz des Wohnorts von der Grenze des Nationalparks. Wenn auch nicht kontinuierlich, so lässt sich doch ein Trend zu mehr Zustimmung bei mehr Entfernung zum Nationalpark erkennen. Insbesondere innerhalb einer Distanz von weniger als fünf Kilometern von der Na-tionalparkgrenze zeigt sich ein erhöhter Anteil von Personen, die eine Auflösung präferieren würden (vgl. Abb. 77).

Abbildung 77: Abstimmungsverhalten in der „Sonntagsfrage" nach Distanz von der Grenze des Nationalparks in km

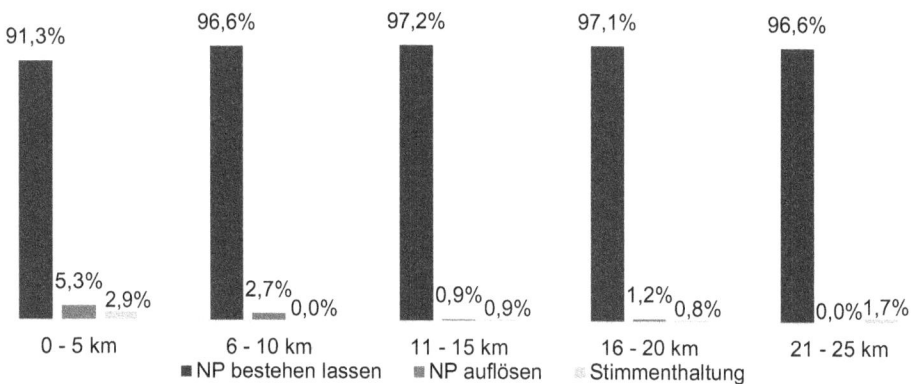

Quelle: eigene Darstellung

6.2.6.2 Seniorität des Bestehens des Nationalparks

Insgesamt hat sich die Akzeptanz des Nationalparks Berchtesgaden im Vergleich zu 1990 eindeutig zum Positiven entwickelt. Damals hätte noch ein gutes Drittel der Befragten gegen den Nationalpark entschieden. Die Ansicht teilten in der vorliegen-den Studie lediglich 1,6% der Probanden (vgl. Abb. 78). Diese Entwicklung ist ein sehr deutlicher Hinweis darauf, dass die Zeitdauer des Bestehens und die Gewöh-nung an die Existenz des Nationalparks einen positiven Einfluss auf die Akzeptanz der lokalen Bevölkerung haben.

Ein weiterer Hinweis auf die Auswirkung des zeitlichen Aspekts auf die Ak-zeptanz ist die Einstellung der verschiedenen Generationen. Bereits RENTSCH/KUHN (1990: 49) stellten fest, dass die jüngeren Generationen eine deutlich höhere Akzep-

Abbildung 78: Sonntagsfrage 2018 im Vergleich zu 1990

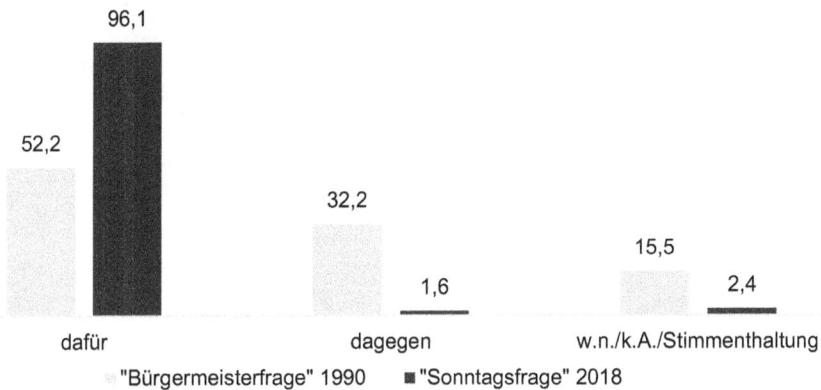

	96,1			
52,2		32,2		15,5
			1,6	2,4

dafür   dagegen   w.n./k.A./Stimmenthaltung

○ "Bürgermeisterfrage" 1990   ■ "Sonntagsfrage" 2018

Quelle: eigene Darstellung

tanz des Nationalparks aufwiesen. Auch in der vorliegenden Arbeit zeigte sich eine etwas höhere Gegnerschaft unter den älteren Altersklassen. Auch wurde beispielsweise evident, dass unter den ältesten Befragten das Einschränkungsempfinden höher ist, was auf einen gewissen Gewöhnungseffekt unter den jüngeren Probanden hinweist.

6.3 Ergebnisanalyse

Die Ergebnisse der deskriptiven Statistik zeigen, dass bis auf die Wahrnehmung der Eigenschaften von Natur alle betrachteten Prädiktoren und Faktorebenen einen sichtbaren Einfluss auf die Akzeptanz und Einstellung der lokalen Bevölkerung gegenüber den Nationalparks ausüben. Die Stärke des Zusammenhangs wird im Folgenden mittels einer Korrelationsanalyse überprüft.

6.3.1 Erklärungswert der Prädiktoren der Einstellung

Die Prädiktoren der Einstellung wurden für die folgenden Analysen auf jeweils eine repräsentative Variable reduziert. Bei mehrschichtigen Prädiktoren wurde eine Variable je Faktorebene ausgewählt. Die Gesamtakzeptanz wird anhand der „Sonntagsfrage" aufgezeigt. Da es sich bei der „Sonntagsfrage" um eine nominalskalierte Variable handelt, wurde als Zusammenhangsmaß der Kontingenzkoeffizient gewählt. Die Ergebnisse sind der Tabelle 15 zu entnehmen.

Der ökonomische und der interpersonelle Faktor korrelieren mit einem relativ hohen Kontingenzkoeffizienten von mehr als 0,5 am höchsten mit dem Antwortverhalten der Befragten in der „Sonntagsfrage". Innerhalb der interpersonellen Prädiktoren scheint insbesondere die Wahrnehmung des Gesprächspartners als beson-

Tabelle 15: Korrelation der Prädiktoren der Einstellung mit der Gesamtakzeptanz gemäß „Sonntagsfrage"

Prädiktor der Einstellung	Variable	Kontingenz-koeffizient **BW**	Kontingenz-koeffizient **BGD**	Auswirkung auf die Akzeptanz gemäß Sonntagsfrage
ökonomisch	„Ich glaube, dass durch den Nationalpark mehr Touristen in die Region kommen."	0,526**	0,539**	mittel-hoch***
emotional	„Im Nationalpark ist vieles verboten, was erlaubt sein sollte."	0,379*	0,297**	gering
interpersonell a) →Kommunikationsbasis	„Informationsgrad über die Arbeit der Nationalpark-Verwaltung."	0,340**	0,418**	mittel-gering
interpersonell b) →soziale Distanz/Wahrnehmung des Gesprächspartners	„Vertrauen in die Arbeit der Nationalpark-Verwaltung."	0,662**	0,592**	mittel-hoch
soziokulturell a) →Wahrnehmung von Natur	„Natur ist stabil."	0,218**	0,242**	gering
soziokulturell b) →Mensch-Umwelt-Beziehungen	„Menschen haben das Recht, in die Umwelt einzugreifen."	0,332**	0,349**	gering-mittel
soziokulturell c) →Wahrnehmung der Landschaftsentwicklung	„Es ärgert mich, dass man im Nationalpark Natur Natur sein lässt."	0,418**	0,454**	gering-mittel
räumlich	Nahbereich vs. Fernbereich	0,106**	0,140**	sehr gering
zeitlich	Altersklassen	0,201**	0,167**	gering – sehr gering

* Die Korrelation ist auf dem Niveau von 0,05 (2-seitig) signifikant
** Die Korrelation ist auf dem Niveau von 0,01 (2-seitig) signifikant
*** vgl. Bühl 2014: 426

Quelle: eigene Darstellung

ders determinierend auf. Dies lässt vermuten, dass der Vertrauensbasis gegenüber der Nationalparkverwaltung eine entscheidende Rolle zukommt. Die emotionalen, ebenso wie die soziokulturellen Prädiktoren, weisen einen mittleren bis geringen Kontingenzkoeffizienten zwischen 0,2 und 0,5 auf, welcher eine geringere Stärke des Zusammenhangs indiziert. Die Wahrnehmung der Landschaftsentwicklung ist hier dennoch als vergleichsweise starker Einflussfaktor hervorzuheben. Die Effekte der räumlichen Distanz und der Gewöhnung über die Zeit stellen sich als eher gering dar, obschon die deskriptive Statistik einen klaren Zusammenhang mit der Akzeptanz aufzeigt (vgl. Abschnitte 5.1.6, 5.2.6).

6.3.2 Interkorrelation der Prädiktoren der Einstellung

Im Folgenden soll untersucht werden, inwiefern die dargestellten Prädiktoren der Einstellung untereinander korrelieren. Für die Untersuchung der Interkorrelation wurde aus den mehrschichtigen Prädiktoren der Einstellung diejenige Variable gewählt, die mit der Gesamtakzeptanz am stärksten korreliert.

Es zeigen sich bereits in der deskriptiven Ergebnisauswertung deutliche Zusammenhänge (vgl. Tab. 16). So wird eine Wechselbeziehung zwischen den ökonomischen Prädiktoren und der Wahrnehmung des Waldmanagements offenbar. Die negative Einstellung gegenüber Totholz und dessen touristische Rezeption überlagert augenscheinlich die potenzielle Wahrnehmung ökonomischer Vorteile durch den Nationalpark, insbesondere im Untersuchungsgebiet Bayerischer Wald. Das Einschränkungsempfinden kann ebenfalls nicht isoliert betrachtet werden. So wirken sich neben der Wahrnehmung von Partizipation und Teilhabe auch das bevorzugte Freizeitverhalten, die räumliche Betroffenheit und der zeitliche Gewöhnungsprozess auf die Stärke der empfundenen Einschränkungen aus.

Tabelle 16: Interkorrelation der Prädiktoren Berchtesgaden

Berchtesgaden	ökonomisch	emotional	interpersonell b)	soziokulturell c)	räumlich	zeitlich
ökonomisch	---	0,195**	0,389**	0,170**	0,084*	0,100***
emotional	0,195**	----	0,388**	0,348**	0,158**	0,186**
interpersonell b)	0,389**	0,388**	----	0,261**	0,208**	0,211**
soziokulturell c)	0,170**	0,348**	0,261**	---	0,172**	0,267**
räumlich	0,084*	0,158**	0,208**	0,172**	----	0,031***
zeitlich	0,100***	0,186**	0,211	0,267**	0,031***	---

* Die Korrelation ist auf dem Niveau von 0,05 (2-seitig) signifikant
** Die Korrelation ist auf dem Niveau von 0,01 (2-seitig) signifikant
*** vgl. BÜHL 2014: 426
Quelle: eigene Darstellung

Tabelle 17: Interkorrelation der Prädiktoren Bayerischer Wald

Bayerischer Wald	ökonomisch	emotional	interpersonell b)	soziokulturell c)	räumlich	zeitlich
ökonomisch	---	0,422**	0,510**	0,562**	0,086**	0,211**
emotional	0,422**	----	0,500**	0,478**	0,175**	0,211**
interpersonell b)	0,510**	0,500**	----	0,472**	0,146**	0,302**
soziokulturell c)	0,562**	0,478**	0,472**	----	0,092*	0,226**
räumlich	0,086**	0,175**	0,146**	0,092*	----	0,064**
zeitlich	0,211**	0,211**	0,302**	0,226**	0,064*	---

* Die Korrelation ist auf dem Niveau von 0,05 (2-seitig) signifikant
** Die Korrelation ist auf dem Niveau von 0,01 (2-seitig) signifikant
*** vgl. BÜHL 2014: 426
Quelle: eigene Darstellung

Insbesondere für das Untersuchungsgebiet Nationalpark Bayerischer Wald zeigen sich hohe Zusammenhangsmaße (vgl. Tab. 17). So scheint die Wahrnehmung der Landschaftsentwicklung (soziokulturell) und die Wahrnehmung der Effekte des Nationalparks auf den Tourismus (ökonomisch) eng miteinander verknüpft zu sein. Dies unterstreicht die Ergebnisse der deskriptiven Statistik. Zudem hängen die ökonomischen Prädiktoren wiederum mit dem Vertrauen in die Nationalparkverwaltung (interpersonell) zusammen. Da auch interpersonelle und soziokulturelle Prädiktoren stark interkorrelieren, ist dies nicht verwunderlich. Alle Prädiktoren, bis auf die räumliche, weisen eine hohe Abhängigkeit zu den interpersonellen Prädiktoren auf. Deshalb steht zu vermuten, dass eine gute Kommunikations- und Vertrauensbasis als grundlegend für alle weiteren Prädiktoren angesehen werden kann.

Für den Nationalpark Berchtesgaden zeigen sich ähnliche Interkorrelationen (vgl. Tab. 16). Besonders die Wechselwirkungen des interpersonellen Faktors mit allen anderen Prädiktoren wird hier erneut deutlich. Dies unterstreicht den zentralen Stellenwert dieses Faktors. Die Zusammenhänge zeitlich-ökonomisch und zeitlich-räumlich, die für das Untersuchungsgebiet Bayerischer Wald eine geringe, aber signifikante Korrelation aufweisen, sind für Berchtesgaden nicht signifikant. Auch die Zusammenhänge zwischen soziokulturellen und ökonomischen Prädiktoren sind augenscheinlich für das Untersuchungsgebiet Berchtesgaden weniger bedeutsam. Dies ist auf eine bessere Strukturstärke der Region, sowie einen höheren Stellenwert der regionalen Identifikation in der Region Berchtesgaden zurückzuführen.

6.3.3 Überprüfung der Annahmen

Die Annahme gemäß dem Ökonomischen Rationalismus, dass wirtschaftliche Anreize die Akzeptanz bedingen, hat sich indirekt bestätigt. So zeigt sich in beiden Untersuchungsgebieten eine deutliche Korrelation zwischen der Wahrnehmung eines positiven Effekts des Nationalparks auf den Tourismus und der Akzeptanz. Die Personen, denen ein faktischer ökonomischer Vorteil unterstellt werden kann, nehmen diese Effekte jedoch nicht zwangsläufig wahr. Hier kann also konkludiert werden, dass zunächst ein Verständnis dafür geschaffen werden muss, dass der Nationalpark tatsächlich regionalwirtschaftliche Vorteile bringt. Nur auf Basis dieser Information können de-facto-Profiteure ihre Einstellung gemäß dem Ökonomischen Rationalismus bilden. Auch konnte festgestellt werden, dass ökonomische Anreize nicht zwingend in Form einer Quantitätssteigerung betrachtet werden müssen. Im Untersuchungsgebiet Nationalpark Berchtesgaden wurde deutlich, dass dies nicht gewünscht ist. Stattdessen wäre es hier entscheidend, dass der Nationalpark den Wunsch der Anwohner nach mehr nachhaltigem Tourismus erkennt und dahingehend mehr Synergien mit den Zielen des Nationalparks schafft.

Ebenfalls kann die Annahme gemäß der Theorie der psychologischen Reaktanz bestätigt werden, dass Einschränkungen in der Entscheidungs- und Handlungsfreiheit die Akzeptanz beeinflussen. In beiden Untersuchungsgebieten besteht ein Zusammenhang zwischen Einschränkungsempfinden und Akzeptanz. Wie stark dieses Empfinden ist, hängt jedoch auch von diversen weiteren Prädiktoren ab, wie etwa Partizipationsempfinden, bevorzugtes Freizeitverhalten und räumliche Betroffenheit. Welche Restriktionen als einschränkend bzw. unangemessen empfunden werden, ist stark vom regionalen und kulturellen Kontext abhängig. So treffen beispielsweise bei den Anwohnern des Nationalparks Berchtesgaden insbesondere die

Regulierungen rund um Berghütten und Almen auf Unverständnis, wohingegen im Bayerischen Wald vornehmlich das Verbot, Pilze und Beeren zu sammeln, sowie Wegegebote und Radfahrverbote als einschränkend empfunden werden.

Auch die Auswirkungen mangelhafter Information und negativer Wahrnehmung der Nationalparkverwaltung als Kommunikationspartner auf die Akzeptanz haben sich in der deskriptiven Auswertung und in der Korrelationsanalyse sehr deutlich gezeigt. Zudem wirken sich die zwischenmenschlichen Prädiktoren auf alle anderen betrachteten Prädiktoren, bis auf die räumlichen, aus. Weder ökonomische Anreize werden bei mangelhafter Kommunikation erkannt, noch funktionieren Teilhabe oder die Vermittlung der Werte des Prozessnaturschutzes. Selbst Gewöhnungsprozesse sind offenbar bedingt durch Information und Wahrnehmung der Nationalparkverwaltung. Eine gelungene Kommunikation kann also als grundlegend für den Akzeptanzschaffungsprozess angesehen werden. Entsprechend gilt es, diesem Faktor einen sehr hohen Stellenwert einzuräumen.

Die Annahme, dass eine Übereinstimmung mit dem Naturverständnis und den Wertvorstellungen des Prozessnaturschutzes die Akzeptanz des Nationalparks fördert, kann ebenfalls als bestätigt angesehen werden. Zwar scheint in der deskriptiven Auswertung kein Zusammenhang zwischen der Wahrnehmung der Eigenschaften von Natur und Einstellung gegenüber dem Nationalpark auf, die Korrelationsanalyse zeigt jedoch zumindest einen geringfügigen Zusammenhang. Die Bewertung der Mensch-Umwelt-Beziehungen seitens der Probanden ist sehr deutlich mit der Akzeptanz verknüpft und weist darauf hin, dass ein holistisch-ökozentrisches Naturverständnis auch unter den Nationalparkanwohnern bereits weit verbreitet und der Akzeptanz zuträglich ist. Anthropozentrische Zugänge zur Natur stellen hingegen eine Akzeptanzbarriere dar. Die konkrete Übertragung dieser Wertemuster auf regionale Konfliktfelder wie etwa Waldmanagement, Landschaftsentwicklung und Totholz ist ebenfalls grundlegend für die Einstellungsbildung gegenüber dem Nationalpark.

Zuletzt kann auch die Akzeptanzkrater-Annahme für beide Untersuchungsgebiete bestätigt werden, auch wenn diese, um bei der morphologischen Nomenklatura zu bleiben, eher in Form von flachen Akzeptanzmulden in Erscheinung treten. Je geringer die räumliche Distanz, desto stärker zeigen sich Akzeptanzdefizite. Die Annahme einer Akzeptanzschere – also einer Abnahme der Akzeptanz in Gebieten mit bereits bestehenden Defiziten und eine Zunahme der Akzeptanz in Gebieten mit vormals bereits sehr positiven Einstellungswerten – konnte nicht beobachtet werden. Stattdessen zeigte sich im Zeitverlauf eine sehr deutliche Verbesserung der Akzeptanz in allen untersuchten Teilräumen. Dies, ebenso wie die höheren Akzeptanzwerte innerhalb der jüngeren Generation, bestätigt auch die Annahme einer Akzeptanzsteigerung im Zeitverlauf durch Gewöhnungsprozesse (= Nationalparkseniorität). Zwar ist der zeitliche Effekt von regionalen Bedingungen abhängig, scheint jedoch allgemein gültig zu sein. Deshalb liegt auch in Berchtesgaden trotz der geringeren Zeit des Bestehens eine höhere Akzeptanzsteigerung vor.

7 Resultate der qualitativen Empirie

7.1 Bayerischer Wald

7.1.1 Ökonomische Prädiktoren

In der Theorie wird von der Annahme ausgegangen, dass durch wirtschaftliche Anreize oder Verluste die Akzeptanz oder Ablehnung des Nationalparks Bayerischer Wald gesteuert wird. Inwiefern die Experten diesen Zusammenhang bestätigen, wird im Folgenden erläutert.

Hierbei wird zunächst der Bekanntheitsgrad der Region Bayerischer Wald betrachtet und der Einfluss des Nationalparks darauf. Die Experten beschreiben, dass die Region mittlerweile nicht nur national, sondern auch international einen Bekanntheitsgrad erlangt hat. Der Nationalpark hat sich dabei als Marke etabliert und gilt als der stärkste Werbeträger der Region. Durch den Nationalpark kann die Region mit einer umweltverträglichen und hohen Naherholungsqualität für Einheimische und Gäste werben. Durch dieses touristische Alleinstellungsmerkmal kommen viele Touristen in die Region und stärken diese zugleich.

Weiterhin werden die Vorteile, die der Nationalpark generiert, untersucht. Ein Experte beschreibt dabei, dass „die ganze Region Vorteile durch den Nationalpark hat. Es gibt viele Freizeit- und Bildungseinrichtungen und viele Gäste kommen wegen des Parks in die Region. Insofern haben alle Bürger einen Vorteil durch den Park". Die gesamte Wirtschaft in der Region profitiert durch den Nationalpark. Vorteile haben dabei vor allem die Bewohner, die in der Tourismusbranche tätig sind. Aber auch für die restliche Lokalbevölkerung erzeugt der Nationalpark einen deutlichen Mehrwert. So wurden durch die Realisierung des Parks nicht nur über 200 neue Arbeitsplätze (z.T. hoch qualifizierte) in der Nationalparkverwaltung geschaffen, sondern auch immer wieder Fachleute aus dem Ausland in die Region geholt. Die Einnahmen durch die Feriengäste kommen als Ausgaben dem nachgelagerten Gewerbe, wie beispielsweise dem Bäcker, Metzger, Installateur etc., zugute.

Mit seinem hohen Wert für die Regionalentwicklung können viele infrastrukturelle Einrichtungen geschaffen werden, welche die Gemeinden finanziell nie alleine hätten bewältigen können. Von dem gut ausgebauten Straßennetz und erhaltenen Wegen, die nun auch im Winter geräumt werden, profitieren alle gleichermaßen. Durch die prosperierende Wirtschaft in der Region erhoffen sich die Experten, dass sich noch mehr Gewerbe ansiedelt. Dadurch wird die Region für neue Personengruppen zu einem attraktiven Wohnort und junge Leute kehren nach ihrem Studium als Fachkräfte gerne wieder in ihre Heimat zurück.

Im Folgenden werden die Nachteile, die durch die Ausweisung des Nationalparks entstanden sind, näher betrachtet. Hierbei werden vor allem die Grundstückseigentümer, wie Privatwaldbesitzer und Landwirte, genannt, deren Ertrag durch bestimmte Einschränkungen, ausgehend vom Nationalpark, gemindert wird. Durch den Borkenkäfer entstehen erhöhte Kosten, wenn die eigenen Bäume angegriffen werden und es muss mehr Aufwand betrieben werden, um den Wald zu schützen. Desweiteren wird die Wiederkehr des Wolfes kritisch gesehen, da in den Schutz der Weide- und Nutztiere investiert werden muss und Kosten entstehen, wenn durch einen Wolfangriff ein Tier zu Schaden kommt. Auch in den Forstbetrieben werden Beeinträchtigungen, was die Jagd betrifft, genannt. Zudem werden die Ge- und Verbote, welche die Bevölkerung in ihrer Freiheit eingrenzen, als Nachteil bewertet.

Die Anzahl an Touristen, die durch den Nationalpark in die Region kommen, wird von den Experten unterschiedlich bewertet. Einerseits wünschen sie sich aus wirtschaftlicher Sichtweise heraus noch mehr Feriengäste, andererseits warnen sie aber auch vor einer Überschwemmung mit Besuchern, die von den Einheimischen als störend empfunden werden könnte und sich negativ auf deren Akzeptanz auswirken kann. Daher muss aus Expertensicht zwingend darauf geachtet werden, durch eine gezielte Besucherlenkung keine Crowding-Erscheinungen entstehen zu lassen.

Zusammenfassend kann die Annahme bestätigt werden, dass die Akzeptanz des Nationalparks Bayerischer Wald davon abhängt, ob ein Einheimischer dadurch wirtschaftlich negativ oder positiv betroffen ist. Festzuhalten ist, dass der Nationalpark viele Feriengäste in die Region bringt, die erst durch den Park ein attraktives Reiseziel darstellt. Der Naturtourismus wirkt sich somit positiv auf die Regionalentwicklung aus, die letztendlich allen Bewohnern Vorteile bietet. Trotz einiger negativer Begleiterscheinungen durch den Nationalpark überwiegen die positiven Aspekte und führen zu einer allgemein großen Akzeptanz. Zu erwähnen ist aber auch, dass der ökonomische Aspekt nur einen Bruchteil der Faktoren ausmacht, die zu der Einstellung der Bevölkerung gegenüber dem Nationalpark führen. Daher werden in den folgenden Abschnitten weitere Prädiktoren untersucht.

7.1.2 Emotionale Prädiktoren

Auf der emotionalen Ebene wird von der Annahme ausgegangen, dass Einschränkungen in der Entscheidungs- und Handlungsfreiheit, bedingt durch den Nationalpark, die Akzeptanz nachteilig beeinflussen.

Um diese Annahme bestätigen zu können, wurden die Experten darum gebeten, die Ge- und Verbote, die im Nationalpark Bayerischer Wald gelten, zu bewerten. Ein Interviewter erwähnt dabei, dass „die Ge- und Verbote unbedingt notwendig sind, um die Nationalparkzielsetzung ‚Natur Natur sein lassen' zu verwirklichen". Durch die Prognose von weiterwachsenden Touristenzahlen in den nächsten Jahren ist eine gute Ausschilderung von Wanderwegen, eine gezielte Besucherlenkung und das Wegegebot im Nationalparkgebiet unabdingbar. Trotz der Ge- und Verbote stehen den Einheimischen und Gästen noch genügend Nutzungs- und Bewegungsmöglichkeiten in dem Gebiet zur Verfügung. Oft werden die Einschränkungen gefühlt viel stärker empfunden als sie tatsächlich sind. Gerade an Stammtischen und in öffentlichen Diskussionen werden den Verboten schnell zu viel Bedeutung beigemessen.

Hierbei erwähnen die Experten das auftretende Phänomen der „psychologischen Reaktanz". Viele Bewohner missachten bewusst die geltenden Ge- und Verbote, um ihre, durch den Nationalpark genommene Freiheit, wieder zu erlangen. Sie legen sich die Ge- und Verbote so aus, dass die damit verbundenen Einschränkungen möglichst gering ausfallen. Somit kann die Behauptung aufgestellt werden, dass die Akzeptanz für die Ge- und Verbote unter Einheimischen geringer ausfällt. Vor allem das Wegegebot und das Verbot, Pilze und Beeren im Nationalparkgebiet zu sammeln, wird bei den Einheimischen am wenigsten akzeptiert und oft missachtet. Gerade ältere Wanderer sind es, welche die Sperrung der alten Wanderwege als sehr kritisch betrachten. „Für einige ist das schon ein großes Thema, nicht mehr überall hinlaufen zu können, wie sie es von früher gewohnt waren." Aber auch die Radfahrer und E-Biker fordern die Öffnung von noch mehr Radwegen im Gebiet. Die Reiter werden von den Experten als die Gruppe mit den größten Einschränkungen angesehen, da sie mit den Pferden das Gebiet nicht betreten dürfen.

Insgesamt werden die Ge- und Verbote und somit auch der Nationalpark von den Personengruppen am wenigsten akzeptiert, welche sie als gefühlt oder tatsächlich sehr stark einschränkend empfinden. Hauptsächlich sind davon die verschiedenen Freizeit-Sportgruppen betroffen, die vor allem durch das Wegegebot eine Einschränkung in ihrer Bewegungsfreiheit wahrnehmen. Trotz der erwähnten Notwendigkeit der Ge- und Verbote zur Realisierung des Nationalparkkonzepts haben viele Einheimische teilweise kein Verständnis dafür und wünschen sich eine Lockerung.

7.1.3 Interpersonelle Prädiktoren

Innerhalb der interpersonellen Faktoren wird von der Annahme ausgegangen, dass eine fehlende oder mangelhafte Kommunikation sowie soziale Distanz sich negativ auf die Akzeptanz auswirken.

Die Bedeutung der Kommunikation zwischen der Nationalparkverwaltung und der Bevölkerung wird von den Experten als sehr hoch eingeschätzt. „[Sie] ist zwingend notwendig, um die Akzeptanz des Nationalparks und dessen ganzen Vorgänge an die Öffentlichkeit zu tragen." Nur durch Kommunikation können die Ziele und Philosophie des Nationalparks den Einheimischen verständlich werden. Erst mit der Partizipation der Bevölkerung und dem Ernstnehmen ihrer Ängste und Nöte kann eine gute Zusammenarbeit entstehen aus der sich Akzeptanz entwickeln kann. Eine transparente und ehrliche Informationspolitik der Nationalparkverwaltung schafft eine Vertrauensbasis, die akzeptanzfördernd ist. Ein weiterer positiver Effekt der Zusammenarbeit zwischen Nationalparkverwaltung, Touristikern und der Bevölkerung ist die Förderung der Regionalentwicklung im Bayerischen Wald.

Ein direktes Mitspracherecht der einheimischen Bevölkerung bei Entscheidungsprozessen sehen die Experten nicht. Ihre Anliegen werden durch kommunale Vertreter der einzelnen Gemeinden im kommunalen Nationalparkausschuss vorgetragen. Darin haben die Bürgermeister die Möglichkeit, die Stimmung in der Bevölkerung in Entscheidungsverfahren mit einfließen zu lassen. Die Kommunikation der Nationalparkverwaltung über solche Mittelspersonen führt unter den Einheimischen oft zu dem Gefühl, nicht mit eingebunden zu werden. Die Experten heben aber auch hervor, dass im Gegensatz zu den Anfangsjahren des Nationalparks die Nationalparkverwaltung und der Nationalparkleiter Dr. Leibl sehr bemüht sind, auf die Bevölkerung zuzugehen und das Gespräch zu suchen. Die Partizipation der Bürger wird immer stärker in den Vordergrund gerückt. Durch dieses respektvolle Miteinander, in dem mit offenen Karten gespielt wird, steigt die Akzeptanz in der Bevölkerung.

Auch durch die Vielzahl an Informationsangeboten kann die Akzeptanz gesteigert werden. Mithilfe des breiten Spektrums an Angeboten für die Einheimischen durch den Nationalpark können die Nationalparkvertreter und die Lokalbevölkerung immer wieder in ein gemeinsames Gespräch treten. Vor allem die Nationalparkschulen werden als besonders wertvoll hervorgehoben, da hier die Kinder von klein an über das Konzept des Nationalparks informiert werden und damit aufwachsen.

Damit eine gute Kommunikation und ein problemloses Miteinander funktionieren kann, sehen die Experten nicht nur die Nationalparkverwaltung in der Pflicht, sondern auch die Einheimischen in der Holschuld, sich mit der Thematik des Nationalparks auseinanderzusetzen. Viele Informationsangebote werden von den Einheimischen vor dem Hintergrund, dass sie glauben schon alles über ihre Heimat zu wissen, wenig genutzt. Sie wollen sich nicht von Außenstehenden etwas über ihre Heimat erzählen lassen und weigern sich gegen jegliche Art von Information über den Nationalpark. Dadurch haben sie einen anderen Informationsstand wie die restliche Bevölkerung und erschweren den Kommunikationsprozess.

Der Einfluss der Nationalparkgegner oder -befürworter sowie lokalen Eliten auf das Meinungsbild der Bevölkerung war vor allem in den Anfangsjahren sehr groß und bedeutend. Die Gegner sind hauptsächlich in der Pressearbeit, meist in Form von Leserbriefen, sehr aktiv. Die Befürworter bieten Informationskampagnen in Form von Waldführungen an. Mittlerweile ist vorwiegend der Einfluss der Nationalparkgegner zurückgegangen, da die meisten Einwohner inzwischen dem Nationalpark positiv gegenüberstehen und dessen Vorteile sehen. Der Großteil der Bevölkerung hat heute eine feste Meinung zum Nationalpark und lässt sich davon nur noch schwer abbringen. Je nach persönlicher Betroffenheit und der Peer-Group, in der sie sich bewegen, ist ihre Einstellung zum Nationalpark geprägt.

Die Annahme, dass eine mangelhafte oder fehlende Kommunikation sowie soziale Distanz sich negativ auf die Akzeptanz auswirkt, kann somit bestätigt werden. Dabei betonen die Experten, dass die Nationalparkverantwortlichen mittlerweile mehr als genug ihrer Bringschuld nachgekommen sind, die Bevölkerung in den Kommunikationsprozess einzubinden und sie transparent aufzuklären. Jetzt liegt es an den Einheimischen, diese Angebote auch wahrzunehmen und sich zu informieren. Nur so kann ein gutes Miteinander auf Augenhöhe stattfinden und die Akzeptanz gesteigert werden. Denn im Umkehrschluss kann sich eine transparente und offene Kommunikation sowie eine enge Zusammenarbeit positiv auf die Akzeptanz auswirken.

7.1.4 Soziokulturelle Prädiktoren

Innerhalb der soziokulturellen Faktoren wird von der Annahme ausgegangen, dass die Übereinstimmung der Werte der Bevölkerung mit den Prozessschutzwerten des Nationalparks die Akzeptanz fördert.

Die Experten sehen in der Übereinstimmung der Werte eine Generationenfrage. Die ältere Bevölkerung steht dabei dem Nationalpark kritischer gegenüber als die

Jüngeren. Über Generationen hinweg hat ein bestimmtes Bild das Leben und Heimatverständnis der einheimischen Bevölkerung geprägt, das auch heute noch tief verankert ist. „Sie sind mit der Vorstellung von einem sauberen, aufgeräumten und geordneten Wirtschaftswald aufgewachsen, der gepflegt wird und die Fichten als Wirtschaftsgut gefällt und verkauft werden. Dies ist das gängige Waldbild, das diese Generation geprägt hat. Und jetzt müssen sie tatenlos zusehen, wie große Waldflächen getreu dem Motto des Nationalpark ‚Natur Natur sein lassen' liegen gelassen werden und die heimische Wirtschaft dadurch Gefahr läuft, beeinträchtigt zu werden." Mit dem Wertewandel der neuen Philosophie des Nationalparks hat sich die Landschaft und Bewirtschaftung des Waldes gewandelt und somit auch ihre Heimat. Insofern fällt es vielen Alteingesessenen „Woidlern" schwer, das neue Konzept zu akzeptieren. *„Vor allem als der Wald durch die Massenvermehrung des Borkenkäfers nicht mehr grün sondern braun war, war das ein sehr einschneidendes Erlebnis."*

Im Gegensatz dazu ist die jüngere Bevölkerung in ihrer Lebens- und Familiengeschichte sowie dem traditionellen Leben nicht mehr so verhaftet. Sie können dem Nationalpark viel offener gegenüberstehen, da sie mit seiner jetzigen Form und Philosophie aufgewachsen sind. Dadurch haben sie keine Vorbehalte und stehen dem Konzept unvoreingenommener gegenüber. Ihr Bild vom Wald hat sich komplett zu dem von früher gewandelt. Sie genießen ihn als einen Naherholungsort, in dem sie ihre Freizeit verbringen und nicht darin arbeiten müssen.

Die Frage, ob der Begriff Totholz in der Bevölkerung eher positiv oder negativ belegt ist, wird von den Experten sehr kontrovers betrachtet. In der älteren Bevölkerung wird das Totholz eher negativ gesehen, da es früher für deren eigene Versorgung wichtig war, das Holz aus dem Wald zu holen und zu verkaufen. Viele Menschen sehen aber auch mittlerweile das Positive am Totholz, da es einen Beitrag dazu leisten kann, dass sich Flora und Fauna wieder gut entwickeln können und neues Leben daraus entsteht. Die meisten Einwohner wissen heute, das Totholz für die Natur unbedingt notwendig ist.

Auch das Thema der Borkenkäferkalamitäten spaltet die Lokalbevölkerung. Vor allem in den Anfangsjahren hat sich die massive Ausbreitung des Käfers sehr negativ auf die Akzeptanz des Nationalparks in der Bevölkerung ausgewirkt. Mit der durch die Nationalparkverwaltung angeordneten Bekämpfung im Erweiterungsgebiet stieg die Akzeptanz wieder an. Daher wird die Entwicklung nach dem Ende der Bekämpfung im Jahr 2027 schon heute kritisch vorausgesehen. Trotz einiger Aufklärungskampagnen wird der Nationalpark oftmals fälschlicherweise als einziger Verursacher der Borkenkäferproblematik verurteilt. Obwohl an vielen Totholzstellen der Wald wieder nachwächst, fällt es einigen Einheimischen noch schwer, die abgestorbenen Bergkuppen zu akzeptieren.

Dem Thema Wolf wird auch kritisch gegenübergestanden. Viele Einheimische sehen den Wolf derzeit als keine Bedrohung an. Sie warnen aber auch davor, dass, sobald ein Mensch durch einen Wolf angegriffen würde, die Stimmung komplett kippen könnte. Vor allem die Landwirte sehen hohe Kosten auf sich zukommen um ihre Tiere vor den Wölfen zu schützen oder um zu Schade gekommene Weidetiere zu ersetzen.

Die Annahme, dass die Übereinstimmung der Werte in der Bevölkerung mit den Prozessschutzwerten des Nationalparks die Akzeptanz fördert, kann bestätigt werden. Gerade die junge Bevölkerung, die mit der neuen Philosophie des Nationalparks aufgewachsen ist, steht voll hinter dem Konzept und weist somit auch eine hohe Akzeptanz gegenüber dem Park auf. Die ältere Bevölkerung dagegen ist mit der traditionellen Wertvorstellung groß geworden, dass ein Wald durch den Menschen gepflegt und bewirtschaftet werden muss. Sie haben daher immer noch Vorbehalte gegenüber dem neuen Konzept und es fällt ihnen schwer, die Veränderungen in ihrer Heimat zu akzeptieren. Somit fällt die Akzeptanz bei ihnen deutlich geringer aus.

7.1.5 Raumzeitliche Prädiktoren

In der Theorie wird die Annahme aufgestellt, dass mit zunehmender Distanz und Zeitdauer des Bestehens des Nationalparks dessen Akzeptanz wächst.

Der Aspekt, dass es Zeit braucht, bis ein Nationalpark von der Bevölkerung akzeptiert wird, kann mit der Tatsache bestätigt werden, dass zwischen dem Altgebiet und dem Erweiterungsgebiet noch Akzeptanzunterschiede bestehen. Dabei wird das Altgebiet weit mehr als das Neugebiet akzeptiert. Dies ist darauf zurückzuführen, dass die Bewohner des Altparks mittlerweile genug Zeit hatten, zu lernen, mit dem Park umzugehen und mit ihm zu leben. Die Entwicklung der Natur in den ersten liegen gelassenen Windwurfflächen ist hier schon so weit fortgeschritten, dass erste positive Veränderungen sichtbar werden. Im Erweiterungsgebiet dagegen wird die Nationalparkverwaltung momentan noch mit den gleichen Argumenten wie zur Gründungsphase des Altparks konfrontiert. Hier ist die Natur nach den starken Käferjahren noch kaum fortgeschritten und es wird noch Zeit vergehen müssen, bis auch hier der Nutzen und das Positive des Nationalparks erkannt werden kann. Aber schon jetzt ist die Akzeptanz im Erweiterungsgebiet des Nationalparks deutlich gestiegen und die Kritiker weniger geworden. „Je länger die Einheimischen mit dem Nationalpark konfrontiert sind, desto intensiver wird auch ihre Akzeptanz werden."

Der Aspekt der Distanz führt bei den Experten zu Uneinigkeit. Ein paar beschreiben das Phänomen des Akzeptanzkraters (RENTSCH 1988), das besagt, dass mit zunehmender Distanz zum Nationalpark die Akzeptanz steigt. Denn mit der wachsenden Entfernung werden die Einschränkungen durch die Ge- und Verbote immer geringer und die persönliche Betroffenheit sinkt. Andere Experten vermuten aber auch, dass mittlerweile in den Gemeinden, die direkt an den Nationalpark grenzen, eine neue Art von Heimatstolz entstanden ist. Die Einwohner sind froh darüber, eine Nationalparkgemeinde zu sein und zur Ferienregion Bayerischer Wald zu gehören. Durch das Erkennen der daraus entstehenden Vorteile, vor allem in wirtschaftlicher Hinsicht, ist die Akzeptanz stark angestiegen. So gelten die Anrainergemeinden inzwischen als die größten Profiteure des Nationalparks. Im Konsens sind aber die Experten davon überzeugt, dass alle Gemeinden, ob sie direkt im Gunstkreis des Nationalparks liegen oder nicht, vom Park profitieren.

Im Bezug auf den zeitlichen Aspekt kann die Annahme bestätigt werden, dass die Akzeptanz steigt, je länger der Nationalpark besteht. Dies wird durch die bestehenden Akzeptanzunterschiede zwischen dem Alt- und Erweiterungsgebiet deutlich. In Bezug auf den Faktor Distanz können nur noch geringe Akzeptanzunterschiede wahrgenommen werden. Die unmittelbare Nähe zum Nationalpark wird nur dann als negativ empfunden, wenn eine direkte Betroffenheit durch die Ge- und Verbote vorliegt. Ansonsten profitieren die meisten Gemeinden, sowohl im Nah- und Fernbereich, von den Vorteilen durch den Nationalpark, vor allem in ökonomischer Hinsicht.

7.2 Berchtesgaden

7.2.1 Ökonomische Prädiktoren

Die grundlegende Idee des ökonomischen Rationalismus, dass ökonomische Anreize aus Einkünften durch Naturtourismus eine positive Bindung zum Nationalpark fördern, liegt der Idee zugrunde, dass tatsächlich durch den Nationalpark solche Einnahmen generiert werden. Inwiefern die befragten Experten diese Kausalität bestätigen, wird im Folgenden erläutert.

Diesbezüglich soll zunächst die Bekanntheit der Region Berchtesgaden betrachtet werden sowie die Rolle des Nationalparks in diesem Kontext. Dabei gilt es anzumerken, dass die Bekanntheit einer Region im Zusammenhang mit dem Tourismus nur zum Erfolg führt, wenn die Destination mit etwas Positivem konnotiert ist. Nicht die Bekanntheit, sondern die Begehrlichkeit sollte für eine Urlaubsregion, welche das Berchtesgadener Land zweifelsfrei ist, im Vordergrund stehen. Grundsätzlich werden die Gäste durch die einmalige Hochgebirgslandschaft des Berchtesgadener Lands angezogen. Die Bekanntheit der Region wird maßgeblich determiniert durch das weithin bekannte Bild der spektakulären Szenerie der schroffen nördlichen Kalkalpen mitsamt dem fjordartig eingetieften Königssee sowie der almwirtschaftlich geprägten Kulturlandschaft. Dieses berühmte Landschaftsbild vor übermäßiger touristisch-infrastruktureller Erschließung zu schützen, war auch für die Gründung des Nationalparks das ausschlaggebende Argument. Folglich ist die Nationalparkgründung der Faszination für den Naturraum Hochgebirge zu verdanken, dessen Unversehrtheit gegenüber touristischen Eingriffen seither wiederum dem Nationalpark zu verdanken ist. Der Nationalpark schützt die Hochgebirgslandschaft und ihre Begehrlichkeit für eine verstärkte touristische Inwertsetzung. Diese Ausgangssituation ist das Absatzkapital der Region und der entscheidende Grund für den Naturtourismus. Der Naturraum ist zweifelsfrei ein, wenn nicht sogar der entscheidende, *unique selling point* der Destination Berchtesgaden. Daher kann dem Nationalpark eine attraktivitätssteigernde Wirkung für die Region zugeschrieben werden. Eine wachsende Begehrlichkeit und Wertschätzung der Natur liegt auch im Wertesystem der Gäste, und damit Kunden der Region, zugrunde. Die Destination Nationalpark stellt einen zweifelsfrei besonderen touristischen Anziehungspunkt dar für Menschen, die einen Tourismus präferieren, der auch dem Werteverständnis des Prozessschutzes nahekommt. Das Berchtesgadener Land war vor der Gründung schon ein Hot-Spot im deutschen Tourismus und der Nationalpark mit der Ausrichtung auf den Naturtourismus hat das Angebot erweitert. Touristen mit einem Wertesystem, das auf Nachhaltigkeit und Naturverträglichkeit ausgerichtet ist, suchen sich diese Region ganz bewusst aus. Diese Entwicklung ist zukunftsweisend und damit auch positiv für eine entsprechende Regionalentwicklung. Der Nationalpark Berchtesgaden ist zu einer Marke geworden. Einerseits durch das Label Nationalpark und andererseits durch den Erfolg als Kommunikationsinstrument für die Region. Es gibt Synergien zwischen Nationalpark und Region, die sich gegenseitig stärken. Die ökonomischen Anreize durch Nationalparktouristen i. e. S. betreffen vorwiegend die unmittelbaren Nationalparkanreiner. Denn es ist naheliegend, dass Touristen, deren primäres Ziel der Nationalpark ist, auch in unmittelbarere Nähe logieren und die örtliche Gastronomie besuchen. Es besteht jedoch die Notwendigkeit, dass die regionalökonomischen Effekte, die durch den Nationalpark induziert wurden, zuvor auch als solche erkannt werden müssen, damit eine Akzeptanzsteigerung stattfinden kann.

Der Nationalpark wirkt sich auf die Touristenzahlen insofern positiv aus, als dass er eine nachhaltige Ausrichtung der Region sowohl auf Sommer- als auch auf Wintertourismus ermöglicht. Der naturverträgliche Schneeschuh- und Skitourengeher im Winter beeinträchtigt den Sommertourismus in keinster Weise. Dies wäre bei einer skitouristischen Ausrichtung nicht möglich, da in diesem Falle die Landschaft durch Liftanlagen und Pistenrodung zerschnitten wäre. Weiterhin wird die nachhaltige touristische Attraktivität der Region durch den Nationalpark gefördert, da sich dessen touristische Konzeption nicht an einem Eventtourismus orientiert und sich die Region somit unabhängig macht von einem touristischen infrastrukturellen Wettrüsten. Die Nutzung der Nationalparkregion wird somit als zukunftsfähig bezeichnet.

Die Destination Berchtesgaden wird sowohl von Nationalparktouristen i. e. S. als auch von Naturtouristen, die eine eindrucksvolle Landschaft als Urlaubskulisse auswählen, und einem wachsenden internationalen Publikum besucht. Der Großteil aller Touristen sind keine Nationalparktouristen, somit wird nur ein kleiner Teil der touristischen Einnahmen durch den Nationalpark selbst direkt generiert. Die massentouristische Dichte findet besonders am Königssee ihren Höhepunkt, der ein Ausgangspunkt für das touristische Highlight St. Bartholomä darstellt. Die Schifffahrt über den Königssee endet zwangsläufig im Nationalpark, ohne dass darauf besondere Informationen oder Hinweise gegeben werden. Die Menschenmassen trüben das Naturerleben am Tor des Nationalparks, so meiden die Einheimischen in der Ferienzeit diese touristischen Highlights. Nicht nur die touristischen Top-Attraktionen, sondern auch die verstärkte Nutzung der Wanderwege führt zu *Crowding* an bestimmten Orten. Die Wegeunterhaltung unterliegt dem Nationalpark, eine Gemeinde könnte das in der Güte und Breite nicht leisten. Die hohe Frequentierung erfolgt v.a. auf den Hauptwegen und zu ganz bestimmten Jahreszeiten, sowie auf den Hütten und Almen. Die touristische Infrastruktur der Hütten und Almen existierte bereits vor der Nationalparkgründung und prägt damit bis heute das tradierte Landschaftsbild gerade im Klausbachtal. Die Auslastung durch Tages- und Übernachtungsgäste im Nationalpark steigt weiter an, wodurch Hütten und Almen modernisiert und ausgebaut werden. Demgegenüber steht aber die Vorstellung eines ruhigen und bescheidenen Aufenthalts mit einem faszinierenden Naturerleben. So denkt ein Interviewpartner: *„Je mehr der [Nationalpark] erschlossen wird oder je mehr er frequentiert ist, sinkt vielleicht die Akzeptanz* *bei einer bestimmten Gruppe".* Denn *„um den Nationalparkgedanken zu bewahren ist es nicht förderlich, alles zu modernisieren oder die Einfachheit, was eine Berghütte ausmacht, damit zu verlieren".* Es ist nicht Grundgedanke des Nationalparks, dem touristischen Druck hier Folge zu leisten, sondern besonders in diesem Schutzraum die Erwartungen der Massen einzudämmen. Eine hohe Tourismusorientierung kann nicht unbedingt mit einem strengen Prozessschutz einhergehen. Die Auswirkung bestimmter landschaftsbezogener Aktivitäten führen im Falle der E-Bike-Nutzer zu einer verschärften Situation auf den Fahrradstrecken sowie einer erhöhten Belastung im Gebiet. Das E-Bike befähigt zum einen mehr Menschen, auf den Fahrradstrecken unterwegs zu sein und zum anderen führt es zu einem einfachen Einstieg zu Wanderwegen, die in entlegenere Gebiete führen, die zum Teil empfindliche Ökosysteme darstellen.

Die Belastung der Einheimischen durch touristisches Verkehrsaufkommen wird erschwert durch ein erhöhtes Aufkommen von Tagestouristen, die bei gleicher Belastung weniger Wertschöpfung generieren. Die eindrucksvolle Landschaft ist für den Nationalpark Vor- und Nachteil zugleich. Die Hochgebirgslandschaft ist ein Magnet für Gäste sowie positiv für den Tourismus, aber die damit einhergehende wachsende Touristenanzahl ist eine Herausforderung für den Nationalpark. Diese ist nicht nur auf den Nationalpark zurückzuführen, sondern auch dem Trend des Urlaubsverhaltens in die Natur und der kürzeren Aufenthaltsdauer der Gäste geschuldet.

7.2.2 Emotionale Prädiktoren

Aus emotionaler Perspektive ist insbesondere Reaktanz aufgrund von Regeln und Verboten durch den Prozessschutz ein potentielles Akzeptanzhemmnis. Entsprechend besteht seitens der Nationalparkverwaltung ein hohes Entgegenkommen den Einheimischen und Touristen gegenüber, um vermeintlich mehr Akzeptanz zu schaffen. Dadurch wird jedoch bisweilen der Prozessschutz kompromittiert. Dies beschreibt ein Experte mit den Worten: *„Nationalpark hört da auf, wo der Tourismus beginnt."* Damit wird beispielsweise beschrieben, dass zur Verkehrssicherung von Wanderwegen durchaus Bäume beschnitten werden und auch liegendes Totholz entfernt wird.

Auch wird auf eine restriktive Durchsetzung bestehender Regeln durch Ranger weitestgehend verzichtet. Die Ranger, deren Präsenz im Gelände ohnehin schwach ist, reagieren auf etwaige beobachtete Regelverstöße bevorzugt mit Belehrungen, da ihnen die Durchgriffsmacht fehlt.

Ein Punkt, bei welchem im klassischen Sinne Reaktanz eine Rolle spielt, ist die Beziehung zwischen Nationalpark und Almbauern. Insbesondere der Ausbau der Almen sowie deren Zufahrtswege wird durch diverse Regelungen seitens des Nationalparks eingeschränkt. Dies führt zu einem Gefühl der Gängelung bei den Almbauern. Einer der Konflikte besteht beispielsweise darin, dass die Landwirte gemäß der allgemeinen Modernisierung in der Agrarwirtschaft modernere und damit auch schwerere Maschinen einsetzen wollen. Dafür würden sie jedoch breitere und stabilere Wege zu ihren Almen benötigen. An dieser Stelle hat der Nationalpark Vorbehalte, dies zu genehmigen. Weitere häufige Konflikte beinhalten den Erhalt der Lichtweiden in Abgrenzung zum Wald, sowie den Aufbau kleinerer ungenehmigter Anbauten an Liegenschaften der Almen. Dem Nationalpark ist es jedoch ein Anliegen, den Almbauern entgegenzukommen, insbesondere angesichts dessen, dass die Almen für den Tourismus größtenteils im Nebenerwerb erhalten werden.

Für die Einstellung der Einheimischen zum Nationalpark sind nicht nur die tatsächlichen Einschränkungen entscheidend, sondern vielmehr, wie die Einschränkungen wahrgenommen werden. Die gefühlte Betroffenheit und Solidarität mit den tatsächlich Betroffenen ist ausgeprägt. Als die Nationalparkverwaltung z.B. neue Schilder aufgestellt hat mit dem Hinweis auf das Verbot des Fahrradfahrens auf diesen Wegen, war die Bevölkerung davon nicht begeistert. Die Einheimischen sind im Wissen, dass hier das Fahrradfahren verboten ist, aber die Anwesenheit der Schilder und das Sehen des Verbots wurde von der Bevölkerung nicht geduldet. So wurden die Schilder wieder entfernt. Die subjektive Einschränkung der Einheimischen kommt an diesem Beispiel deutlich zu tragen.

Klar ist, dass der Weg, um Reaktanz zu vermeiden nicht darin liegen kann, alle Regelungen aufzuheben oder nicht durchzusetzen. Stattdessen ist eine gute Kommunikations- und Vertrauensbasis ein probates Mittel, um Reaktanz zu mindern.

7.2.3 Interpersonelle Prädiktoren

Kommunikation ist in der Lage, Konflikte zu entschärfen. Das zeigt sich anhand der verbesserten Beziehung zwischen Nationalpark und Almbauern im Vergleich zu den Anfangsjahren des Nationalparks. Ein regelmäßiger Austausch und Offenheit für Gespräche hat zur Normalisierung der Beziehung und zum gegenseitigen Verständnis beigetragen. Die Beziehung ist nicht konfliktfrei, aber es ist inzwischen ein vernünftiges Miteinander. Seitens der Nationalparkverwaltung werden Maßnahmen ergriffen um Missverständnisse auszuräumen. Die Nationalparkverwaltung lädt zu einem runden Tisch ein, an dem die Almbauern und alle Naturschutzvereine vertreten sind. Dies gibt die Gelegenheit, viele Probleme direkt anzusprechen und zu diskutieren, bevor daraus handfeste Konflikte entstehen. Der Nationalpark wird als offener und vertrauensvoller Kommunikationspartner angesehen. Dies bestätigt beispielsweise ein Experte aus der Almwirtschaft, der empfindet, man könne *mit dem Nationalpark über alles reden"*. Es ist eine Tendenz erkennbar, dass ein Entgegenkommen stets vom Nationalpark ausgeht und dieses auch so erwartet wird. Womöglich ist dies Ausdruck eines „Recht des Älteren".

Der Nationalpark informiert die Bevölkerung über bestimmte Entscheidungen, die Entscheidungen an sich trifft die Nationalparkverwaltung eigenständig nach naturschutzfachlichen Gesichtspunkten. Die Zusammenarbeit zwischen der Nationalparkverwaltung und der Bevölkerung besteht mit denen, die es betrifft. Falls Nutzer in ihren Rechten tangiert werden, nimmt der Nationalpark gezielt Kontakt auf. Meistens sind das Weiderechte der Bauern. Die Einheimischen befürworten ein aktives Zugehen der Nationalparkverwaltung auf die Bevölkerung. Eine Maßnahme dabei sind Veranstaltungen um die Bevölkerung einzuladen, die Missverständnisse und Reibungspunkte zu klären und die Ziele des Nationalparks immer wieder ins Gedächtnis zu rufen und zu erklären, sowie einen Raum für Fragen seitens der Einheimischen zu geben. Die Kontinuität der Kommunikation wird als erfolgreiches Mittel der verbesserten Bindung zum Nationalpark angesehen. Anstehende Management-maßnahmen, wie die Sperrung von Wanderwegen bei der Borkenkäferbekämpfung in der Pflegezone, werden offen und im Voraus kommuniziert. Die Kommunikation der Fahrradverbote ist ein empfindliches Thema, da die Einschränkungen durch den Nationalpark an dieser Stelle für Jedermann ersichtlich werden. Dabei geht es nicht um das Verbot an sich, sondern wie es kommuniziert wurde bzw. es wurde in diesem Fall im Vorfeld gar nicht kommuniziert. Die Einheimischen bekommen nicht gern einfach etwas vorgesetzt, auch wenn es nur Hinweisschilder sind mit Verboten, die bereits öffentlich bekannt sind.

Der Nationalpark bietet ein umfangreiches Programm mit Führungen und Ver-anstaltungen für Touristen und Einheimische an. Ein Kommunikationszweig für die Gäste und Sprachrohr des Nationalparks sind die Ranger. Ranger bieten Führungen an und achten im Gelände auf Übertretungen der Regelungen durch die Besucher. Sie machen auf ein Fehlverhalten aufmerksam und nehmen eher einen belehrenden als einen tadelnden Ton an. Bei Übertretungen fehlt aber die Autorität, um Konse-quenzen folgen zu lassen. Der Nationalpark als „zahnloser Tiger" kann oder will die Regelungen nicht um jeden Preis umsetzen. Eine vernünftige und nachvollziehbare Belehrung wird von einem Experten auch als nicht verkehrt erachtet *„wenn man auf etwas hingewiesen wird; wenn das vernünftig gesagt wird, dann versteht man das ja auch".*

Die Betroffenheit der Einschränkung und die Art der Kommunikation hängen unmittelbar zusammen, das bestätigen die Beispiele der Ranger oder der Almbauern. Die Bindung zum Nationalpark werden durch die emotionalen Prädiktoren geprägt und die interpersonellen Prädiktoren führen zu einer positiven oder negativen Ein-stellung zum Nationalpark.

7.2.4 Soziokulturelle Prädiktoren

Der Nationalpark erreicht eine hohe Akzeptanz, wenn dieser als Heimat angesehen wird. Das kann durch ein Bewusstsein für die Region, die Landschaft und den dafür notwendigen Schutz erreicht werden. Die Landschaft bleibt durch den Schutz des Nationalparks so erhalten wie sie ist. Den Einheimischen muss durch die Verbindung zwischen Nationalpark und Landschaft bewusst werden, dass dieser Lebensraum der Einheimischen keine Selbstverständlichkeit ist, sondern durch den Schutzcharakter des Nationalparks die Landschaft so unberührt und naturnah bleibt. So beschreibt ein Experte: *„Wir haben einen Nationalpark und 100 Mitarbeiter oder wie viele das sind, die dafür da sind, dass das alles funktioniert. Dass das so bleibt wie es ist, dass wir da einen schützenswerten Raum haben, der euer Lebensraum oder Heimat ist, macht euch das bewusst."* Die Kommunikation muss eine Bewusstseinsbildung und Schaffung eines Wertebe-wusstseins für die Region zum Ziel haben.

Totholz und Borkenkäfer mit der daraus resultierenden Landschaftsveränderung spielen im Nationalpark Berchtesgaden nur eine untergeordnete Rolle, da diese Veränderungen nur kleinräumiger Art sind. Ebenso landschaftsverändernd sind Lawinenabgänge oder Bergstürze sowie die in der Bergwelt naturgemäß gravitati-ven Erosionen geschuldeten Schuttkegel. Diese Art der Landschaftsveränderung ist typisch und unvermeidbar in einer Hochgebirgslage und damit für die Bevölkerung ein normaler Anblick. Die Veränderungen der Kulturlandschaft hin zur Naturlandschaft durch den Prozessschutz werden geduldet, wenn die Bergwälder betroffen sind, aber nicht die Almen. Die Almen werden zusammen mit der naturnahen Landschaft als eine Einheit betrachtet. Der Prozessschutz wird zwar angestrebt, kann aber letztlich in der Reinform nicht stattfinden. Ein Experte sagt dazu: *„Aber das funktioniert nicht in so kleinen Enklaven. Der Nationalpark Berchtesgaden ist ja winzig. Und das zu schützen ist sehr gut und es ist super, dass es den Nationalpark gibt. Aber irgendwo ist halt leben und leben lassen. Und man muss die heimische Bevölkerung oder die Almen mit einbeziehen."* In der Kernzone ist es wichtig, Natur Natur sein zu lassen, aber in Teilen ist der Nationalpark auch eine Kulturlandschaft, die über Jahrhunderte so geschaffen wurde und die damit Teil der Berglandschaft ist. Durch die Almwirtschaft ist es nicht möglich, den Menschen aus dem Park auszuschließen. Der Nationalpark hat seine heutige Gestalt, da er durch die Kultur und die Almen so geprägt wurde. Das ist das prägende Bild für die Menschen – die Kulturlandschaft in einer wilden Natur.

7.2.5 Raumzeitliche Prädiktoren

Die zeitlichen Prädiktoren bestehen in der Seniorität eines Nationalparks. Der Wandel von einem Naturschutzgebiet hin zu einem Nationalpark ist eine umfassende und langfristige Aufgabe. Problematisch zu Beginn ist die Befürchtung vor den Einschränkungen der Almbauern und Hüttenwirte, dass dadurch keine Holzwirtschaft mehr stattfindet. Das hat zu Beginn besonders die ältere Generation getroffen, da diese in dem Gebiet beispielsweise als Holzknechte gearbeitet haben. Die Ramsau hat den heiligen Vinzenz, den Holzhauer, im Gemeindewappen. In der historischen Betrachtung und Verbundenheit mit dem Thema Holz liegt es nahe, dass die Einheimischen, die früher haupt- oder nebenberuflich von der Holzwirtschaft lebten, anfänglich so kritisch reagierten.

Die jahrhundertelang tradierte Werte der holzwirtschaftlichen Nutzung stehen dem vergleichsweise jungen Wertesystem des Prozessnaturschutzes entgegen. Besonders die ältere Generation hatte kaum Zeit, sich daran zu gewöhnen. Der neue Umgang mit dem Wald bedeutet, Natur Natur sein zu lassen. Dies zu akzeptieren setzt ein angepasstes Wertesystem und Naturverständnis voraus. Die ältere Generation wuchs noch ohne Nationalpark auf, die Veränderungen in der Heimat wurden erst mit der Gründung des Nationalparks und dem Zulassen von mehr Naturdynamik durchgesetzt. Wenn die gewohnte heimatliche Landschaft verändert wird, ist die Reaktion darauf kritisch, meistens bei denen, die aus der Veränderung zunächst keinen Nutzen ziehen können oder von Nachteilen direkt betroffen sind. Die ersten Erfahrungen mit dem Nationalpark sind prägend. Wenn diese zunächst nicht positiv sind, bedeutet das viel Aufklärungs- und Informationsarbeit, um ein späteres positives Bild zu vermitteln, das auch verstanden werden kann. Die heutige Generation der über 60-Jährigen ist bereits mit dem Nationalpark aufgewachsen, konnte aufgrund des Alters nicht viele negative Erfahrungen sammeln und hat auch noch keine wirtschaftliche Verbindung zu dessen Tal- und Bergwelt aufbauen können, weswegen die direkte Betroffenheit fehlt. Mit fortschreitendem Lebensalter geht selbstverständlich auch die Zeitdauer des Nationalparksbestehens einher. Je länger ein solches Gebiet besteht, desto höher ist seine Akzeptanz. Innerhalb von 40 Jahren vollzieht sich ein Wandel nicht nur in der Natur, sondern auch in der Einstellung der Einheimischen. Die Einheimischen, die zu Beginn kritisch eingestellt waren, legen dies meist ab. Positiv dazu trägt auch die umfassende Aufklärungsarbeit des Nationalparks bei.

In der Annahme des Akzeptanzkraters (RENTSCH 1988) bestehen auch Unterschiede der Akzeptanz zwischen dem inneren (den Nationalparkanrainergemeinden) und äußeren Landkreis, begründet einerseits durch die konkreten Nutzungseinschränkungen durch den Nationalpark und andererseits durch die historische Entwicklung des Berchtesgadener Talkessels. Die wechselhafte staatliche Zugehörigkeit des südlichen Landkreises Berchtesgadener Land prägte die Bevölkerung über Jahrhunderte und baute eine gewisse Skepsis und Misstrauen auf. Erst durch das Ende der Lehnschaft war ein Grundbesitz für die Bevölkerung möglich. So kann Misstrauen oder Angst bestehen, in den Rechten beschnitten zu werden, was vor allem auf die Landwirte und Grundstückseigentümer zutrifft. Die Umstellung der Berchtesgadener in der Nutzung ihrer Berge war nicht einfach und so gab es im südlichen Landkreis von Anfang an mehr Vorbehalte gegen die Einrichtung des Nationalparks. Es gibt ein höheres Risiko, wenn der Nationalpark zu sehr an Siedlungsgebiete heranreicht oder landwirtschaftliche Flächen nur noch mit Einschränkungen nutzbar sind und Landwirte vermeintliche Nachteile haben, als wenn der Nationalpark weiter weg ist von Siedlungs- und Wirtschaftsgebieten. Im Besonderen waren die Almbauern besorgt, in ihren Rechten und Freiheiten beschnitten zu werden. Ob es nun ein Nachteil oder ein Vorteil ist, Almrechte im Nationalpark zu besitzen, ist doch die gefühlte Betroffenheit dieser Almbauern, die sich von den Verboten und Regeln zum Teil zu sehr bevormundet fühlen, größer und auch die Solidarität der Einheimischen mit ihnen hoch. Je weiter der Wohnort vom Nationalpark weg ist, desto positiver ist die Einstellung dazu und desto eher wird der Nationalpark als eine sinnvolle Einrichtung angesehen. So stellt ein Experte fest: *„Deshalb glaube ich, dass da Unterschiede bestehen und die Akzeptanz größer ist mit einer gewissen Distanz zum Nationalpark."* Die Gemeinden des äußeren Landkreises und darüber hinausgehend sehen den Nationalpark als Naherholungs- und Urlaubsgebiet. Deshalb ist hier die Akzeptanz weitaus größer und auch leichter zu erreichen, als wenn eine direkte Betroffenheit durch die große Nähe besteht.

Die unmittelbaren Nationalparkanreiner sprechen öfter von *„ihrem Nationalpark"*. Diese verstärkte Identifikation zeigt wiederum, dass die räumliche Nähe unter Umständen auch zu einer höheren positiven Nationalparkbindung führen kann.

8 Schlussfolgerungen

8.1 Methodenkritik

Die Stichproben der beiden Untersuchungsgebiete weisen im Vergleich zu den regionalstatistischen Daten der Landkreise jeweils eine leichte Überrepräsentation der männlichen Probanden sowie der Altersgruppe 65+ auf. Da der Fragebogen an die Person im Haushalt adressiert war, die zuletzt Geburtstag hatte, kann es sich bezüglich des hohen Anteils an männlichen Probanden theoretisch nicht um ein Abbild traditioneller Rollenbilder in der Familie handeln. Womöglich wurde dieser Hinweis jedoch bisweilen nicht beachtet. Aufgrund des Fehlens eines Interviewers vor Ort konnte die Einhaltung dieser Vorgabe nicht überprüft werden. Der vergleichsweise große Umfang des Fragebogens und der daraus resultierende Zeitaufwand[21] hielt möglicherweise berufstätige Personen von der Teilnahme ab, was die Überrepräsentation der Kohorte 65+ erklären könnte, wenn man von der naheliegenden Vermutung ausgeht, dass sich diese häufiger im Ruhestand befinden.

Zudem war das Erhebungsinstrument bezüglich der ökonomischen Prädiktoren lediglich darauf ausgelegt, Effekte der Nationalparks auf die Quantität des Tourismus abzufragen. Da sich insbesondere im Untersuchungsgebiet Berchtesgaden herausstellte, dass hier vornehmlich Qualitätssteigerung gewünscht ist, wäre es aufschlussreich gewesen, auch die wahrgenommenen Effekte des Nationalparks auf die Qualität des Tourismus abzufragen. Speziell die Qualitätssteigerung in Bezug auf Nachhaltigkeit bietet eine mögliche Grundlage für Synergien mit dem Nationalpark und seinen Nationalparkpartnern.

Weiterhin gilt es anzumerken, dass der Themenbereich der Wahrnehmung von Waldmanagement, Totholz und Landschaftsentwicklung sehr umfangreich abgefragt wurde, sodass einzelne Fragen redundant erscheinen mögen. Es gilt auch zu beachten, dass bewusst eine möglichst direkte Vergleichbarkeit mit der Studie von Liebecke et al. (2011) hergestellt wurde, die sich auf den Nationalpark Bayerischer Wald bezieht. Dies erschwerte insbesondere für das Untersuchungsgebiet Berchtesgaden den Zeitvergleich.

8.2 Diskussion und Folgerungen für Ausweisung und Management von Nationalparks

8.2.1 Allgemeine Folgerungen

Im Sinne einer erfolgreichen Ausweisung zukünftiger oder Erweiterung bestehender Nationalparks gilt es, insbesondere die sehr hohe Relevanz der interpersonellen

---

21 Bereits während der Pretests zeigte sich eine Bearbeitungszeit je nach Probanden von ca. 20 Minuten bis zu ca. einer Stunde. Manche Befragte vermerkten auf den Fragebögen, die Bearbeitungszeit habe bis zu zwei Stunden in Anspruch genommen.

Prädiktoren zu beachten. Bei den ökonomischen Anreizen, den Prozessnaturschutz-Werten und dem partizipativen Beschluss von Restriktionen handelt es sich durchaus um fundamentale Inhalte, die es den Anwohnern zu vermitteln gilt. Fehlt es jedoch an einer von allen Parteien geteilten Informations- und Vertrauensbasis, ist die Vermittlung dieser Aspekte der Akzeptanzförderung ungleich schwerer. Dies gilt auch für das erfolgreiche Management bestehender Nationalparks in der alltäglichen Arbeit vor Ort. Entsprechend zentral ist die Rolle des Nationalparkleiters als primärem Repräsentanten des Nationalparks gegenüber den Anwohnern zur Einstellungsänderung diesen Schutzgebieten gegenüber. In diesem Kontext hilft es, im Dialog mit Bürgern, Landbesitzern und politischen Entscheidungsträgern im besten Fall als Einheimischer wahrgenommen zu werden, der auf Augenhöhe mit ihnen redet.

Die Aufgabenbereiche Kommunikation und Marketing sollten ebenfalls als überaus relevant angesehen werden. Bezüglich der ökonomischen Prädiktoren ist zu beachten, dass regionalwirtschaftliche Vorteile entscheidend sein können, alleine jedoch nicht genügen, um Akzeptanz zu schaffen. Umgekehrt gilt aber: sofern die Wahrnehmung besteht, dass der Nationalpark dem Tourismus schadet, kann keine Einstellungsbildung aufgrund der bestehenden ökonomischen Effekte stattfinden. Hier ist eine gezielte Kommunikation als Schlüssel zu betrachten. Die emotionalen Prädiktoren lassen sich nicht gänzlich umgehen, da die prozessnaturschutzfachlichen Voraussetzungen klare Nutzungslimitierungen mit sich bringen. Diesbezüglich kann insbesondere den Rangern eine entscheidende Rolle als Sprachrohr der Nationalparkverwaltung beigemessen werden in einer Landschaft, in welcher nach und nach mehr Naturdynamik stattfinden darf – wie das bei deutschen Entwicklungsnationalparks der Fall ist. Für diese Gruppe gilt der letzte Satz des vorherigen Abschnitts gleichermaßen; wobei gutes Zureden oft mehr hilft als der erhobene Zeigefinger. Wenn jedoch das mahnende Wort ohnehin keine Rolle spielt, da Ranger in manchen Nationalparks keinerlei faktische Möglichkeiten haben, Verstöße von Besuchern zu ahnden und für Übertritte der zuständige Revierförster oder die Bereitschaftspolizei extra in den Wald gerufen werden muss, ist der Gesetzgeber gefordert nachzubessern. Akzeptanz kann nicht von oben verordnet, aber hoheitlich insofern sanktioniert werden, da die Schutzgebietsverwaltung und seine Repräsentanten im Gelände eine öffentlich bestellte, demokratisch legitimierte Aufgabe wahrzunehmen haben: die Umsetzung des Prozessschutzes auf – im Idealfall – drei Viertel oder mehr der Nationalparkfläche. D.h., Ranger sollten im bei entsprechendem Fehlverhalten der Besucher auch Zuarbeiter der Staatsanwaltschaft sein.

Auch Teilhabe und Partizipation kann nur auf Grundlage einer stabilen Vertrauensbasis stattfinden. Die Vermittlung der Prozessnaturschutzwerte ist ohnehin elementarer Bestandteil der Bildungsangebote der Nationalparks. Dahingehend scheint bereits viel erreicht worden zu sein. Schlussendlich kann jedoch auch der Bildungsauftrag des Nationalparks nur durch eine solide Kommunikationsbasis funktionieren. Die besondere Betroffenheit der unmittelbaren Nationalparkanwohner ist zu beachten. Gerade dieser Zielgruppe muss ein besonderes Maß an Aufmerksamkeit gewidmet werden. Der Effekt der Gewöhnung über die Zeit ist günstig für bereits länger bestehende Nationalparks. Es gilt jedoch, nicht auf Zeit allein zu vertrauen, sondern stets zusätzlich aktive Maßnahmen zur Akzeptanzsteigerung vorzusehen. Die Schaffung bzw. Gewährleistung von Akzeptanz ist eine Daueraufgabe jedes Nationalparkmanagements. Insofern sind die Kommunikationsreferate in den entsprechenden Verwaltungen Schlüsselstellen, die ausreichend mit Ressourcen und qualifiziertem Personal ausgestattet sein müssen. Zumindest die Binnenkommunikation eines Nationalparks in die ihn umgebende Region hinein sollte wöchentlich mit qualifizierten Inhalten bedient werden – von der Medienarbeit zu laufenden Forschungen, über die Berichterstattung zu Fachvorträgen bis hin zu Geländeexkursionsprotokollen usw. Und als Zielgruppe sollten dabei alle Besucher dienen, um sowohl Touristen als auch ganz gezielt die Einheimischen anzusprechen. Denn auch sie verkörpern die Nationalparkregion und sind als Botschafter ihres Schutzgebiets nach außen zu begreifen.

8.2.2 Folgerungen Nationalpark Bayerischer Wald

Schauen wir uns noch einmal synoptisch die Resultate zur Akzeptanz bei den Einheimischen an, ist ganz allgemein zu konstatieren, dass der Nationalpark eine hohe bis sehr hohe, im Zeitvergleich stetig ansteigende Zustimmung erfährt. Dies gilt sowohl für den Park selbst als auch für die ihn institutionell verkörpernde Behörde, die Nationalparkverwaltung. Bei der Sonntagsfrage rangiert die Zustimmungsquote derzeit bei insgesamt 86%. Das sind genau zehn Prozentpunkte mehr als noch im Jahr 2007 (76%). 1988 lag dieser Wert bei lediglich 49% für das damalige Altparkgebiet. Bezieht man die Akzeptanzfrage auf das Altparkgebiet (Landkreis Freyung-Grafenau), liegen die Zustimmungszahlen mit 90% im Jahr 2018 bzw. 81% für 2007 konstant höher als im Erweiterungsgebiet (Landkreis Regen) mit 81% für erst- und 72% für letztgenanntes Jahr. Neben der zeitlichen ist genauso die räumliche Dynamik der Wahrnehmung spannend. Naturgemäß zeigt sich hierbei eine mit zunehmender Distanz geringere Ablehnung des Schutzgebiets. Die direkten Anrainergemeinden votieren mit 79% für einen Fortbestand des Parks, diejenigen im Fernbereich stimmen dagegen sogar zu 88% hierfür. Bei der ersten Akzeptanzuntersuchung des Jahres 1988 waren es im Nahbereich des Landkreises Freyung-Grafenau nur etwas mehr als ein Drittel, die für den Park gestimmt hätten, im Fernbereich im Vergleich dazu ebenfalls 88%. Festgehalten werden kann hier zweierlei:

1. Nach wie vor ist die Nähe zum Schutzgebiet und dessen in Teilen tatsächlich direkt oder indirekt bzw. nur gefühlt wirksamen Einschränkungen offenkundig ein Treiber für die Ausprägung der Akzeptanz. Aus dem ehedem von RENTSCH (1988: 57) bemerkten „Akzeptanzkrater" im direkten Parkumfeld (des Altgebiets) ist heute eher eine „Akzeptanzdelle" geworden. Diese ist im Erweiterungsgebiet stärker ausgeprägt als im Altparkgebiet. Daraus kann geschlossen werden, dass die Bewohner sich an ihren Park gewöhnt haben, ja vielfach sehr gut mit ihm leben können und stolz auf ihn sind. Dies braucht aber seine Zeit, denn im Nahbereich des Erweiterungsgebiets ist die Zustimmung zur Idee, den Wald Wald sein zu lassen im Nationalpark am niedrigsten. Ceteris paribus braucht es hier noch eine weitere Generation, bis der Nationalpark auch dort angekommen sein wird.

2. Die Arbeiten des Parkmanagements können sich sehen lassen. Die Fragestellung: „Wie groß ist Ihr Vertrauen in die Arbeit der Nationalparkverwaltung?" wird im arithmetischen Mittel mit gerade einmal 15% als gering eingeschätzt. Erwartungsgemäß sind es im Nahbereich (23%) mehr Skeptiker als im Fernbereich (13%). Ebenso schneidet der Landkreis Regen als Erweiterungsgebiet mit 18% schlechter ab als Freyung-Grafenau mit ca. 12%.

Für einzelne Gesichtspunkte stellt sich die spezifische, z.T. durchaus noch etwas kritische Situation so dar:

– **Wald-/Wildmanagement**: Die Borkenkäferproblematik und die Wahrnehmung von Totholz sind als Problem viel geringer ausgeprägt als früher. Das Thema Totholzflächen, bedingt durch Sturmschäden und nachfolgende Buchdruckerkalamitäten in warmen Jahren, ist in den Köpfen der Einheimischen nach wie vor präsent. 15% der Befragten äußern sich dazu spontan. Forderten im Jahr 2007 noch 60%, den Borkenkäfer mit allen Mitteln zu bekämpfen, sind diese heute nur noch 35%, bezogen auf den Durchschnittswert beider Landkreise. D.h., die Einschätzung der Problematik hat sich relativiert. Das belegt auch die Haltung dem Statement gegenüber: „Den Wald sich selbst zu überlassen, führt zu positiven Folgen." 54% bejahen dies heute, 2007 lag der Anteil lediglich bei 38%. Ähnlich sieht es für abgestorbene Bäume aus, deren Rolle als Bestandteil eines natürlichen Waldbildes heute 50% unterstützen, während dies 2007 noch 32% waren. Das Wissen der Bevölkerung über die Rolle von Totholz im Naturkreislauf und für die biologische Vielfalt ist immens gewachsen. So meinen 73% der Probanden, „Totholz spielt eine wichtige Rolle für die Natur" und gar 86% stimmen der Äußerung zu, „Totholz ist wichtig für seltene Arten". Hier zeigt die sehr gute, vielschichtige und vor allem beharrliche Öffentlichkeitsarbeit der Nationalparkverwaltung nachhaltige Erfolge. Zudem ist der Faktor, dass es in den letzten Jahren einen vergleichsweise überschaubaren Zuwachs an Totholzarealen gegeben hat, nicht zu verkennen. Darüber hinaus gibt es selbstverständlich einen gewissen Gewöhnungseffekt an die entsprechenden Waldbilder. Darüber hinaus wächst der Wald vital sowie vielfältig in der Zusammensetzung nach, was im Park selbst in Augenschein genommen werden kann. Dies führt sogar dazu, dass die Pilotfunktion des Nationalparks im Umgang mit Naturdynamik durch den Borkenkäfer gerade einmal 10% der Menschen stört, wenn es um das allgemeine Waldmanagement auf den Holzbodenflächen der Staatsforste geht. Auch hier scheint neben der Zeit als Variable der Standort im Hinblick auf die räumliche Nähe zum Geschehen wichtig zu sein. „Den Borkenkäfer im Nationalpark bekämpfen" würden 2018 im Nahbereich der angrenzenden Gemeinden 42%, im Fernbereich der restlichen Kreisflächen 33%. Der Unterschied von Altgebiet (31%) zu Erweiterungsgebiet ist im Jahr 2018 (39%) auch noch nicht vollkommen verschwunden. Im Falkensteiner Areal hat es aber in den letzten Jahre auch die meisten diesbezüglichen Schäden im Wald gegeben und die dortigen Anwohnern sind schlicht noch etwas weniger erfahren, was das Management der entstehenden Waldwildnis anbelangt.

– **Tourismus und Besucherlenkung**: 87% der in der Nationalparkregion insgesamt Lebenden sagen, dass die Bekanntheit als Destination durch den Park bundesweit zugenommen hat. Das ist ein eindeutig positives Statement zum Thema Fremdenverkehr. Den Einheimischen ist inzwischen bewusst, dass ihr im Werden begriffener Naturwald als „Waldwildnis" immer mehr Touristen anlockt, bundesweit und international (84% Zustimmung). Nur mehr 30% sagen, dass Totholz Touristen abschreckt, was in den 1990er und 2000er Jahren ein sehr weit verbreitetes Vorurteil in der Bevölkerung vor Ort war. (vgl. MÜLLER/JOB 2009). Die o.g. Einstellung äußert sich in dem Wunsch der direkten Nationalparkanrainer (gerade im Erweiterungsgebiet), den Tourismus weiter zu forcieren. Einerseits benötigt es dafür mehr Binnenmarketing: Den dortigen Beherbergungsbetriebsleitern und Gastronomen muss der Park noch stärker ins Bewusstsein gerückt werden. Nur dann können sie überzeugt entsprechende Informationen an ihre Gäste weitergeben. Andererseits sollte diesem Tatbestand als Wunsch an das Parkmanagement nur im Hinblick auf Synergien mit den Zielen des Nationalparks nachgekommen werden. Daraus folgt, dass der Wegeum- und -rückbau gerade im backcountry des Schutzgebiets (in der Kernzone) fortzusetzen ist. Wer „Wildnis" erlebbar machen will, braucht Singeltrails, auf denen die Besucher (mit einem Ranger) hintereinandergehen. Im frontcountry-Bereich bzw. Nationalparkvorfeld können im Gegenzug sowie in Abstimmung mit der Naturparkverwaltung Bayerischer Wald neue landschaftsbezogene Nutzungen (z.B. E-Mountainbikestrecken) entstehen.

– **Kommunikation**: Einige sehr konkrete, kleinere Kritikpunkte können dazu angeführt werden, etwa die Rangerpräsenz im Gelände (gerade an Wochenenden), die momentan nach Einschätzung der einheimischen Parkbesucher bei 41% liegt. Sie sollte umgehend gesteigert werden. Mit 37% ist die klassische Tageszeitung die nach wie vor wichtigste Informationsquelle der lokalen Bevölkerung. Ungeachtet dessen fühlen sich aber immer noch 24% der Menschen schlecht informiert über die Arbeit der Dachbehörde; im Erweiterungsgebiet sind es 26% und im Nahbereich mit der naturgemäß größten (zumindest emotionalen) Betroffenheit steigt diese Zahl auf 30% an. Das ist zu viel, gerade letztgenannter Wert. Kleinere regionale Tageszeitungen im Erweiterungsgebiet (z.B. Kötzinger Zeitung) könnten in Zukunft stärker bedient werden, um Abhilfe zu schaffen. Artikel im Spiegel, der Süddeutschen Zeitung oder der Passauer Neuen Presse sind ebenso wichtig, helfen der Akzeptanz vor Ort aber leider nur bedingt. Schließlich ist unbedingt darauf zu achten, vermehrt junge Menschen über die entsprechenden IT-Kanäle der Social Media anzusprechen.

8.2.3 Folgerungen Nationalpark Berchtesgaden

Der Nationalpark Berchtesgaden ist im Jahr 2018 vierzig Jahre alt geworden. Seine neuere Geschichte als Antwort auf den Widerstand gegen die in der zweiten Hälfte der 1960er Jahre geplante Watzmann-Seilbahn, die vor allem von Kräften vor Ort zur Tourismusförderung bezweckt worden war, reicht weiter zurück. Noch weiter zurück geht die ältere Schutzgebietshistorie mit dem „Pflanzenschonbezirk Berchtesgadener Alpen" – als Reaktion auf den drohenden Ausverkauf einzelner emblematischer Wildkrautarten der alpinen Matten- und Grasvegetation. Dieser wurde bereits 1910 ausgewiesen und 1921 stark ausgeweitet und zum „Naturschutzgebiet Königsee" als Keimzelle des späteren Nationalparks ernannt.

Sowohl Natur und Landschaft als auch wesentlich die Bewohner des Berchtesgadener Landes, insbesondere dem südlichen Teil des heutigen gleichnamigen Landkreises, haben aber die politische und wirtschaftliche Geschichte einer jahrhundertelangen Eigenständigkeit stark geprägt. Bereits seit dem Jahr 1102 existierte im äußersten Südosten des heutigen Bayern ein Augustinerklosterstift, das 1559 zur Fürstpropstei Berchtesgaden als eigenständiges, reichsunmittelbares Fürstentum erhoben wurde und von dem Salzhandel der stiftseigenen Salinen lebte. Erst nach der Säkularisation und der napoleonischen Neugliederung Europas kam es 1910 zum Königreich Bayern. D.h., die Berchtesgadener als Einwohner der heutigen fünf Gemeinden im direkten Nationalparkumfeld verbindet eine lange, sehr spezielle Territorialgeschichte, die zusammen mit der peripheren Sackgassenlage (etwa drei Viertel der Grenze des heutigen Landkreises ist Staatsgrenze zum salzburgischen Österreich) dafür sorgt, dass das bajuwarische „Mia san mia!" gerade hier gilt. Eine sehr hohe, aus der Tradition der langen Eigenständigkeit gespeiste regionale Identität der Bürger ist die Folge.

Beides, Kulturgeschichte und Parkhistorie sind bei der Interpretation der Ergebnisse der Akzeptanzstudie und der weiter unten genannten Maßgaben für das Management des Nationalparks und seiner zuständigen Verwaltung stets zu bedenken. Zuerst aber gilt: Der Nationalpark ist inzwischen in der Region angekommen, ja mehr als das, fest verankert, und zwar nicht nur strukturell, sondern auch emotional im Herzen der Einheimischen. Die Zustimmungsquote von 96% insgesamt zur Sonntagsfrage lässt sich de facto nicht mehr steigern. Auch der Wert von 91%, den die Nationalparkanrainer als quasi direkt Betroffene zeigen, ist sehr hoch. In der Gegenüberstellung zum Jahr 1990, als es die bedingt vergleichbare erste Akzeptanzstudie gab (vgl. HEINRITZ/RENTSCH/KUHN 1990), die ein Votum pro Nationalpark von 52% erbrachte, sind das hervorragende Werte. Sie sind nicht zuletzt dem Generationenwechsel in der Bevölkerung geschuldet. Man hat sich an seinen Alpenpark gewöhnt und ist mehr als stolz darauf. Auch die exzellente Arbeit der Verwaltung ist maßgeblich, für die zunächst einmal generell lauten kann: „Weiter so!"

Im Detail bestehen allerdings durchaus ganz spezifische kleine Kritikpunkte am Park und seinem Management. Sie sollen im Folgenden in einzelnen, thematisch gruppierten Tirets präsentiert werden.

- **Wald-/Wildmanagement:** Der für Nationalparks maßgebliche Prozessschutzgedanke wird von den Einheimischen verstanden und ist weit überwiegend akzeptiert. Derzeit stellt die Borkenkäferproblematik kein Thema dar. Auch die Akzeptanz von naturgemäß mehr Totholz im Wald ist erstaunlich hoch. Nur etwa ein Viertel der Probanden haben mit abgestorbenen Bäumen heute noch ein Problem, vor allem hinsichtlich der Ästhetik. Für diese Gruppe ist Totholz gerade in Nähe der Waldwege eher störend. Wollte man dem entgegnen, hieße es, Totholzentwicklung besonders im Bestandsinneren zu forcieren. Ein Punkt, der auch die Verkehrssicherungspflicht bediente.

- **Tourismus und Besucherlenkung:** In diesem Bereich, für welches das Parkmanagement nur indirekt zuständig ist, besteht Handlungsbedarf. Wenn landkreisweit knapp ein Drittel und im Nahbereich zum Park sogar 40% sagen, es gäbe zu viele Touristen, sollte man aktiv werden. Denn der Nationalpark wird auch vom Stimmungsbild der Bürger vor Ort getragen. Demarketing in der Hochsaison und mehr Qualität statt Quantität beim Besucherverkehr sollten umgesetzt werden: Damit ist unter anderem gemeint, eine längere Aufenthaltsdauer der Gäste anzustreben und gegen den stark ansteigenden internationalen „quick and dirty"-Tagesbesucherverkehr vorzugehen sowie eine äußerst zurückhaltende, konservative Einstellung gegenüber intendierten Ausbauplanungen Dritter von Wegen bzw. Berghütten zu verfolgen. Des Weiteren gilt es dringend dem Problem entgegenzuwirken, dass eine zunehmende Anzahl von Wanderern auf im Internet als „Geheimtipp" beworbene Nebenwege ausweicht. Beim Thema „crowding" (Besucherdichtewahrnehmung) sollte das Parkmanagement Vorsicht walten lassen. Das generell vorbildliche Wege-/Steigeklassifikationssystem sollte diesbezüglich an bestimmten Punkten um eine vorgeschriebene Einbahnstraßenregelung ergänzt werden. Das entspräche auch dem Sanierungsprinzip eines Nationalparks mit abgestufter Nutzungsintensität und würde gleichzeitig für mehr Ruhe in der Kernzone sorgen. Entsprechend ist bei der nächsten Novellierung der Verordnung an die Einführung einer zweiprozentigen Tourismuszone im Nationalpark zu denken. Die Einheimischen schätzen das bestehende, lang tradierte Landschaftsbild sehr, und wollen keinen Massentourismus außerhalb der Seelände am Königsee und der Talstation der Jennerbahn mit zugehörigem Großparkplatz.

- **Verkehr:** Dieser stellt das Hauptproblem dar und betrifft das Nationalparkvorfeld. Denn 47% der Befragten meinen, die derzeitige Verkehrssituation sei „schlecht", „schrecklich", „verbesserungsbedürftig", „grenzwertig" etc., um hier nur einige der Adjektive zu dem insgesamt negativen Werturteil zu nennen. Wenn die neue Seilbahn auf den Jenner mit einer dreifach höheren Personentransportleistung als bisher 2019 fertig gestellt sein wird, wird sich dieser Zustand von zu viel motorisiertem Individualverkehr noch verschlechtern. Auch die stark wachsenden großstädtischen Quellgebiete des Tagesbesucherverkehrs im weiteren Umland wie Salzburg, Rosenheim und München drohen langfristig zu einer Verschärfung dieser Problematik beizutragen. Deshalb sollte ein integriertes Verkehrskonzept mit erhöhten Parkplatzgebühren aufgestellt und der landkreiswerte ÖPNV-Ausbau (Schienennetz- und Busseitig) zur Entlastung des Vor-Ort-Verkehrs als koordinierte Aktion gemeinsam mit der Biosphärenregion Berchtesgadener Land zügig vorangetrieben werden.

– **Kommunikation:** Die Akzeptanz eines Schutzgebietes wird stark durch die Außenwahrnehmung der Menschen geprägt, welche wiederum vom Wissen und dem diesem zu Grunde liegenden Informationsfluss abhängig ist. Diesbezüglich sind unbedingt mehr personelle Ressourcen in diesem Zuständigkeitsbereich notwendig, um einerseits Informationsasymmetrien abzubauen und andererseits die Besucherzufriedenheit zu erhöhen. Noch viel zu wenig Menschen wissen, wie das Tagesgeschäft des Parks in der Forschung aussieht. Nur etwa 55% fühlen sich in diesem Zusammenhang gut informiert. Das wird durch den noch kritischeren Fakt bestätigt, dass nur knapp 30% im Gelände bei einem ihrer Parkbesuche schon einmal einen Ranger gesehen haben. D.h., eine höhere Rangerpräsenz im Park und dessen Vorfeld ist ein Muss, gerade am Wochenende. Aber auch die Biosphärenregion Berchtesgadener Land, für die der Nationalpark ja Kern-/Pufferzone darstellt, benötigt Ranger, um die Menschen bei ihren Besuchen in der Natur dort abzuholen, wo sie in Sachen Gebietsschutz stehen, mit allem was dazu gehört. Darüber hinaus sollte neben dem Nationalparkmagazin „Vertikale Wildnis" auch eine wöchentliche Rubrik in der Tagespresse, die nach wie vor das Leitmedium bei der Kommunikation verkörpert, gefüllt werden (z.B. was Forschungsaktivitäten o.ä. betrifft). Auch muss die Ansprache jüngerer Zielgruppen über den Einsatz der gängigen Social-Media-Kanäle hat in diesem Kontext verstärkt werden.

8.3 Desiderata

Forschungsbedarf besteht sowohl bezüglich der Theorie als auch mit Blick auf die Ergebnisverwertung. Eine grundlegende Debatte zu erstgenanntem Aspekt wäre zum Begriff der Akzeptanzforschung zu führen. So beschreibt „Akzeptanz" streng genommen immer nur den positiven Ausprägungsbereich von Einstellung. Auch Indifferenz und Aversion sind diesbezüglich mögliche Ausprägungen.

Auf theoretischer Ebene gibt es seit den 1990er Jahren eine kontroverse Debatte über Akzeptanz von Technik. Sie legt ihren Schwerpunkt auf die Akzeptanz technischer Risiken und wird zum einen von Philosophen und zum anderen von empirisch arbeitenden Sozialwissenschaftlern getragen. Die Philosophen wählen die Ethik als Startpunkt und plädieren für einen normativen, von Rationalitätsstandards geprägten Umgang mit Technikrisiken. Hierfür steht das Konzept der Akzeptabilität (GETHMANN/SANDER 1999). Demgegenüber setzen die Sozialwissenschaftler auf die empirische Akzeptanz der Technikfolgenabschätzung. Sie argumentierten für eine sozialverträglichere Technikgestaltung (ALEMANN/SCHATZ 1986). Erstere Gruppe hält dem entgegen, dass in Technikkonflikten nicht das Konzept der faktischen Akzeptanz, sondern das der normativen Akzeptabilität grundlegend sein müsse: *„Akzeptabilität ist ein normativer Begriff, der die Akzeptanz von risikobehafteten Optionen mittels rationaler Kriterien des Handelns unter Risikobedingungen festlegt"* (GETHMANN/SANDER 1999: 146). Auf diese Weise wird die Zumutbarkeit von Nebeneffekten neuer technischer Entwicklungen, wie z.B. Lärmemissionen durch Grenzwerte wie Umweltstandards abzupuffern versucht (ACATECH 2011). Ob das Konzept der Akzeptabilität im hier diskutierten Kontext von Nationalparken zielführend ist, sei dahingestellt. Vielleicht kommt es aus der Sicht des Bürgers als Nationalparkanrainer weniger darauf an, Akzeptanz für bestimmte naturschutzfachliche Sachverhalte zu fördern, sondern Kriterien dafür zu finden, die eine nachvollziehbare Bewertung der Akzeptabilität des „wilden Waldes" ermöglicht.

Zu diskutieren ist, den Akzeptanzbegriff auch in der deutschsprachigen Forschung in Anlehnung an die Bezeichnung des Forschungsfelds im Englischen parks-people-relationships umzubenennen, um alle Aspekte der Thematik zur Wahrnehmung von Schutzgebieten zu inkludieren. Ein alternativer, weil neutraler Terminus für die sozio-ökonomische Parkforschung könnte demnach „Bindung" lauten, die lose oder fester sowie ablehnend, ausgewogen oder zustimmend ausfallen kann gegenüber einem Nationalpark. Damit würde man auch dem essentiellen Kriterium des Angelsächsischen „place attachment" – im Deutschen der „regionalen Identität" – von Nationalparkanrainern gerecht werden.

Was den zweiten o.g. Sachverhalt angeht, die Anwendung und Weiterentwicklung der vorliegenden Ergebnisse aus den zwei bayerischen Fallbeispielen, so wäre ein Akzeptanzmonitoring eine naheliegende Fortsetzung der bisherigen Studien zum Thema. Auf diese Weise wäre ein exakter Zeitvergleich möglich und etwaige Auswirkungen von Veränderungen in den Rahmenbedingungen könnten ebenfalls festgestellt werden. Zuletzt schiene es denkbar, die Resultate damit auch auf weitere Nationalparks anzuwenden. Dies umso mehr, als der „state of the art" der Forschungen zur Akzeptanz von Nationalparks in Deutschland sich derzeit als äußerst unvollständig erweist, was Vorhandensein, Aktualität und vor allem Untersuchungsdesigns angeht. Eine Vergleichbarkeit unter einzelnen Schutzgebieten ist, ganz unabhängig von der jeweiligen regionalen Problemlage, insofern kaum möglich. Nach einer einheitlichen standardisierten Methode dauerhaft und damit auf einen schutzgebietsübergreifenden (Zeit-)Vergleich angelegte Akzeptanzanalysen von Nationalparks sollten das wesentliche Ziel der Zukunft darstellen.

Literaturverzeichnis

ACATECH (Deutsche Akademie für Technikwissenschaften) (2011): Akzeptanz von Technik und Infrastrukturen. Anmerkungen zu einem aktuellen gesellschaftlichen Problem. Heidelberg.

ALEMANN, U., SCHATZ, H. (1986): Mensch und Technik. Grundlage und Perspektiven einer sozialverträglichen Technikgestaltung. Opladen.

ALLEX, B., PREISEL, H., EDER, R., HUSSLEIN, M., ARNBERGER, A. (2016): Touristen im Nationalpark Bayerischer Wald: Die Rolle des Nationalparks für den Besuch, die Einstellung zum Schutzgebiet und ihr raumzeitliches Verhalten. In: Mayer, M., Job, H. (Hrsg.): Naturtourismus – Chancen und Herausforderungen. (= Studien zur Freizeit- und Tourismusforschung 12). Mannheim, S. 187-196.

AUGSBURGER ALLGEMEINE (Hrsg.) (2016): *Dritter Nationalpark in Bayern – aber wo?* URL: https://www.augsburger-allgemeine.de/bayern/Dritter-Nationalpark-in-Bayern-aber-wo-id40063662.html (Letztes Abrufdatum: 28.11.2018).

BACHERT, S. (1991): Acceptance of National Parks and Participation of Local People in Decision-Making Processes . In: *Landscape and Urban Planning*, 20, S. 239-244.

BAYERISCHES LANDESAMT FÜR STATISTIK (2018): URL: https://www.statistikdaten.bayern. de/genesis (Letztes Abrufdatum 22.09.2018).

BAYERISCHE LANDESANSTALT FÜR WALD UND FORSTWIRTSCHAFT (LWF) (2000): *Zur Waldentwicklung im Nationalpark Bayerischer Wald 1999. Buchdrucker-Massenvermehrung und Totholzflächen im Rachel-Lusen-Gebiet.* (= Berichte aus der Bayerischen Landesanstalt für Wald und Forstwirtschaft Nummer 25). Freising.

BAYERISCHER VERFASSUNGSGERICHTSHOF (2009): *Entscheidung des Bayerischen Verfassungsgerichtshof vom 4. März 2009 über die Popularklage der Bürgerbewegung zum Schutz des Bayerischen Waldes e.V. in F.* URL: https://www.bayern.verfassungsgerichtshof. de/media/images/bayverfgh/11-vii-08-entscheidung.pdf (Letztes Abrufdatum: 28.11.2018).

BAYERISCHES STAATSMINISTERIUM FÜR LANDESENTWICKLUNG UND UMWELTFRAGEN (STMLU) (2001): *Nationalparkplan. Nationalpark Berchtesgaden.* München.

BECKEN, S., JOB, H. (2014): Protected Areas in an Era of Global-local Change. In: *Journal of Sustainable Tourism* 22 (4), S. 507-527.

BECKMANN, O. (2003): *Die Akzeptanz des Nationalparks Niedersächsisches Wattenmeer bei der einheimischen Bevölkerung.* Frankfurt am Main.

BERCHTESGADENER ANZEIGER (2017): *Es geht zu wie auf der Wies'n.* URL: https://www. berchtesgadener-anzeiger.de/region-und-lokal/lokales-berchtesgadener-land_ artikel,-es-geht-zu-wie-auf-der-wiesn-_arid,349765.html (Abrufdatum 29.11.2018).

BERCHTESGADENER ANZEIGER (2018): *Neue Jennerbahn startet Betrieb bis zur Mittelstation.* URL: https://www.berchtesgadener-anzeiger.de/startseite_artikel,-neue-jennerbahn-startet-betrieb-bis-zur-mittelstation-_arid,428211.html (Abrufdatum: 29.11.2018)

BIBELRIETHER, H. (2017): *Natur Natur sein lassen. Die Entstehung des ersten Nationalparks Deutschlands: Der Nationalpark Bayerischer Wald.* Freyung.

Borrini-Feyerabend, G., Dudley, N., Jaeger, T., Lassen, B., Broome, N.-P., Phillips, A., Sandwith, T. (2013): *Governance of Protected Areas. From Understanding to Action.* Best Practice Protected Area Guidelines Series No. 20, Gland, Switzerland.

Brehm, J.W. (1966): *A Theory of Psychological Reactance.* Oxford, England.

Brehm, S.S., Brehm, J.W. (1981): *Psychological Reactance. A Theory of Freedom and Control.* New York.

Brügger, A., Otto, S. (2017): Naturbewusstsein psychologisch: Was ist Naturbewusstsein, wie misst man es und wirkt es auf Umweltschutzverhalten? In: Rückert-John, J. (Hrsg.): *Gesellschaftliche Naturkonzeptionen. Ansätze verschiedener Wissenschaftsdisziplinen.* Fulda, S. 215–238.

Bundesamt für Naturschutz (BfN) (Hrsg.) (2017): *Naturbewusstsein 2017. Bevölkerungsumfrage zu Natur und biologischer Vielfalt.* Bonn.

Bundesamt für Naturschutz (BfN) (Hrsg.) (2018): *Nationalparke.* URL: https://www.bfn.de/themen/gebietsschutz-grossschutzgebiete/nationalparke.html (Letztes Abrufdatum: 28.11.2018).

Bundesministerium für Umwelt, Naturschutz, Bau und Reaktorsicherheit (BMUB) (Hrsg.) (2007): *Nationale Strategie zur biologischen Vielfalt. Kabinettsbeschluss vom 07. November 2007.* Paderborn.

Butler, R.W., Boyd, S.W. (2000): Tourism and Parks – Along but Uneasy Relationship. In: Butler, R.W., Boyd, S.W.: *Tourism and National Parks. Issues and Implications.* Chichester.

Butzmann, E., Job, H. (2017): Developing a Typology of Sustainable Protected Areas Tourism Products. In: *Journal of Sustainable Tourism* 25 (12), S. 1736-1755.

Butzmann, E. (2017): *Natur- und Ökotourismus im Nationalpark Berchtesgaden* (= Würzburger Geographische Arbeiten Band 116). Würzburg.

Dear, M. (1992): Understanding and Overcoming the NIMBY Syndrome. In: *Journal of the American Planning Association* 58 (3), S. 288–300.

Der Rat der Sachverständigen für Umweltfragen (1994): *Umweltgutachten 1994. Für eine dauerhaft-umweltgerechte Entwicklung.* Stuttgart.

Dokumentation Obersalzberg (2018): *Der historische Ort.* URL: https://www.obersalzberg.de/der-historische-ort/obersalzberg-1933-1945/ (Letztes Abrufdatum: 08.09.2018).

Dudley, N. (2008): *Guidelines for Applying Protected Area Management Categories.* Gland, Schweiz.

Dunlap, R.E., van Liere, K.D. (1978): The 'New Environmental Paradigm'. In: *The Journal of Environmental Education* 9 (1), S. 10-19.

Dunlap, R.E., van Liere, K.D. (2008): The 'New Environmental Paradigm'. In: *The Journal of Environmental Education* 40 (1), S. 19-28. (first published 1978)

Duval-MAssaloux, M., Gauchon, C., Héritier, S., Laslaz, C. (2010): *Espaces protégés, acceptation socialee et conflits environnementaux.* Chambéry.

Eagles, P., McCool, S., Haynes, C. (2002). *Sustainable Tourism in Protected Areas. Guidelines for Planning and Management.* Gland, Schweiz.

Ekardt, F. (2016): *Theorie der Nachhaltigkeit. Ethische, rechtliche, politische und transformative Zugänge – am Beispiel von Klimawandel, Ressourcenknappheit und Welthandel.* Baden-Baden.

Engels, B., Strasdas, W. (2016): Naturtourismus – die globale Sicht. In: *Natur und Landschaft*, 91 (1), S. 2-7.

Fink, A. (2005): *Conducting Research Literture Reviews. From the Internet to Paper.* Thousand Oaks, California USA.

Frohn, H.-W. (2017): Sozialpolitische Entwicklungslinien des bürgerlichen Naturschutzes in Deutschland - Zeit für einen Neuanfang. In: *Natur und Landschaft* 92 (4), S. 150-156.

Frohn, H.-W., Küster, H.-J., Ziemek, H.-P. (2016): Nationalparkausweisungen und Akzeptanz. Einführende Bemerkungen: In: Frohn, H.-W., H. Küster, H., Ziemek, H.-P. (Hrsg.): *Ausweisungen von Nationalparks in Deutschland. Akzeptanz und Widerstand.* Bonn - Bad Godesberg.

Geiss, A. (2001). *Nationalpark Bayerischer Wald: Vom „grünen Dach Europas" zum Waldfriedhof.* Regen.

Gethmann, C. F., Sander, T. (1999): Rechtfertigungsdiskurse. In: Grunwald, A., Saupe, S. (Hrsg.): Ethik in der Technikgestaltung. Praktische Relevanz und Legitimation. Heidelberg, S. 117-151.

Gläser, J., Laudel, G. (2010): *Experteninterviews und qualitative Inhaltsanalyse.* 4. Auflage. Wiesbaden.

Gorke, M. (2010). *Eigenwert der Natur: Ethische Begründung und Konsequenzen.* Hirzel.

Graupmann, V., Jonas, E. , Meier, E., Hawelka, S., Aichhorn, M. (2012): Reactance, the Self, and its Group. When Threats to Freedom Come from the Ingroup Versus the Outgroup. In: *European Journal of Social Psychology* 42 (2), S. 164-173.

Grunwald, A. (2005): Zur Rolle von Akzeptanz und Akzeptabilität von Technik bei der Bewältigung von Technikkonflikten. In: Technikfolgenabschätzung – Theorie und Praxis 14 (3), S. 54-60.

Habermas, J. (1997): *Theorie des kommunikativen Handelns.* Band 1. Frankfurt am Main.

Hammer, T., Mose, I., Siegrist, D., Weixlbaumer, N. (2007): Protected Areas and Regional Development in Europe: Towards a New Model for the 21st Century. In: Mose, I. (Hrsg.) *Protected Areas and Regional Development in Europe. Towards a New Model or the 21st Century,* S. 3-20.

Hannemann, T., Job, H. (2003): Destination ‚Deutsche Nationalparks' als touristische Marke. In: *Tourism Review* 58 (2), S. 6-17.

Hawcroft, L., Milfont T.-L. (2010): The Use (and Abuse) of the New Environmental Paradigm Scale Over the Last 30 Years: A Meta-analysis. In: *Journal of Environmental Psychology* 30, S. 143-158.

Heinritz, G., Rentsch, G. (1987): Die Akzeptanz des Nationalparks Bayerischer Wald durch die einheimische Bevölkerung. In: *Berichte zur deutschen Landeskunde* 61, H. 1, S. 173-183.

Hillebrand, M., Erdmann K.-H. (2015): *Die Entwicklung der Akzeptanz des Nationalparks Eifel bei der lokalen Bevölkerung.* Bonn.

International Union for Conservation of Nature (IUCN) (1994): *Parke für das Leben. Aktionsplan für Schutzgebiete in Europa.* Gland, Schweiz.

International Union for Conservation of Nature (IUCN) (2008): Guidelines for Applying Protected Area Management Categories.

Islam, G. (2014): Social Identity Theory. In: Teo, T. (Hrsg.): *Encyclopedia of Critical Psychology,* S. 1781-1783.

Job, H. (1996): Großschutzgebiete und ihre Akzeptanz bei Einheimischen. In: *Geographische Rundschau*, 48 (3), S. 159-165.

Job, H. (2008): Perspektive Kulturlandschaft. In: *Informationen zur Raumentwicklung* (11/12), S. 928-932.

Job, H. (2010): Welche Nationalparks braucht Deutschland. In: *Raumforschung und Raumordnung*, 68 (2), S. 75-89.

Job, H., Metzler, D., Vogt, L. (2003): *Inwertsetzung alpiner Nationalparke. Eine regionalwirtschaftliche Analyse des Tourismus im Alpenpark Berchtesgaden* (= Münchener Studien zur Sozial- und Wirtschaftsgeographie 43). Kallmünz/Regensburg.

Job, H., Harrer, B., Metzler, D., Hajizadeh-Alamdary, D. (2005): Ökonomische Effekte von Großschutzgebieten. Untersuchung der Bedeutung von Großschutzgebieten für den Tourismus und die wirtschaftliche Entwicklung der Region. (= Bundesamt für Naturschutz BfN-Skripte 135). Bonn.

Job, H., Metzler, D. (2005): Regionalökonomische Effekte von Großschutzgebieten. In: *Natur und Landschaft* 80 (11): 465-471.

Job, H., Mayer, M., Woltering, M., Müller, M., Harrer B., Metzler, D. (2008): *Der Nationalpark Bayerischer Wald als regionaler Wirtschaftsfaktor*. Grafenau.

Job, H., Mayer, M. (2012): Forstwirtschaft versus Waldnaturschutz: Regionalwirtschaftliche Opportunitätskosten des Nationalparks Bayerischer Wald. In: *Allgemeine Forst- und Jagdzeitschrift* 183 (7-8): 129-144.

Job, H., Müller, J. (2013): Der Nationalpark Bayerischer Wald und sein Beitrag zu Biodiversitätserhalt und Wildnisschutz. In: Gamerith, W., Anhuf, D., Struck, E. (Hrsg.): *Passau und seine Nachbarregionen*, S. 338-348.

Job, H., Becken, S., Sacher P. (2013): Wie viel Natur darf sein?. In: *Standort* 37 (4), S. 204-210.

Job, H., Mayer, M., Kraus, F. (2014): Die beste Idee, die Bayern je hatte: der Alpenplan. In: *Gaia* 23 (4), S. 335-345.

Job, H., Merlin, C., Metzler, D., Schamel, J., Woltering, M. (2016): *Regionalwirtschaftliche Effekte durch Naturtourismus*. (= Bundesamt für Naturschutz BfN Skripte 431). Bonn.

Job, H., Schamel, J., Butzmann, E. (2016): Besuchermanagement in Großschutzgebieten im Zeitalter moderner Informations- und Kommuikationstechnologien. In: *Natur und Landschaft* 91 (1): 32-38.

Job, H., Becken, S., Lane B. (2017): Protected Areas in a Neoliberal World and the Role of Tourism in Supporting Conservation and Sustainable Development. An Assessment of Strategic Planning, Zoning, Impact Monitoring, and Tourism Management at Natural World Heritage Sites. In: *Journal of Sustainable Tourism* 25 (12), S. 1697-1718.

Kaiser, F. G., Frick, J. Stoll-Kleemann, S. (2001): Zur Angemessenheit selbstberichteten Verhaltens: Eine Validitätsuntersuchung der Skala Allgemein Ökologischen Verhaltens. In: *Diagnostica* 47, S. 88-95.

Kaiser, G. G., Hartig, T., Brügger, A., Duvier, C. (2011): Environmental Protection and Nature as Distinct Attitudinal Objects. An Application of the Campbell Paradigm. In: *Environment and Behaviour* 45 (3), S.369-398.

KIRCHHOFF, T.; TREPL, L. (2009): Landschaft, Wildnis, Ökosystem: zur kulturbedingten Vieldeutigkeit ästhetischer, moralischer und theoretischer Naturauffassungen. Einleitender Überblick. In: Kirchhoff, T.; Trepl, L. (Hrsg.): *Vieldeutige Natur. Landschaft, Wildnis und Ökosystem als kulturgeschichtliche Phänomene.* Bielefeld, S. 13-66.

KLEINHENZ, G. (1982): *Die fremdenverkehrswirtschaftliche Bedeutung des Nationalparks Bayerischer Wald.* Grafenau.

KUPPER, P. (2012): *Wildnis schaffen. Eine transnationale Geschichte des Schweizerischen Nationalparks.* Bern/Stuttgart/Wien.

LANTERMANN, E.-D., REUSSWIG, F., SCHUSTER K., SCHWARZKOPF J. (2003): Lebensstile und Naturschutz. zur Bedeutung sozialer Typenbildung für eine bessere Verankerung von Ideen und Projekten des Naturschutzes in der Bevölkerung. In: Bundesamt für Naturschutz (Hrsg.): *Zukunftsfaktor Natur - Blickpunkt Mensch.* Bonn - Bad Godesberg, S. 127-244.

LIEBECKE, R., WAGNER K., SUDA, M. (2011): *Die Akzeptanz des Nationalparks bei der lokalen Bevölkerung.* Grafenau.

LINTZMEYER, K., ZIERL, H. (2009): *100 Jahre Schutzgebiet Berchtesgaden. Wegbereiter alpiner Schutzgebiete.* (= Jahrbuch 2010). Berchtesgaden.

LUCKE, D. (1995): *Akzeptanz. Legitimität in der Abstimmungsgesellschaft.* Opladen.

MAINPOST (Hrsg.) (2017): *Entwicklungsimpuls für die Region.* URL: https://www.mainpost. de/regional/rhoengrabfeld/Entwicklungsimpuls-fuer-die-Region;art765,9637954 (Letztes Abrufdatum: 28.11.2018).

MAYER, M. (2013): *Kosten und Nutzen des Nationalparks Bayerischer Wald: eine ökonomische Bewertung unter besonderer Berücksichtigung von Tourismus und Forstwirtschaft.* München.

MAYER, M. (2014): Can Nature-Based Tourism Benefits Compensate for the Costs of National Parks? A Study of the Bavarian Forest National Park, Germany. In: Journal of Sustainable Tourism 22 (4): 561-583.

MAYER, M., JOB, H. (2014): The Economics of Protected Areas – A European Perspective. In: *Zeitschrift für Wirtschaftsgeographie* 58 (2-3), S. 73-97.

MAYER, M., STOLL-KLEEMANN, S. (2016): Naturtourismus und die Einstellung der lokalen Bevölkerung gegenüber Großschutzgebieten. In: *Natur und Landschaft* 91 (1), S. 20-25.

MAYRING, P. (2002): *Einführung in die qualitative Sozialforschung: Eine Anleitung zu qualitativem Denken.* 5. Auflage. Weinheim.

MEYER, P., DEMANT, L., PRINZ, J. (2016): Landnutzung und biologische Vielfalt in Deutschland – Welchen Beitrag zur Nachhaltigkeit können Großschutzgebiete leisten? In: *Raumforschung und Raumordnung* 74 (6), S. 495-508.

MEIER, A., ERDMANN, K.-H. (2003): Zur Konstruktion von Natur. Naturbilder in der Gesellschaft. In: Bundesamt für Naturschutz (Hrsg.): *Zukunftsfaktor Natur - Blickpunkt Mensch.* Bonn-Bad Godesberg, S. 27-52.

METZLER, D.; WOLTERING, M.; SCHEDER, N. (2016): Naturtourismus in Deutschlands Nationalparks. In: *Natur und Landschaft* 91 (1), S. 8-14.

MEUSER, M; NAGEL, U. (1991): Expertinneninterviews – vielfach erprobt, wenig bedacht. Ein Beitrag zur qualtiativen Methodendiskussion. In: Garz, D.; Kraimer, K. (Hrsg.) *Qualitativ-empirische Sozialforschung. Konzepte, Methoden, Analysen,* S. 441-471.

MICHEL, A.H., BACKHAUS N. (2018): Unravelling Reasons for the Non-establishment of Protected Areas. Justification Regimes and Principles of Worth in a Swiss National Park Project. Forthcoming in *Environmental Values*. URL: http://www.whpress. co.uk/EV/papers/1511-Michel.pdf (Letztes Abrufdatum: 03.12.2018).

MOSE, I., WEIXLBAUMER, N. (2007): A New Paradigm for Protected Areas in Europe? In: Mose, I. (Hrsg.) *Protected Areas and Regional Development in Europe. Towards a New Model or the 21st Century*, S. 3-20.

MUES, A., SCHELL, C., ERDMANN, K.-H. (2017): Die Naturbewusstseinsstudie als neues Instrument der Naturschutzpolitik in Deutschland. Hintergründe, Zielsetzungen und erste Erkenntnisse. In: Rückert-John, J. (Hrsg.): *Gesellschaftliche Naturkonzeptionen. Ansätze verschiedener Wissenschaftsdiziplinen*. Fulda, S. 17-54.

MÜLLER, J. BÜTLER, R. (2010): A Review of Habitat Thresholds for Dead Wood: A Baseline for Management Recommendations in European Forests. In: European Journal of Forest Research 129 (6), S. 981-992.

MÜLLER, M., JOB, H. (2009): Managing Natural Disturbance in Protected Areas: Tourists' Attitude Towards the Bark Beetle in a German National Park. In: Biological Conservation 142 (2): S. 375-383.

MÜLLER, M. (2011): How Natural Disturbance Triggers Political Conflict: Bark Beetles and the Meaning of Landscape in the Bavarian Forest. In: *Global Environmental Change* (21), S. 935-946.

NATIONALPARKVERWALTUNG BAYERISCHER WALD (Hrsg.) (2003): *Jahresbericht 2002*. Grafenau.

NATIONALPARKVERWALTUNG BAYERISCHER WALD (Hrsg.) 2010ff.): *Nationalparkplan*. Grafenau.

NATIONALPARKVERWALTUNG BAYERISCHER WALD (Hrsg.) (2011): *Biologische Vielfalt im Nationalpark Bayerischer Wald. Sonderband der Wissenschaftlichen Schriftenreihe des Nationalparks Bayerischer Wald*. Grafenau.

NATIONALPARKVERWALTUNG BAYERISCHER WALD (Hrsg.) (2014): *Grenzenlos Waldwildnis erleben*. Grafenau.

NATIONALPARKVERWALTUNG BERCHTESGADEN (Hrsg.) (2018): *Steinadler im Nationalpark Berchtesgaden und angrenzenden Gebirgsregionen. Bericht 2017*. Berchtesgaden.

PARCONAZIONALE (Hrsg.) (2018): *Risultati votazione*. URL: https://www.parconazionale. ch/it/risultati (Letztes Abrufdatum: 12.10.2018).

PICHLER-KOBAN, C., JUNGMEIER, M. (2015): *Naturschutz, Werte, Wandel: die Geschichte ausgewählter Schutzgebiete in Deutschland, Österreich und der Schweiz*. Bern.

PIECHOCKI, R. (2010): *Landschaft, Heimat, Wildnis. Schutz der Natur - aber welcher und warum?* München.

PÖHNL, H. (2012): *Der halbwilde Wald. Nationalpark Bayerischer Wald: Geschichte und Geschichten*. München.

RAAB, G., UNGER, A., UNGER, F. (2001): *Marktpsychologie. Grundlagen und Anwendung*. Wiesbaden.

RALL, H. (1995): Die Wälder im Nationalpark Bayerischer Wald: Von forstwirtschaftlicher Prägung zur natürlichen Entwicklung. In: *Nationalparkverwaltung Bayerischer Wald (Hrsg.) Nationalpark Bayerischer Wald - 25 Jahre auf dem Weg zum Naturwald*. Grafenau, S. 9-57.

Rentsch, G. (1988): *Die Akzeptanz eines Schutzgebietes. untersucht am Beispiel der Einstellung der lokalen Bevölkerung zum Nationalpark Bayerischer Wald.* Kallmünz/Regensburg.

Rentsch, G., Kuhn, W. (1990): *Die Akzeptanz und Ablehnung des Nationalparks Berchtesgaden durch die lokale Bevölkerung.* München.

Rosenberger, L. (1967). *Adalbert Stifter und der Bayerische Wald.* München.

Ruschkowski, E. von (2010): *Ursachen und Lösungsansätze für Akzeptanzprobleme von Großschutzgebieten am Fallbeispiel von zwei Fallstudien im Nationalpark Harz und im Yosemite National Park.* Stuttgart.

Ruschkowski, E. von, Mayer, M. (2011): From Conflict to Partnership? Interactions between Protected Areas, Local Communities and Operators of Tourism Enterprises in Two German National Park Regions. In: *Journal of Tourism and Leisure Studies* 17 (2), S. 147-181.

Ruschkowski, E. von, Nienhaber, B. (2016): Akzeptanz als Rahmenbedingung für das erfolgreiche Management von Landnutzungen und biologischer Vielfalt in Großschutzgebieten. In: *Raumforschung und Raumordnung* 74 (6), S. 525-540.

Schamel, J. (2017): *Raumzeitliches Verhalten bei der Ausübung landschaftsbezogener Erholungsaktivitäten vor dem Hintergrund des demographischen Wandels. Eine Analyse am Fallbeispiel des Nationalparks Berchtesgaden* (= Würzburger Geographische Arbeiten Band 117). Würzburg.

Schamel, J., Job, H. (2017): National Parks and Demographic Change – Modelling the Effects of Ageing Hikers on Mountain Landscape Intra-Area Accessibility. In: *Landscape and Urban Planning* 163: 32-43.

Schenk, A. (2000): *Relevante Faktoren der Akzeptanz von Natur- und Landschaftsschutzmassnahmen. Ergebnisse qualitativer Fallstudien.* Zürich.

Schenk, A., Hunziker, M., Kienast, F. (2007): Factors Influencing the Acceptance of Nature Conservation Measures –a Qualitative Study in Switzerland. In: *Journal of Environmental Management* 83 (1), S. 66-79.

Schnell, R., Hill, P., Esser, E. (2011): *Methoden der empirischen Sozialforschung.* München/Oldenburg.

Schumacher, H., Job, H. (2013): Nationalparks in Deutschland - Analyse und Prognose. In: *Natur und Landschaft* 88 (7), S. 309-314.

Seidl, R., Müller, J., Hothorn, T., Bässler, C., Heurich, M., Kautz, M. (2015): Small Beetle, Large-scale Drivers: How Regional and Landscape Factors Affect Outbreaks of the European Spruce Bark Beetle. In: *Journal of Applied Ecology* 53 (2), S. 530-540.

Solbrig, F., Buer, C., Stoll-Kleemann, S. (2017): Wahrnehmung und Wertschätzung von Natur und Naturschutz. Beispiel aus deutschen Großschutzgebieten im Vergleich mit der Studie Naturbewusstsein in Deutschland. In: Rückert-John, J. (Hrsg.): *Gesellschaftliche Naturkonzeptionen. Ansätze verschiedener Wissenschaftsdisziplinen.* Fulda, S. 239-266.

Spanier, H. (2003): „Perle der Natur?" Oder: Um einen Cézanne von innen bittend. Betrachtungen zu Natur und Gesellschaft. In: Erdmann, K.-H.; Schnell, C. (Hrsg.) *Zukunftsfaktor Natur - Blickunkt Mensch.* Bonn, S. 53-86.

Steiger, R. (2016): Klimawandel und Naturtourismus. In: Mayer, M., Job, H. (Hrsg.): *Naturtourismus – Chancen und Herausforderungen.* (= Studien zur Freizeit- und Tourismusforschung 12). Mannheim, S. 49-60.

Stern, M. (2008): The Power of Trust: Toward a Theory of Local Opposition to Neighboring Protected Areas. In: *Society & Natural Resources* 21 (10), S. 859-875.

Stoll, S. (1999): *Akzeptanzprobleme bei der Ausweisung von Großschutzgebieten.* Frankfurt am Main.

Stoll-Kleemann, S. (2000): Akzeptanzprobleme in Großschutzgebieten. Sozialpsychologische Erklärungsansätze und Folgerungen. In: *Umweltpsychologie* 4 (1), S. 6-19.

Stoll-Kleemann, S., Job, H. (2008): The Relevance of Effective Protected Areas for Biodiversity Conservation: An Introduction. In: *GAIA* 17(S1), S. 86-90.

Strasdas, W. (2001). Ökotourismus in der Praxis – Zur Umsetzung der sozio-ökonomischen und naturschutzpolitischen Ziele eines anspruchsvollen Tourismuskonzeptes in Entwicklungsländern. Ammerland/Starnberger See.

Süddeutsche Zeitung (Hrsg.) (2017): *Mit Horst Seehofer wankt der dritte Nationalpark.* URL: https://www.sueddeutsche.de/bayern/umweltpolitik-war-da-was-1.3760517 (Letztes Abrufdatum: 24.11.2018).

Tajfel, H. (1978): *Differentiation between Social Groups: Studies in the Social Psychology of Intergroup Relations.* London.

Tajfel, H., Turner, J. (1986): The Social Identity Theory of Intergroup Behaviour. In: Worchel, S., Austin, G. (Hrsg.) *Psychology of Intergroup Relations.* Chicago, S. 7-24.

Thompson, M.; Ellis, R.; Wildavsky, A. (1900): *Cultural Theory.* Boulder.

WBGU (2011): *Welt im Wandel. Gesellschaftsvertrag für eine große Transformation.* Berlin

Welt (Hrsg.) (2018): *Bayerns Pläne für den dritten Nationalpark vor dem Aus.* URL: https://www.welt.de/regionales/bayern/article172888922/Markus-Soeder-Dritter-bayerischer-Nationalpark-steht-vor-dem-Aus.html (Letztes Abrufdatum: 28.11.2018).

Wöbse, A.-K. (2016): Raum, Zeit, Kunjunkturen: Das Chamäleon Nationalpark im 20. Jahrhundert. In: Frohn, H.-W., Küster H., Ziemek H.-P. (Hrsg.): *Ausweisungen von Nationalparks in Deutschland. Akzeptanz und Widerstand.* Bonn - Bad Godesberg, S. 23-43.

Wolsink, M. (2000): Wind Power and the NIMBY-myth: Institutional Capacity and the Limited Significance of Public Support. In: *Renewable Energy* 21 (1), S.49-64.

Woltering, M. (2012): *Tourismus und Regionalentwicklung in deutschen Nationalparken: Regionalwirtschaftliche Wirkungsanalyse des Tourismus als Schwerpunkt eines sozioökonomischen Monitoringsystems* (= Würzburger Geographische Arbeiten 108). Würzburg.

Zierl, H. (1995): *Nationalpark Berchtesgaden. Ein Schutzgebiet in den Alpen mit Tradition und neuen Aufgaben.* Berchtesgaden.

Zube, E., Busch, M. (1990): Park-People-Relationships: An International Review. In: *Landscape and Urban Planning (19)*, S. 117-131.

Anhang

Anschreiben Anwohnerbefragung Nationalpark Bayerischer Wald

Julius-Maximilians-
**UNIVERSITÄT
WÜRZBURG**

Institut für Geographie und Geologie
LEHRSTUHL FÜR GEOGRAPHIE
UND REGIONALFORSCHUNG

Geographie • Universität • 97074 Würzburg

Dr. Joachim Rathmann

Institut für Geographie und Geologie
Am Hubland
97074 Würzburg

Telefon: 0931 / 31-82437
Telefax: 0931 / 31-882900

joachim.rathmann@uni-wuerzburg.de

www.geographie.uni-wuerzburg.de

Betreff:

Wissenschaftliche Umfrage zum Thema:

„**Nationalpark Bayerischer Wald**"

Würzburg, den 08.01.2018

Grüß Gott, sehr geehrte Damen und Herren!

Die Universität Würzburg führt derzeit in den Landkreisen Freyung-Grafenau und Regen
eine **wissenschaftliche Umfrage** zum Thema „Nationalpark Bayerischer Wald"
durch. Damit möchten wir uns ein umfassendes Bild über die Erfahrungen, Einschätzungen
und Meinungen der Bevölkerung zum Nationalpark machen.

Hiermit laden wir Sie herzlich dazu ein, an der Umfrage teilzunehmen.
Für Ihre Antworten, die **absolut anonym** bleiben, benötigen Sie ca. **15 Minuten**.

Wegen des Prinzips der Zufallsauswahl würden wir die Person bitten, die
zuletzt Geburtstag hatte und **mindestens 18 Jahre** alt ist, den Fragebogen zu
beantworten.

Wir würden uns freuen, wenn Sie den Fragebogen spätestens bis zum **31.01.2018**
ausfüllen und zurücksenden. Damit Ihnen **keinerlei Kosten** entstehen, haben wir ein
frankiertes und adressiertes Rückantwort-Kuvert beigelegt.

Ein aufrichtiges Vergelt's Gott vorab für Ihre Bereitschaft mitzuwirken.

Fragebogen Anwohnerbefragung Nationalpark Bayerischer Wald

1. Wo wohnen Sie und wie weit wohnen Sie von der nächsten Grenze des Nationalparks Bayerischer Wald weg?

PLZ: __ __ __ __ __   Ort: _____   Ortsteil: _____

_____ km (Luftlinie)

2. Welche drei Begriffe fallen Ihnen spontan ein, wenn Sie an den Nationalpark Bayerischer Wald denken?

_____   _____   _____

3. Hier lesen Sie drei kurze Sätze zum Thema Wald. Ergänzen Sie diese Sätze bitte mit den Worten, die Ihnen spontan dazu einfallen.

Den Wald sich selbst zu überlassen, führt zu _____

Abgestorbene Bäume sollten _____

Ein Kreuz und Quer an Bäumen im Wald ist _____

4. An wie vielen Tagen waren Sie im vergangenen Jahr ungefähr im Nationalpark Bayerischer Wald unterwegs?

○ an ____ Tagen   ○ gar nicht   ☐ weiß nicht

5. Was machen Sie bei Ihren Aufenthalten im Nationalpark Bayerischer Wald normalerweise? (bitte max. drei Antwortmöglichkeiten nennen)

- ○ Erholung (Spazieren, Wandern) suchen
- ○ Sport (Joggen, Nordic Walking, etc.)
- ○ Wintersport (Skilanglauf, Schneeschuhgehen, etc.)
- ○ Natur und Landschaft genießen
- ○ Hund ausführen
- ○ Beeren und Pilze sammeln
- ○ Arbeiten
- ○ Einrichtungen des Nationalparks besuchen, sich informieren
- ○ Rad/Mountainbike fahren
- ○ Tiere beobachten
- ○ _____

6. Nennen Sie bitte spontan zwei Regeln oder Ge-/Verbote, die im Nationalpark Bayerischer Wald gelten.

1:_____   2:_____   ☐ weiß nicht

7. Im Nationalpark Bayerischer Wald ist vieles verboten, was erlaubt sein sollte.

trifft voll und ganz zu	trifft eher zu	weder noch	trifft eher nicht zu	trifft überhaupt nicht zu	weiß nicht
O	O	O	O	O	☐

8. Halten Sie folgende Verbote im Nationalpark Bayerischer Wald für angemessen oder übertrieben?	an-gemessen	über-trieben	nicht bekannt	weiß nicht
Verbot in der Kernzone, markierte Wege zu verlassen	O	O	O	☐
Zeitweises Wegegebot zum Schutz gefährdeter Arten	O	O	O	☐
Verbot in der Kernzone, Beeren und Pilze zu sammeln	O	O	O	☐
Verbot, Hunde frei laufen zu lassen	O	O	O	☐
Fahrverbot mit PKW	O	O	O	☐

9. Wie sehr fühlen Sie sich durch die folgenden Verbote im Nationalpark Bayerischer Wald eingeschränkt?	gar nicht einge-schränkt	etwas einge-schränkt	sehr einge-schränkt	weiß nicht
Verbot in der Kernzone, markierte Wege zu verlassen	O	O	O	☐
Zeitweises Wegegebot zum Schutz gefährdeter Arten	O	O	O	☐
Verbot in der Kernzone, Beeren und Pilze zu sammeln	O	O	O	☐
Verbot, Hunde frei laufen zu lassen	O	O	O	☐
Fahrverbot mit PKW	O	O	O	☐

10. Ergeben sich für Ihren Alltag Einschränkungen, dadurch dass Sie im oder in der Nähe des Nationalparks Bayerischer Wald leben?

     O   Ja   O   Nein   ☐   weiß nicht

11. Hier finden Sie einige Aussagen zum Nationalpark Bayerischer Wald. Bitte geben Sie an, inwieweit Sie diesen Aussagen zustimmen.

	stimme voll zu	stimme eher zu	stimme eher nicht zu	stimme gar nicht zu	weiß nicht
Es ärgert mich, dass man im Nationalpark Natur Natur sein lässt.	O	O	O	O	☐
Ich glaube, dass durch den Nationalpark viel mehr Touristen in die Region kommen.	O	O	O	O	☐
Ich meide bewusst die Gebiete mit den großflächig abgestorbenen und umgestürzten Bäumen bei meinen Besuchen im Nationalpark.	O	O	O	O	☐
Ich bin mit der Arbeit der Nationalparkverwaltung insgesamt zufrieden.	O	O	O	O	☐
Ich finde, dass man die toten Bäume im Nationalpark wirtschaftlich verwerten sollte.	O	O	O	O	☐
Der Nationalpark erhöht die Lebensqualität in unserer Region.	O	O	O	O	☐

12. Wir haben die Zeitungen der vergangenen Zeit durchgeschaut und Meldungen, die den Nationalpark Bayerischer Wald betreffen, herausgesucht. Uns interessiert, inwieweit Sie als Einheimische/r den folgenden Aussagen zustimmen.

	stimme voll zu	stimme eher zu	stimme eher nicht zu	stimme gar nicht zu	weiß nicht
Die Nationalparkverwaltung vernachlässigt den Schutz der umliegenden Privatwälder vor dem Borkenkäfer.	○	○	○	○	□
Die Nationalparkverwaltung trifft ihre Entscheidungen fast immer über die Köpfe der betroffenen Bevölkerung hinweg.	○	○	○	○	□
Einen vielfältigen Wald, in dem der Tod nicht verdrängt wird, kann man nur hier im Nationalpark Bayerischer Wald erleben.	○	○	○	○	□
Tote Bäume im Nationalpark schrecken die Touristen ab.	○	○	○	○	□
Durch die Einrichtung des Kommunalen National-Park-Ausschusses wurde die Mitsprachemöglichkeit der Einheimischen verbessert.	○	○	○	○	□
Gemeinsam sollten wir gegen die Verwüstung unserer alten Kulturlandschaft vorgehen.	○	○	○	○	□
Gerade die entstehende Waldwildnis lockt viele Touristen in die Region.	○	○	○	○	□
Es war eine schlechte Idee, in unserer Kulturlandschaft Bayerischer Wald einen Nationalpark zu errichten.	○	○	○	○	□
Die Zusammenarbeit des Nationalparks mit Fremden-verkehrsbetrieben (Nationalpark-Partnern) fördert den Tourismus.	○	○	○	○	□
Die Nationalparkverwaltung baut Wanderwege eher zurück anstatt sie gut zu unterhalten oder auszubauen.	○	○	○	○	□

13. Wem kommen Ihrer Meinung nach die Vorteile des Nationalparks Bayerischer Wald am meisten zu gute?

      ○ den Einheimischen
      ○ den Touristen
      ○ den Einheimischen und den Touristen in gleichem Maße
      ○ der Natur
      ○ der Nationalpark hat keine Vorteile

14. Wenn Sie jetzt einmal an die Flächen im Nationalpark Bayerischer Wald denken, auf denen Bäume großflächig abgestorben und umgefallen sind. Was glauben Sie, wie sich diese Flächen in Zukunft entwickeln werden?

_____ □ weiß nicht

15. Was verbinden Sie mit dem Begriff Totholz?

_____

16. Inwiefern stimmen Sie folgenden Aussagen über Totholz zu?	stimme voll zu	stimme eher zu	stimme eher nicht zu	stimme gar nicht zu	weiß nicht
Ich weiß viel über Totholz.	○	○	○	○	□
Totholz im Wald gefällt mir.	○	○	○	○	□
Totholz spielt eine wichtige Rolle für den Naturschutz.	○	○	○	○	□
Totholz ist wichtig für das Überleben seltener Arten (Spechte, Käfer und Pilze).	○	○	○	○	□
Totholz spielt eine wichtige Rolle für die biologische Vielfalt in Wäldern.	○	○	○	○	□
Man sollte in den Staatsforsten auf ca. 10 % der Gewinne verzichten, um die Lebensbedingungen für seltene Arten zu verbessern.	○	○	○	○	□

17. Wissen Sie, wie der Leiter des Nationalparks Bayerischer Wald heißt?

_____

18. Stellen Sie sich vor, Sie wären der Nationalparkleiter und könnten über das Geschehen im Nationalpark Bayerischer Wald entscheiden.
Hier lesen Sie jetzt einige Sätze in drei verschiedenen Varianten. Welche Variante würden Sie als Nationalparkleiter wählen?

18a. Als Nationalparkleiter würde ich Borkenkäfer im Nationalpark…

- ○ mit allen Mitteln bekämpfen.
- ○ nur dort bekämpfen, wo Privatwälder angrenzen.
- ○ gar nicht bekämpfen.
- ☐ weiß nicht

18b. Als Nationalparkleiter würde ich umgestürzte Bäume und Totholz im Nationalpark…

- ○ wegräumen und neue Bäume pflanzen lassen.
- ○ nur dort bekämpfen, wo sie eine Behinderung darstellen oder die Borkenkäfer begünstigen.
- ○ gar nicht wegräumen lassen.
- ☐ weiß nicht

18c. Als Nationalparkleiter würde ich bei wichtigen Entscheidungen im Nationalpark…

- ○ die Bevölkerung abstimmen lassen.
- ○ mit Hilfe des Kommunalen Nationalpark-Ausschusses die Meinung der Einheimischen einholen und die Hinweise in meine Entscheidung einbeziehen.
- ○ weder Bevölkerung noch Kommunalen Nationalparkausschuss einbeziehen.
- ☐ weiß nicht

18d. Als Nationalparkleiter wäre meine wichtigste Entscheidungsgrundlage…

- ○ die Meinung der Einheimischen.
- ○ die internationalen Vorgaben für Nationalparks.
- ○ sowohl die internationalen Vorgaben als auch die Meinung der Einheimischen.
- ☐ weiß nicht

18e. Als Nationalparkleiter würde ich den Luchs…

- ○ in seiner Ausbreitung weiter fördern.
- ○ in seiner Ausbreitung einschränken.
- ○ ignorieren.
- ☐ weiß nicht

19. Angenommen, am nächsten Sonntag gäbe es eine Abstimmung über das Weiterbestehen des Nationalparks Bayerischer Wald. Wie würden Sie abstimmen?

- ○ Nationalpark bestehen lassen
- ○ Nationalpark auflösen
- ○ Stimmenthaltung
- ☐ weiß nicht

Im Folgenden würden wir von Ihnen gerne erfahren, wie Sie sich über den Nationalpark Bayerischer Wald informieren und diesen einschätzen.

20. Wie groß ist Ihr Vertrauen in die Arbeit der Nationalparkverwaltung?

sehr groß	3	2	1	0	-1	-2	-3	sehr gering
	O	O	O	O	O	O	O	

☐ weiß nicht

21. Wie gut fühlen Sie sich über die Arbeit der Nationalparkverwaltung informiert?

sehr gut	3	2	1	0	-1	-2	-3	sehr schlecht
	O	O	O	O	O	O	O	

☐ weiß nicht

22. Welche der folgenden Informationsquellen über den Nationalpark Bayerischer Wald sind für Sie am wichtigsten? (Mehrfachantworten möglich)

- O Tageszeitungen
- O Informationen (Broschüren) und Angebote der Nationalparkverwaltung allgemein
- O Diskussion im Bekanntenkreis
- O Information von organisierten Gegnern oder Befürwortern des Nationalparks
- O Informationen auf der Nationalpark-Homepage
- O Social Media (Facebook)
- O andere, und zwar: _____
- ☐ weiß nicht

23. Welche Informations-/Bildungseinrichtungen des Nationalparks Bayerischer Wald haben Sie im vergangenen Jahr besucht? (Mehrfachantworten möglich)

- O Hans-Eisenmann-Haus (Neuschönau)
- O Haus zur Wildnis (Ludwigsthal)
- O Informationsstellen (Mauth, Spiegelau, Frauenau, Zwiesel, Bayerisch Eisenstein)
- O Nationalparkverwaltung (Grafenau)
- O Tierfreigehege (Ludwigsthal, Neuschönau)
- O Waldgeschichtliches Museum (St. Oswald)
- O Waldspielgelände (Spiegelau)
- O Wildniscamp
- O Jugendwaldheim Wessely
- O andere, und zwar: _____
- O keine
- ☐ weiß nicht

24. An welchen Veranstaltungen des Nationalparks Bayerischer Wald haben Sie im vergangenen Jahr teilgenommen? (Mehrfachantworten möglich)

- ○ Exkursionen, Führungen
- ○ Vorträge
- ○ Kulturelle Veranstaltungen
- ○ Bildungsveranstaltungen für Kinder und Jugendliche
- ○ andere, und zwar: _____
- ○ keine
- □ weiß nicht

25. Welche Informationsmöglichkeiten des Nationalparks Bayerischer Wald haben Sie im vergangenen Jahr gelesen/benutzt? (Mehrfachantworten möglich)

- ○ Zeitungsbeilage („Unser Wilder Wald")
- ○ Sonstige Prospekte, Faltblätter
- ○ Bücher, Broschüren
- ○ Nationalpark-App
- ○ Digitale Informationen auf der Homepage
- ○ andere, und zwar: _____
- ○ keine
- □ weiß nicht

26a. Gehören Sie einer Gruppierung an, die sich aktiv für oder gegen den Nationalpark Bayerischer Wald einsetzt?

- ○ Ja, dafür → Welche? _____
- ○ Ja, dagegen → Welche? _____
- ○ Nein

26b. Gehören Personen aus Ihrem Familien- oder Freundeskreis einer Gruppierung an, die sich aktiv für oder gegen den Nationalpark Bayerischer Wald einsetzen?

- ○ Ja, dafür → Welche? _____
- ○ Ja, dagegen → Welche? _____
- ○ Nein
- □ weiß nicht

26c. Setzen Sie sich selbst aktiv für oder gegen den Nationalpark Bayerischer Wald ein?

- ○ Nein
- ○ Ja

Falls ja, in welcher Form **dafür**? (Mehrfachantworten möglich)

- ○ Ehrenamtliche Arbeit für den Nationalpark
- ○ Beteiligung an Bürgerbegehren
- ○ Leserbriefe schreiben
- ○ Teilnahme an Demonstrationen
- ○ Teilnahme an Diskussionsrunden
- ○ _____

Falls ja, in welcher Form **dagegen**? (Mehrfachantworten möglich)

- ○ Beteiligung an Bürgerbegehren
- ○ Leserbriefe schreiben
- ○ Teilnahme an Demonstrationen
- ○ Teilnahme an Diskussionsrunden
- ○ Gerichtliche Klagen gegen den Park
- ○ _____

27. Wie oft war der Nationalpark Bayerischer Wald im letzten Monat Gesprächsthema in Ihrem Familien- und Bekanntenkreis?

○ _____ mal   ☐ weiß nicht

28. Versuchen Sie manchmal, andere Personen von Ihrer Meinung über den Nationalpark Bayerischer Wald zu überzeugen?

- ○ Ja
- ○ Nein

29. Nennen Sie allgemeine Vor- und Nachteile des Nationalparks Bayerischer Wald.

Vorteile: _____

Nachteile: _____

30. Haben Sie schon einen anderen Nationalpark (in D oder im Ausland) besucht?

○ Ja   ○ Nein

Falls ja: Welche? _____ (D) _____ (Ausland)

31. Sind Sie während Ihres Besuchs im Nationalpark Bayerischer Wald Rangern begegnet?

- ○ Ja, bitte schildern Sie kurz Ihren Eindruck: _____
- ○ Nein

32. Wie beurteilen Sie die Touristenanzahl im Nationalpark Bayerischer Wald?

- ○ zu viele
- ○ gerade richtig
- ○ zu wenige
- ☐ weiß nicht

9

33. Nun zu einem anderen Thema. Wir möchten gern von Ihnen wissen, **welche Eigenschaften Natur besitzt**. Dazu lesen Sie hier mehrere gegenteilige Eigenschaften. Bitte geben Sie an, welche davon Ihrer Meinung nach auf Natur zutreffen. Sie haben jeweils vier Antwortmöglichkeiten, von denen Sie eine auswählen müssen.

Natur ist ….

○ stabil	○ eher stabil	○ eher labil	○ labil	□ weiß nicht
○ verzeihend	○ eher verzeihend	○ eher nachtragend	○ nachtragend	□ weiß nicht
○ zweck-bestimmt	○ eher zweck-bestimmt	○ eher zweckfrei	○ zweckfrei	□ weiß nicht
○ unordentlich	○ eher unordentlich	○ eher ordentlich	○ ordentlich	□ weiß nicht
○ vom Menschen unberührt	○ eher vom Menschen unberührt	○ eher durch den Menschen berührt	○ durch den Menschen beeinflusst	□ weiß nicht

34. Folgende Aussagen beschreiben das Verhältnis von Mensch und Natur. Bitte kreuzen Sie an, inwieweit Sie der jeweiligen Aussage zustimmen.

	stimme voll und ganz zu	stimme zu	teils-teils	stimme nicht zu	stimme über-haupt nicht zu	weiß nicht
Die Erde hat genügend Ressourcen, wir müssen nur lernen, sie zu nutzen.	○	○	○	○	○	□
Menschen haben das Recht, in die Umwelt einzugreifen, um ihre Bedürfnisse zu decken.	○	○	○	○	○	□
Das natürliche Gleichgewicht ist sehr empfindlich und kann leicht gestört werden.	○	○	○	○	○	□
Die menschliche Erfindungskraft wird dafür sorgen, dass die Erde weiterhin bewohnbar bleibt.	○	○	○	○	○	□
Die Menschen beanspruchen derzeit die Umwelt über die Maßen. Das kann nicht weiter gut gehen.	○	○	○	○	○	□

35. Durch den Nationalpark Bayerischer Wald ist die Region bundesweit und international bekannter geworden.

trifft voll und ganz zu	trifft eher zu	weder noch	trifft eher nicht zu	trifft überhaupt nicht zu	weiß nicht
○	○	○	○	○	☐

36. Wollen Sie der Nationalparkverwaltung Bayerischer Wald etwas mitteilen?

_____

_____

37. Sind Sie oder waren Sie in einem der folgenden Bereiche haupt- oder nebenberuflich tätig?

	Ja	Nein
Forstwirtschaft	○	○
Landwirtschaft	○	○
Tourismus/Hotel- /Gastgewerbe	○	○
Nationalparkverwaltung/ Nationalparkwacht	○	○

38. Besitzen Sie oder Mitglieder Ihres Haushaltes Waldflächen im Bayerischen Wald?

○ Ja   ○ Nein   ☐ weiß nicht

39. Sind Sie hier im Bayerischen Wald aufgewachsen?

○ Ja   ○ Nein
             Falls nein: In welchem Jahr sind Sie zugezogen? _____

40. Betreiben Sie oder Mitglieder Ihres Haushaltes ein Gastgewerbe (z.B. Zimmervermietung/Gastwirtschaft) im Bayerischen Wald?

○ Ja   ○ Nein   ☐ weiß nicht

41. Bitte geben Sie Ihr Geschlecht an.

○ weiblich   ○ männlich

42. In welchem Jahr sind Sie geboren?

_____   ☐   keine Angabe

43. Wo ist Ihr Arbeitsort?

PLZ: __ __ __ __ __   Ort: _____

44. Wie groß ist Ihr Haushalt?

Erwachsene: _____   Kinder: _____

45. Welchen höchsten Schulabschluss haben Sie?

○   Keinen allgemein bildenden Schulabschluss
○   Mittel-/Hauptschule, Volksschule
○   Mittlere Reife, Realschulabschluss
○   Fachabitur/Abitur
☐   keine Angabe

46. Welcher Berufsgruppe gehören Sie an?

○   Selbständig
○   Schüler/Student/Auszubildender
○   Rentner/Pensionär
○   Hausmann/-frau
○   Höherer Beamter/leitender Angestellter
○   Sonstiger Beamter/Angestellter
○   Arbeiter/Facharbeiter
○   Nicht berufstätig
☐   keine Angabe

47. Wie hoch ist das monatliche Nettoeinkommen Ihres Haushaltes?

○ bis 1000 €   ○ 3001 – 4000 €
○ 1001 – 2000 €   ○ 4001 – 5000 €
○ 2001 – 3000 €   ○ über 5000 €
                       ☐ keine Angabe

Herzlichen Dank für Ihre Zeit und wertvolle Mitarbeit!

Wenn Sie den Fragebogen ausgefüllt haben, stecken Sie ihn bitte gleich in das beiliegende, bereits adressierte Kuvert. Die Portogebühren bezahlt die Universität Würzburg.

Fragenkatalog

Allgemeine Fragen:

1. In unserem Fragebogen haben wir die Bevölkerung danach gefragt, welche Begriffe ihnen spontan einfallen, wenn sie an den Nationalpark Bayerischer Wald denken. Können Sie sich vorstellen welche Begriffe am häufigsten genannt wurden und warum genau diese Themen so oft genannt wurden?
2. Denken Sie, dass Menschen im zunehmenden Alter kritischer gegenüber dem Nationalpark eingestellt sind, als die jüngere Generation und worin sehen Sie die Gründe dafür?
3. Bestehen Akzeptanzunterschiede zwischen dem Erweiterungsgebiet und dem Altgebiet und wenn ja, warum bestehen diese?
4. Bestehen Akzeptanzunterschiede zwischen den Gemeinden, die direkt am Nationalpark grenzen und denen, die weiter entfernt sind und wenn ja, warum bestehen diese?
5. Wie schätzen Sie heute die Stimmung in der lokalen Bevölkerung zum Nationalpark ein?

Persönliche Faktoren:

6. Wie bewerten Sie die Ge-/Verbote, die im Nationalpark gelten?
7. Fühlen sich die Einwohner durch diese stark eingeschränkt und wenn ja, welche schränken die Bewohner am meisten ein?
8. Welches Ge-/Verbot wird von den Einwohnern am wenigsten akzeptiert?

Kulturelle Faktoren:

9. Das traditionelle Naturbild, das einen Eingriff des Menschen in die Natur fordert, ist in der Mentalität der Bewohner tief verwurzelt. Besteht daher dieser grundlegende Wertekonflikt zwischen den traditionellen Wertvorstellungen der Einheimischen und dem Wildniskonzept „Natur Natur sein lassen" des Nationalparks?
10. Ist der Begriff Totholz in der Bevölkerung eher negativ oder positiv belegt und warum?
11. Wie bewerten Sie die Arbeit der Nationalparkverwaltung im Bezug auf die Borkenkäfer-Problematik?
12. Wie stehen Sie zu dem Thema Wolf und wie sieht es im Bezug zur Akzeptanz seitens der Bevölkerung aus?

Partizipation/Kommunikation

13. Wie beurteilen Sie die Zusammenarbeit und Kommunikation der Nationalparkverwaltung mit den Einheimischen?
14. Welche Bedeutung hat die Kommunikation zwischen der Nationalparkverwaltung und der Bevölkerung und worin liegen Stärken und Schwächen?
15. Werden die Einheimischen bei Entscheidungen der Nationalparkverwaltung nach ihrer Meinung gefragt und deren Anliegen ausreichend berücksichtigt?

16. Wie bewerten Sie den Einfluss der Informationsangebote auf die Einstellung gegenüber dem Nationalpark in der Bevölkerung und kann die Akzeptanz durch mehr Informationsangebote erhöht werden?
17. Warum werden die Informationsangebote von den Einheimischen so wenig genutzt?
18. Wie stark ist Ihrer Meinung nach der Einfluss der erklärten Nationalpark-Befürworter oder -Gegner, sowie lokalen Eliten auf das Meinungsbild der Bevölkerung?

Wirtschaftsfaktor Tourismus
19. Was sind Ihrer Meinung nach die Vor- und Nachteile des Nationalparks?
20. Wer hat Vorteile, wer hat Vorteile durch den Nationalpark?
21. Welche wirtschaftlichen Vorteile hat der Nationalpark der Region gebracht?
22. Wer hat in Ihren Augen den meisten wirtschaftlichen Nutzen durch den Nationalpark?
23. Ist der Bekanntheitsgrad der Region durch den Nationalpark gestiegen?
24. Wie beurteilen Sie die Touristenzahl im Nationalpark?

Abschließende Fragen
25. Von welchen Faktoren hängt die Akzeptanz der Bevölkerung für den Nationalpark ab und was könnte Ihrer Meinung nach der Nationalpark ändern um die Akzeptanz zu steigern?
26. Welchen Problemen muss sich der Nationalpark in Zukunft stellen müssen und worin besteht Handlungsbedarf bei der Nationalparkverwaltung?
27. Denken Sie, dass Bayern einen dritten Nationalpark benötigt?

Interviewpartner Expertengespräche Nationalpark Bayerischer Wald

Bereich	Funktion	Interviewpartner	Datum
Politik	Bürgermeister Bayerisch Eisenstein	G. Bauer	22.02.18
Politik	Bürgermeisterin Lindberg	M. Gerti	12.04.18
Politik	Bürgermeister Mauth	E. Kandlbinder	11.04.18
Politik	Landrat Freyung	S. Gruber	13.04.18
Politik	Landrätin Regen	R. Röhrl	13.02.18
Verwaltung	Tourismusreferent Freyung	B. Hain	23.02.18
Verwaltung	Leiterin Tourismusförderung Regen	S. Wagner	17.04.18
Verwaltung	Regionalmanager Regen	M. König	13.04.18
Tourismus	Leiter Erlebnis Akademie ag Neuschönau	C. Kremer	02.05.18
Kirche/Soziales	Pfarrer Zwiesel	H. Hermann	25.04.18
Kirche/Soziales	Pfarrer Spiegelau	T. Keilhofer	13.04.18
Kirche/Soziales	Konrektor NP-Partnerschule Mittelschule Zwiesel	Burghardt	24.04.18
Land-/Forstwirtschaft	Forstsachverständige Hohenau	G. Kay	24.04.18
Land-/Forstwirtschaft	Privatwaldbesitzer (Vorstand Waldbesitzervereinigung W.B.V. Regen)	Wirisch	15.05.18
Land-/Forstwirtschaft	Landwirt (Vorsitzender Bayerischer Bauernverband Freyung)	J. Döringer	05.06.18
Verein	Vorsitzende Pro NP Zwiesel e.V.	B. Gebhardt	11.04.18
Verein	Vorsitzende Heimatverein Buchberg	R. Haydn	11.04.18

Anschreiben Anwohnerbefragung Nationalpark Berchtesgaden

UNIVERSITÄT WÜRZBURG
Julius-Maximilians-

Institut für Geographie und Geologie
LEHRSTUHL FÜR GEOGRAPHIE
UND REGIONALFORSCHUNG

Geographie • Universität • 97074 Würzburg

Dr. Manuel Woltering

Institut für Geographie und Geologie
Am Hubland
97074 Würzburg

Telefon: 0931 / 31-88290
Telefax: 0931 / 31-882900

manuel.woltering@uni-wuerzburg.de

www.geographie.uni-wuerzburg.de

Würzburg, den 08.01.2018

Grüß Gott, sehr geehrte Damen und Herren!

Die Universität Würzburg führt derzeit im Landkreis Berchtesgadener Land eine **wissenschaftliche Umfrage** zum Thema „Nationalpark Berchtesgaden" durch. Damit möchten wir uns ein umfassendes Bild über die Erfahrungen, Einschätzungen und Meinungen der Bevölkerung zum Nationalpark machen.

Hiermit laden wir Sie herzlich dazu ein, an der Umfrage teilzunehmen. Für Ihre Antworten, die **absolut anonym** bleiben, benötigen Sie ca. **15 Minuten**.

Wir würden uns freuen, wenn Sie den Fragebogen spätestens bis zum **31.01.2018** ausfüllen und zurücksenden. Damit Ihnen **keinerlei Kosten** entstehen, haben wir ein frankiertes und adressiertes Rückantwort-Kuvert beigelegt.

Ein aufrichtiges Vergelt's Gott vorab für Ihre Bereitschaft mitzuwirken.

Fragebogen Anwohnerbefragung Nationalpark Berchtesgaden

1. Wo wohnen Sie und wie weit wohnen Sie von der nächsten Grenze des Nationalparks Berchtesgaden weg?

PLZ: __ __ __ __ __   Ort: _____   Ortsteil: _____

_____ km (Luftlinie)

2. Welche drei Begriffe fallen Ihnen spontan ein, wenn Sie an den Nationalpark Berchtesgaden denken?

_____   _____   _____

3. Hier lesen Sie drei kurze Sätze zum Thema Tourismus und Verkehr. Ergänzen Sie diese Sätze bitte mit den Worten, die Ihnen spontan dazu einfallen.

Der Tourismus im Berchtesgadener Land sollte_____

Die derzeitige Verkehrssituation ist_____

Touristische Hubschrauberflüge im Nationalpark sind _____

4. An wie vielen Tagen waren Sie im vergangenen Jahr ungefähr im Nationalpark Berchtesgaden unterwegs?

O   an ____ Tagen   O   gar nicht   ☐   weiß nicht

5. Was machen Sie bei Ihren Aufenthalten im Nationalpark Berchtesgaden normalerweise? (bitte max. drei Antwortmöglichkeiten nennen)

      O   Erholung (Spazieren, Wandern) suchen
      O   Sport (Klettern, Nordic Walking, etc.)
      O   Bergsteigen
      O   Wintersport (Skitouren, Schneeschuhgehen, etc.)
      O   Natur und Landschaft genießen
      O   Hund ausführen
      O   Beeren und Pilze sammeln
      O   Arbeiten
      O   Einrichtungen des Nationalparks besuchen, sich informieren
      O   Mountainbike fahren
      O   Tiere beobachten
      O   _____

6. Nennen Sie bitte spontan zwei Regeln oder Ge-/Verbote, die im Nationalpark Berchtesgaden gelten.

1:_____   2:_____   ☐ weiß nicht

7. Im Nationalpark Berchtesgaden ist vieles verboten, was erlaubt sein sollte.

trifft voll und ganz zu	trifft eher zu	weder noch	trifft eher nicht zu	trifft überhaupt nicht zu	weiß nicht
○	○	○	○	○	☐

8. Halten Sie folgende Verbote im Nationalpark Berchtesgaden für angemessen oder übertrieben?	an- gemessen	über- trieben	nicht bekannt	weiß nicht
Sperrung von ausgewiesenen Wanderwegen für den Radverkehr	○	○	○	☐
Camping-Verbot	○	○	○	☐
Verbot von Wegeneu- und ausbauten	○	○	○	☐
Verbot von Nutzungserweiterungen auf den Berghütten	○	○	○	☐
Verbot, Hunde frei laufen zu lassen	○	○	○	☐
Fahrverbot mit PKW	○	○	○	☐
Verbot die Gewässer mit Booten zu befahren	○	○	○	☐

9. Wie sehr fühlen Sie sich durch die folgenden Verbote im Nationalpark Berchtesgaden eingeschränkt?	gar nicht einge- schränkt	etwas einge- schränkt	sehr einge- schränkt	weiß nicht
Sperrung von ausgewiesenen Wanderwegen für den Radverkehr	○	○	○	☐
Camping-Verbot	○	○	○	☐
Verbot von Wegeneu- und ausbauten	○	○	○	☐
Verbot von Nutzungserweiterungen auf den Berghütten	○	○	○	☐
Verbot, Hunde frei laufen zu lassen	○	○	○	☐
Fahrverbot mit PKW	○	○	○	☐
Verbot die Gewässer mit Booten zu befahren	○	○	○	☐

10. Ergeben sich für Ihren Alltag Einschränkungen, weil Sie in der Nähe des Nationalparks Berchtesgaden leben?

    ○ Ja   ○ Nein   ☐ weiß nicht

11. Hier finden Sie einige Aussagen zum Nationalpark Berchtesgaden. Bitte geben Sie an, inwieweit Sie diesen Aussagen zustimmen.

	stimme voll zu	stimme eher zu	stimme eher nicht zu	stimme gar nicht zu	weiß nicht
Es ärgert mich, dass man im Nationalpark Natur Natur sein lässt.	○	○	○	○	☐
Ich finde, dass die Wege im Nationalpark gut ausgebaut und beschildert sind.	○	○	○	○	☐
Ich glaube, dass durch den Nationalpark viel mehr Touristen in die Region kommen.	○	○	○	○	☐
Ich bewege mich bewusst im Nationalpark und mir ist es wichtig, naturverträglich unterwegs zu sein.	○	○	○	○	☐
Ich bin mit der Arbeit der Nationalparkverwaltung insgesamt zufrieden.	○	○	○	○	☐
Ich denke, dass man im Nationalpark mehr barrierefreie Einrichtungen braucht.	○	○	○	○	☐
Der Nationalpark erhöht die Lebensqualität in unserer Region.	○	○	○	○	☐
Ohne den Nationalpark wäre die Landschaft nicht so schön.	○	○	○	○	☐
Auf den Ortsschildern sollte der Zusatz „Nationalparkgemeinde" angebracht werden.	○	○	○	○	☐

12. Wir haben die Zeitungen der vergangenen Zeit durchgeschaut und Meldungen, die den Nationalpark Berchtesgaden betreffen, herausgesucht. Uns interessiert, inwieweit Sie als Einheimische/r den folgenden Aussagen zustimmen.

	stimme voll zu	stimme eher zu	stimme eher nicht zu	stimme gar nicht zu	weiß nicht
In anderen Nationalparks der Alpen bestehen zeitweise Wegegebote. Die Nationalparkverwaltung sollte sich daran ein Beispiel nehmen.	○	○	○	○	□
Die Nationalparkverwaltung trifft ihre Entscheidungen fast immer über die Köpfe der betroffenen Bevölkerung hinweg.	○	○	○	○	□
Der Nationalpark hat ein Müll-Problem.	○	○	○	○	□
Tote Bäume im Nationalpark schrecken die Touristen ab.	○	○	○	○	□
Durch die Maßnahmen zum Waldumbau gewinnt die Natur mehr Vielfalt.	○	○	○	○	□
Eine Berghütte im Nationalpark braucht keine modernen Badezimmer.	○	○	○	○	□
Gerade die entstehende Wildnis im Nationalpark lockt viele Touristen in die Region.	○	○	○	○	□
Es war eine schlechte Idee in unserer Kulturlandschaft Berchtesgadener Land einen Nationalpark zu errichten.	○	○	○	○	□
Die Nationalparkverwaltung baut Wanderwege eher zurück anstatt sie gut zu unterhalten oder auszubauen.	○	○	○	○	□
Höhere Parkplatzgebühren und ein erweitertes Zug/Bus-Netz sollten den ÖPNV für Touristen attraktiver machen.	○	○	○	○	□

13. Seit seinem Bestehen hat der Nationalpark Berchtesgaden die Pflege der Wanderwege und die Markierungen der Wege übernommen. Denken Sie, dass diese Aufgaben wirkungsvoll erledigt werden.

  ○ Ja   ○ Nein   □ weiß nicht

14. Wem kommen Ihrer Meinung nach die Vorteile des Nationalparks Berchtesgaden am meisten zu gute?

    ○ den Einheimischen
    ○ den Touristen
    ○ den Einheimischen und den Touristen in gleichem Maße
    ○ der Natur
    ○ der Nationalpark hat keine Vorteile

15. Was verbinden Sie mit dem Begriff Totholz?

_____

16. Inwiefern stimmen Sie folgenden Aussagen über Totholz zu?	stimme voll zu	stimme eher zu	stimme eher nicht zu	stimme gar nicht zu	weiß nicht
Ich weiß viel über Totholz.	○	○	○	○	□
Totholz im Wald gefällt mir.	○	○	○	○	□
Totholz spielt eine wichtige Rolle für den Naturschutz.	○	○	○	○	□
Totholz ist wichtig für das Überleben seltener Arten (Spechte, Käfer und Pilze).	○	○	○	○	□
Totholz spielt eine wichtige Rolle für die biologische Vielfalt in Wäldern.	○	○	○	○	□
Man sollte in den Staatsforsten auf ca. 10 % der Gewinne verzichten, um die Lebensbedingungen für seltene Arten zu verbessern.	○	○	○	○	□

17. Wissen Sie, wie der Leiter des Nationalparks Berchtesgaden heißt?

_____

18. Stellen Sie sich vor, Sie wären der Nationalparkleiter und könnten über das Geschehen im Nationalpark Berchtesgaden entscheiden.
Hier lesen Sie jetzt einige Sätze in drei verschiedenen Varianten. Welche Variante würden Sie als Nationalparkleiter wählen?

18a. Als Nationalparkleiter würde ich den Almwegeausbau im Nationalpark...

- ○ im Sinne einer modernen Almwirtschaft zulassen.
- ○ nur in Ausnahmefällen zulassen, wo die Natur es verträgt.
- ○ gar nicht genehmigen.
- ☐ weiß nicht

18b. Als Nationalparkleiter würde ich den Wildbestand im Nationalpark...

- ○ streng regulieren.
- ○ nur dort und soweit regulieren, wo Schäden Überhand nehmen.
- ○ gar nicht regulieren.
- ☐ weiß nicht

18c. Als Nationalparkleiter würde ich bei wichtigen Entscheidungen im Nationalpark...

- ○ die Bevölkerung abstimmen lassen.
- ○ die Meinungen der Einheimischen einholen und die Hinweise in meine Entscheidungen einbeziehen.
- ○ die Bevölkerung nicht mit einbeziehen.
- ☐ weiß nicht

18d. Als Nationalparkleiter wäre meine wichtigste Entscheidungsgrundlage...

- ○ die Meinung der Einheimischen.
- ○ die internationalen Vorgaben für Nationalparks.
- ○ sowohl die internationalen Vorgaben als auch die Meinung der Einheimischen.
- ☐ weiß nicht

18e. Als Nationalparkleiter würde ich den Luchs...

- ○ in seiner Ausbreitung weiter fördern.
- ○ in seiner Ausbreitung einschränken.
- ○ ignorieren.
- ☐ weiß nicht

19. Angenommen, am nächsten Sonntag gäbe es eine Abstimmung über das Weiterbestehen des Nationalparks Berchtesgaden. Wie würden Sie abstimmen?

- ○ Nationalpark bestehen lassen
- ○ Nationalpark auflösen
- ○ Stimmenthaltung
- ☐ weiß nicht

Im Folgenden würden wir von Ihnen gerne erfahren, wie Sie sich über den Nationalpark Berchtesgaden informieren und diesen einschätzen.

20. Wie fühlen Sie sich über die folgenden Themen im Zusammenhang mit dem Nationalpark Berchtesgaden informiert?

	sehr gut	eher gut	eher schlecht	sehr schlecht	weiß nicht
Natur und Landschaft	O	O	O	O	☐
Freizeitaktivitäten und Erholungsmöglichkeiten	O	O	O	O	☐
Umweltbildungsangebote für Kinder und Jugendliche	O	O	O	O	☐
Umweltbildungsangebote für Erwachsene	O	O	O	O	☐
Forschung	O	O	O	O	☐

21. Nennen Sie bitte spontan zwei Forschungsschwerpunkte/Forschungsprojekte aus dem Nationalpark Berchtesgaden.

1:_____ 2:_____ ☐ weiß nicht

22. Wie gut fühlen Sie sich über die Arbeit der Nationalparkverwaltung informiert?

sehr gut	3	2	1	0	-1	-2	-3	sehr schlecht
	O	O	O	O	O	O	O	

☐ weiß nicht

23. Welche der folgenden Informationsquellen über den Nationalpark Berchtesgaden sind für Sie am wichtigsten? (Mehrfachantworten möglich)

- O Tageszeitungen
- O Informationen (Broschüren) und Angebote der Nationalparkverwaltung allgemein
- O Diskussion im Bekanntenkreis
- O Information von Verein der Freunde des Nationalparks Berchtesgaden
- O Informationen auf der Nationalpark-Homepage
- O Social Media (Facebook)
- O andere, und zwar: _____
- ☐ weiß nicht

24. Welche Informationseinrichtungen des Nationalparks Berchtesgaden haben Sie im vergangenen Jahr besucht? (Mehrfachantworten möglich)

- O Haus der Berge, Berchtesgaden
- O Klausbachhaus
- O Wimbachbrücke
- O Engert-Holzstube
- O St. Bartholomä
- O Kühroint
- O Nationalparkverwaltung
- O Wildfütterung im Klausbachtal
- O andere, und zwar: _____
- O keine
- ☐ weiß nicht

25. An welchen Veranstaltungen des Nationalparks Berchtesgaden haben Sie im vergangenen Jahr teilgenommen? (Mehrfachantworten möglich)

- O Exkursionen, Führungen
- O Vorträge
- O Kulturelle Veranstaltungen
- O Haus der Berge Fest
- O Bildungsveranstaltungen für Kinder und Jugendliche
- O andere, und zwar: _____
- O keine
- ☐ weiß nicht

26. Welche Informationsschriften des Nationalparks Berchtesgaden haben Sie im vergangenen Jahr gelesen/benutzt? (Mehrfachantworten möglich)

- O Nationalpark-Magazin „Vertikale Wildnis"
- O Sonstige Prospekte, Faltblätter
- O Bücher, Broschüren
- O Nationalpark-App
- O Digitale Informationen auf der Homepage
- O andere, und zwar: _____
- O keine
- ☐ weiß nicht

27. Wie groß ist Ihr Vertrauen in die Arbeit der Nationalparkverwaltung?

sehr groß	3	2	1	0	-1	-2	-3	sehr gering
	O	O	O	O	O	O	O	

☐ weiß nicht

8

28a. Haben Sie Almweiderechte, sonstige Nutzungsrechte oder Nutzungsverträge im/mit dem Nationalpark Berchtesgaden?

    ○ Ja   ○ Nein   ☐ weiß nicht

28b. Haben Personen aus Ihrem Familien- oder Freundeskreis Almweiderechte, sonstige Nutzungsrechte oder Nutzungsverträge im/mit dem Nationalpark Berchtesgaden?

    ○ Ja   ○ Nein   ☐ weiß nicht

29. Nennen Sie allgemeine Vor- und Nachteile des Nationalparks Berchtesgaden.

Vorteile:_____

Nachteile: _____

30. Haben Sie schon einen anderen Nationalpark (in D oder im Ausland) besucht?

  ○ Ja   ○ Nein
Falls ja: Welche? _____ (D) _____ (Ausland)

31. Sind Sie während Ihres Besuchs im Nationalpark Berchtesgaden Rangern begegnet?

    ○ Ja, bitte schildern Sie kurz Ihren Eindruck: _____
    ○ Nein

32. Wie beurteilen Sie die Touristenanzahl im Nationalpark Berchtesgaden?

      ○ zu viele
      ○ gerade richtig
      ○ zu wenige
      ☐ weiß nicht

33. Durch den Nationalpark Berchtesgaden ist die Region bundesweit und international bekannter geworden.

trifft voll und ganz zu	trifft eher zu	weder noch	trifft eher nicht zu	trifft überhaupt nicht zu	weiß nicht
○	○	○	○	○	☐

34. Wollen Sie der Nationalparkverwaltung etwas mitteilen?

_____

_____

35. Nun zu einem anderen Thema. Wir möchten gern von Ihnen wissen, **welche Eigenschaften Natur besitzt**. Dazu lesen Sie hier mehrere gegenteilige Eigenschaften. Bitte geben Sie an, welche davon Ihrer Meinung nach auf Natur zutreffen. Sie haben jeweils vier Antwortmöglichkeiten, von denen Sie eine auswählen müssen.
Natur ist ....

○ stabil	○ eher stabil	○ eher labil	○ labil	☐ weiß nicht
○ verzeihend	○ eher verzeihend	○ eher nachtragend	○ nachtragend	☐ weiß nicht
○ zweck-bestimmt	○ eher zweck-bestimmt	○ eher zweckfrei	○ zweckfrei	☐ weiß nicht
○ unordentlich	○ eher unordentlich	○ eher ordentlich	○ ordentlich	☐ weiß nicht
○ vom Menschen unberührt	○ eher vom Menschen unberührt	○ eher durch den Menschen berührt	○ durch den Menschen beeinflusst	☐ weiß nicht

36. Folgende Aussagen beschreiben das Verhältnis von Mensch und Natur. Bitte kreuzen Sie an, inwieweit Sie der jeweiligen Aussage zustimmen.

	stimme voll und ganz zu	stimme zu	teils-teils	stimme nicht zu	stimme über-haupt nicht zu	weiß nicht
Die Erde hat genügend Ressourcen, wir müssen nur lernen, sie zu nutzen.	○	○	○	○	○	☐
Menschen haben das Recht, in die Umwelt einzugreifen, um ihre Bedürfnisse zu decken.	○	○	○	○	○	☐
Das natürliche Gleichgewicht ist sehr empfindlich und kann leicht gestört werden.	○	○	○	○	○	☐
Die menschliche Erfindungskraft wird dafür sorgen, dass die Erde weiterhin bewohnbar bleibt.	○	○	○	○	○	☐
Die Menschen beanspruchen derzeit die Umwelt über die Maßen. Das kann nicht weiter gut gehen.	○	○	○	○	○	☐

37. Sind Sie oder waren Sie in einem der folgenden Bereiche haupt- oder nebenberuflich tätig?

	Ja	Nein
Forstwirtschaft	O	O
Landwirtschaft	O	O
Tourismus/Hotel-/Gastgewerbe	O	O
Nationalparkverwaltung/ Nationalparkwacht	O	O

38. Sind Sie Mitglied in einem oder mehreren örtlichen Traditionsvereinen (z.B. Heimatverein, Musikverein, Trachtenverein…)?

O   Ja: _____   O   Nein

39. Sind Sie hier im Berchtesgadener Land aufgewachsen?

O   Ja   O   Nein
                                   Falls nein: In welchem Jahr sind Sie zugezogen? _____

40. Betreiben Sie oder Mitglieder Ihres Haushaltes ein Gastgewerbe (z.B. Zimmervermietung / Gastwirtschaft) im Berchtesgadener Land?

O   Ja   O   Nein   ☐   weiß nicht

41. Bitte geben Sie Ihr Geschlecht an.

O   weiblich   O   männlich

42. In welchem Jahr sind Sie geboren?

_____   ☐   keine Angabe

43. Wo ist Ihr Arbeitsort?

PLZ: __ __ __ __ __   Ort: _____

44. Wie groß ist Ihr Haushalt?

Erwachsene: _____   Kinder: _____

45. Welchen höchsten Schulabschluss haben Sie?

- ○ Keinen allgemein bildenden Schulabschluss
- ○ Mittel-/Hauptschule, Volksschule
- ○ Mittlere Reife, Realschulabschluss
- ○ Fachabitur/Abitur
- ☐ keine Angabe

46. Welcher Berufsgruppe gehören Sie an?

- ○ Selbständig
- ○ Schüler/Student/Auszubildender
- ○ Rentner/Pensionär
- ○ Hausmann/-frau
- ○ Höherer Beamter/leitender Angestellter
- ○ Sonstiger Beamter/Angestellter
- ○ Arbeiter/Facharbeiter
- ○ Nicht berufstätig
- ☐ keine Angabe

47. Wie hoch ist das monatliche Nettoeinkommen Ihres Haushaltes?

- ○ bis 1000 €
- ○ 1001 – 2000 €
- ○ 2001 – 3000 €

- ○ 3001 – 4000 €
- ○ 4001 – 5000 €
- ○ über 5000 €
- ☐ keine Angabe

Herzlichen Dank für Ihre Zeit und wertvolle Mitarbeit!

Wenn Sie den Fragebogen ausgefüllt haben, stecken Sie ihn bitte gleich in das beiliegende, bereits adressierte Kuvert. Die Portogebühren bezahlt die Universität Würzburg.

Fragenkatalog

Allgemeine Fragen:

1. In unserem Fragebogen haben wir die Bevölkerung danach gefragt, welche Begriffe ihnen spontan einfallen, wenn sie an den Nationalpark Bayerischer Wald denken. Können Sie sich vorstellen welche Begriffe am häufigsten genannt wurden und warum genau diese Themen so oft genannt wurden?
2. Denken Sie, dass Menschen im zunehmenden Alter kritischer gegenüber dem Nationalpark eingestellt sind, als die jüngere Generation und worin sehen Sie die Gründe dafür?
3. Bestehen Akzeptanzunterschiede zwischen dem Erweiterungsgebiet und dem Altgebiet und wenn ja, warum bestehen diese?
4. Bestehen Akzeptanzunterschiede zwischen den Gemeinden, die direkt am Nationalpark grenzen und denen, die weiter entfernt sind und wenn ja, warum bestehen diese?
5. Wie schätzen Sie heute die Stimmung in der lokalen Bevölkerung zum Nationalpark ein?

Persönliche Faktoren:

6. Wie bewerten Sie die Ge-/Verbote, die im Nationalpark gelten?
7. Fühlen sich die Einwohner durch diese stark eingeschränkt und wenn ja, welche schränken die Bewohner am meisten ein?
8. Welches Ge-/Verbot wird von den Einwohnern am wenigsten akzeptiert?

Kulturelle Faktoren:

9. Das traditionelle Naturbild, das einen Eingriff des Menschen in die Natur fordert, ist in der Mentalität der Bewohner tief verwurzelt. Besteht daher dieser grundlegende Wertekonflikt zwischen den traditionellen Wertvorstellungen der Einheimischen und dem Wildniskonzept „Natur Natur sein lassen" des Nationalparks?
10. Ist der Begriff Totholz in der Bevölkerung eher negativ oder positiv belegt und warum?
11. Wie bewerten Sie die Arbeit der Nationalparkverwaltung im Bezug auf die Borkenkäfer-Problematik?
12. Wie stehen Sie zu dem Thema Wolf und wie sieht es im Bezug zur Akzeptanz seitens der Bevölkerung aus?

Partizipation/Kommunikation

13. Wie beurteilen Sie die Zusammenarbeit und Kommunikation der Nationalparkverwaltung mit den Einheimischen?
14. Welche Bedeutung hat die Kommunikation zwischen der Nationalparkverwaltung und der Bevölkerung und worin liegen Stärken und Schwächen?
15. Werden die Einheimischen bei Entscheidungen der Nationalparkverwaltung nach ihrer Meinung gefragt und deren Anliegen ausreichend berücksichtigt?

16. Wie bewerten Sie den Einfluss der Informationsangebote auf die Einstellung gegenüber dem Nationalpark in der Bevölkerung und kann die Akzeptanz durch mehr Informationsangebote erhöht werden?
17. Warum werden die Informationsangebote von den Einheimischen so wenig genutzt?
18. Wie stark ist Ihrer Meinung nach der Einfluss der erklärten Nationalpark-Befürworter oder -Gegner, sowie lokalen Eliten auf das Meinungsbild der Bevölkerung?

Wirtschaftsfaktor Tourismus
19. Was sind Ihrer Meinung nach die Vor- und Nachteile des Nationalparks?
20. Wer hat Vorteile, wer hat Vorteile durch den Nationalpark?
21. Welche wirtschaftlichen Vorteile hat der Nationalpark der Region gebracht?
22. Wer hat in Ihren Augen den meisten wirtschaftlichen Nutzen durch den Nationalpark?
23. Ist der Bekanntheitsgrad der Region durch den Nationalpark gestiegen?
24. Wie beurteilen Sie die Touristenzahl im Nationalpark?

Abschließende Fragen
25. Von welchen Faktoren hängt die Akzeptanz der Bevölkerung für den Nationalpark ab und was könnte Ihrer Meinung nach der Nationalpark ändern um die Akzeptanz zu steigern?
26. Welchen Problemen muss sich der Nationalpark in Zukunft stellen müssen und worin besteht Handlungsbedarf bei der Nationalparkverwaltung?
27. Denken Sie, dass Bayern einen dritten Nationalpark benötigt?

Interviewpartner Expertengespräche Nationalpark Berchtesgaden

Gruppe	Name	Funktion	Datum
Politik	Thomas Weber	Bürgermeister, Bischofswiesen	13.03.2018
Politik	Herbert Gschoßmann	Bürgermeister, Ramsau bei Berchtesgaden	21.02.2018
Politik	Hannes Rasp	Bürgermeister, Schönau am Königssee	16.02.2018
Politik	Franz Rasp	Bürgermeister, Berchtesgaden	21.02.2018
Tourismus	Michael Grießer	Geschäftsführer, Königsseeschifffahrt	19.02.2018
Tourismus	Hannes Lichtmannegger	Geschäftsführer, Berghotel Rehlegg, Ramsau	12.02.2018
Tourismus	Ralf Voss	Hüttenwirt, Kührointhütte	05.06.2018
Tourismus	Thomas Hettegger	Geschäftsführer, Hotel Edelweiß, Berchtesgaden	12.02.2018
Verwaltung	Wolfgang Kastner	Leiter der Unteren Naturschutzbehörde	15.02.2018
Verwaltung	Fritz Rasp	Tourismusdirektor, Ramsau	16.02.2018
Vereine	Werner Bauregger	Heimatverein, Schneizlreuth	21.02.2018
Kirche und Soziales	Herwig Hoffmann	Pfarrer, Ramsau bei Berchtesgaden und Schönau am Königssee	22.02.2018
Kirche und Soziales	Obermeier	Katholisches Bildungswerk	15.02.2018
Kirche und Soziales	Sylva Scheifler	Katholische Jugendstelle	20.02.2018
Land-/Forstwirtschaft	Kaspar Stangassinger	Bezirksalmbauer	20.02.2018
Land-/Forstwirtschaft	Hans Berger	Vorsitzender Bayerischer Jagdverband, Kreisgruppe Berchtesgadener Land	20.02.2018
Umwelt - NGO	Rita Poser	Vorsitzende Bund Naturschutz, Kreisgruppe Berchtesgadener Land	20.04.2018
Umwelt - NGO	Hanni Eichner	DAV, Ortsgruppe Berchtesgaden	15.02.2018

www.ingramcontent.com/pod-product-compliance
Lightning Source LLC
Chambersburg PA
CBHW081524220326

41598CB00036B/6327